Historia de la ciencia y la tecnología en Chile

EL MUNDO DE LAS CIENCIAS

303.4830983
H673c Historia de la ciencia y la tecnología en Chile, Tomo I: Ciencia, públicos y géneros.
Prácticas y agentes desde los márgenes /
Carlos Sanhueza Cerda y Lorena B. Valderrama
Edición general ; María José Correa, Verónica Ramírez, Marcelo Sánchez,
Lorena B. Valderrama Editores del Tomo.
1a. ed. – Santiago de Chile: Universitaria, 2023.
264 p. ; 17 x 24 cm. – (El mundo de las ciencias)
Incluye notas a pie de página.
Incluye bibliografías.

ISBN Colección Impreso: 978-956-11-3025-8
ISBN Colección Digital: 978-956-11-3030-2
ISBN Impreso: 978-956-11-3026-5
ISBN Digital: 978-956-11-3031-9

1. Desarrollo científico y tecnológico – Chile. 2. Ciencia y tecnología – Chile.
3. Mujeres en ciencia - Chile. 4. Género.
I. Sanhueza Cerda, Carlos, ed. II. Valderrama, Lorena B., Ed.

Texto compuesto en tipografía *Bembo 12/14,5*

Se terminó de imprimir esta
PRIMERA EDICIÓN
en los talleres de Salesianos Impresores S.A.
General Gana 1486, Santiago, en octubre de 2023.

IMAGEN DE PORTADA
Cautiverio Feliz.
Museo Nacional de Bellas Artes.
Natalia Babarovic.

DIAGRAMACIÓN
Yenny Isla Rodríguez

DISEÑO DE PORTADA
Norma Díaz San Martín

www.universitaria.cl

IMPRESO EN CHILE / PRINTED IN CHILE

Carlos Sanhueza Cerda y Lorena B. Valderrama
Edición general

HISTORIA DE LA CIENCIA Y LA TECNOLOGÍA EN CHILE

Tomo I

Ciencia, públicos y géneros. Prácticas y agentes desde los márgenes

María José Correa, Verónica Ramírez, Marcelo Sánchez, Lorena B. Valderrama
Editores del Tomo

La publicación de esta obra fue evaluada
por el Comité Editorial de Editorial Universitaria
y revisada por pares evaluadores especialistas en la materia,
propuestos por Consejeros Editoriales de las distintas disciplinas.

EDITORIAL UNIVERSITARIA

UNIVERSIDAD DE CHILE

ÍNDICE

PRESENTACIÓN

El núcleo fundante y principio animador de las universidades es la capacidad de generar y difundir el conocimiento de sus integrantes. El flujo constante de conocimiento no solo enriquece la experiencia educativa de las y los estudiantes, sino que también nutre el progreso científico, tecnológico, cultural y social de la sociedad en su conjunto.

La capacidad de generar conocimiento también desempeña un papel esencial en la renovación constante de las universidades y a medida que la sociedad evoluciona y los desafíos cambian, las instituciones se adaptan para mantenerse relevantes. La investigación y la innovación impulsan la evolución de los programas formativos y la creación de nuevas áreas de estudio, asegurando que la oferta educativa esté alineada con las demandas cambiantes de sociedad. En el contexto chileno, el desarrollo científico ha asumido un papel trascendental en la búsqueda y consolidación de la soberanía intelectual de la nación. A lo largo de la historia, la inversión en investigación, la promoción de la educación superior y el fomento de la innovación han sido pilares que han permitido a Chile afirmar su autonomía y preservar su identidad en el ámbito intelectual y científico.

El registro historiográfico que aquí se presenta permite situar, en cuatro tomos, el desarrollo científico y tecnológico de Chile, introduciendo preguntas actuales y críticas al campo de la ciencia. Así, por ejemplo, el primer tomo, *Ciencia, públicos y géneros. Prácticas y agentes desde los márgenes,* analiza el rol de las mujeres en la ciencia, considerando su espacio muchas veces en desventaja por estereotipos y prejuicios, pero también constata su presencia y aporte fundamental en la generación de conocimiento. La perspectiva de género es un enfoque para estudiar el campo científico y este tomo cumple con ese objetivo.

Otra de las preguntas de hoy, que se intenta responder desde el pasado con lentes del presente, la encontramos en el segundo tomo, *Ciencia e historia ambiental: paisajes, conflictos, recursos,* donde se aborda la crisis socioambiental y urgencias como el cambio climático. Acá observamos cómo se ha producido conocimiento sobre la naturaleza y el tipo de representaciones que de ella se han construido. La intervención humana sobre el entorno natural genera profundas consecuencias y ese impacto sobre los ecosistemas se discute en este tomo.

Para ilustrar con claridad el diálogo interdisciplinario que anima a este texto, en el tercer tomo *Cultura visual y material de las ciencias: imágenes, objetos y espacios,* se presentan estudios sobre las imágenes y objetos que condensan la producción científica, que la representan y la comunican. Es una forma de apropiación de la ciencia, que se extiende hacia el cuarto tomo *Ciencia, tecnología e imaginarios de innovación,* donde se describen los usos e imaginarios en torno a la tecnología en Chile.

Estos cuatro tomos contribuyen contundentemente a una mejor comprensión del avance científico y tecnológico de nuestro país, y tributa con distinción al sostenido esfuerzo que realiza la Universidad de Chile, con el objetivo de apoyar la publicación de textos de alto interés académico que aporten a nuestro acervo cultural.

Sin duda, el valioso trabajo de más de dos años del *Laboratorio de Historia de la Ciencia, Tecnología y Sociedad* se plasman en los tomos de *Historia de la Ciencia y la Tecnología de Chile,* que se constituye en referencia obligada para entender los procesos de producción de conocimiento en el país.

Rosa Devés Alessandri
Rectora de la Universidad de Chile
Santiago, agosto de 2023

PREFACIO

Carlos Sanhueza Cerda y Lorena B. Valderrama

Distintas problemáticas que vivimos como país nos han hecho reflexionar como sociedad sobre el papel que desempeñan la ciencia y la tecnología en nuestras vidas. Las visiones más optimistas defienden su capacidad de resolver total o parcialmente estos problemas. Las más pesimistas nos invitan a cuestionar que los resultados de la investigación científica y tecnológica pueden incluso ser los generadores de dichos problemas. En lo que hay mayor coincidencia es en que su producción, valorización y acceso es, y ha sido, desigual en el mundo y en el país. En el caso de Chile, en los últimos años se ha demandado mayor acceso al conocimiento científico y una mayor relación con los problemas sociales. Se ha interpelado el papel de científicos y científicas en la toma de decisiones, exigiendo las propias comunidades científicas la creación de un Ministerio de Ciencia, Tecnología, Conocimiento e Innovación, cuya consolidación se espera use los conocimientos para la construcción de un Estado democrático y un país más justo e igualitario.

El interés que la ciencia y la tecnología ha generado en la sociedad ha calado hondo en todas las áreas de conocimiento y creación. En la historiografía este se ha visto reflejado en investigaciones, libros y reuniones donde se han discutido las bases de la investigación científica a lo largo de la historia. La creación del Laboratorio de Historia de la Ciencia, Tecnología y Sociedad en 2016 ha dado más impulso a todo este movimiento, sin embargo aún faltaba un libro que reuniera estos esfuerzos. La presente colección busca llenar este vacío.

La colección de *Historia de la Ciencia y de la Tecnología en Chile* reúne cuatro tomos que abordan el impacto, alcances y dinámicas de la ciencia y de la tecnología en el país desde el siglo XVII hasta el siglo XX: *Ciencia, públicos y géneros. Prácticas y agentes desde los márgenes* (Tomo I); *Ciencia e historia ambiental: paisajes, conflictos, recursos* (Tomo II); *Cultura visual y material de las ciencias: imágenes, objetos y espacios* (Tomo III) y *Ciencia, tecnología e imaginarios de innovación* (Tomo IV). Si bien cada volumen ha sido escrito por especialistas, hemos tenido la precaución de incluir un panorama general en cada tema, como una forma de hacer no solo una contribución científica sino también pedagógica. La colección en sí reflexiona sobre tópicos hasta ahora poco abordados en la discusión: ¿La ciencia en Chile se puede explicar más allá de la figura de los varones de origen europeo? ¿Cómo descubrir la presencia de actores invisibilizados, innovaciones híbridas o mestizas, agencias materiales? ¿Cómo se ha dado la relación de la ciencia con el público? ¿Cómo el ambiente ha ido modelando nuestras relaciones sociales?

La edición se ha pensado bajo la coordinación de un conjunto de editores y editoras para cada uno y dos editores generales de toda la obra. Este trabajo de edición colectiva ha sido realizado en el marco del Laboratorio de Historia de la Ciencia, Tecnología y Sociedad a lo largo de más de dos años, lo que incluyó unas Jornadas de Investigación en enero de 2019, donde se afinaron los trabajos y el enfoque de los textos bajo una discusión y retroalimentación de pares. Los autores y autoras provienen de diferentes instituciones, tradiciones historiográficas, países y hasta formaciones disciplinares. El hecho de que esta colección haya sido convocada por un llamado abierto y seguido por la presentación de cada propuesta ante la comisión editorial, como un público general en las citadas jornadas de 2019, explica la diversidad de temas, perspectivas y orientaciones teóricas de la colección. Esta colección hace suya la noción de co-producción del conocimiento.

El presente tomo busca abrir el debate acerca del papel jugado por actantes hasta ahora poco visibles en la historia de la ciencia y la tecnología en Chile, y de allí que lo hemos elegido para que abra la colección. ¿Es la ciencia un producto de género o, más bien, se ha buscado solo una parte de esta historia? ¿Qué puede decir la sociedad ante el llamado "juicio de experto"? ¿Deberíamos modificar nuestra propia noción de conocimiento para incluir otros saberes hasta ahora poco percibidos?

El tomo se presenta dividido en dos partes. La primera, como señalan sus editoras María José Correa y Verónica Ramírez, en su introducción está orientada a analizar las relaciones entre ciencia y géneros. En las cinco investigaciones que presenta se reflexiona en torno a la construcción del género desde la ciencia o la construcción de experticias donde el género desempeñaba un papel relevante. La segunda parte corresponde a las relaciones entre la ciencia y sus públicos. También contiene cinco investigaciones, donde se analizan las circulaciones de los conocimientos desde cuando se están levantando los datos en terreno hasta cuando son leídos e interpretados. De esta forma, como señalan sus editores Lorena B. Valderrama y Marcelo Sánchez en la introducción de esta parte, se releva el papel activo de los mediadores, de la prensa y de los lectores en los desplazamientos del saber.

Esperamos que el primer tomo de la *Colección de Historia de la Ciencia y de la Tecnología en Chile* instale problemas, revisite viejos conceptos, mueva a la discusión, pero también deje registro de lugares, narrativas y personajes prácticamente desconocidos no solo para el público general, como los propios científicos y científicas hoy activos/as, sino también para la historiografía nacional.

INTRODUCCIÓN PARTE I
LOS GÉNEROS EN LA CIENCIA. ACTORES, PRÁCTICAS Y POLÍTICAS

María José Correa y Verónica Ramírez

La relación entre ciencia y género ha sido controversial. Como han planteado Bowler y Rhys Morus, pese a que la ciencia se construyó a sí misma como modelo de objetividad, la crítica feminista de los años 1960 y 70 desarmó esta fachada revelando la importancia que categorías como género han tenido en su desarrollo[1]. Esta revisión ayudó a comprender algunas de las lógicas y fuerzas que contribuyeron a la conformación de la ciencia, pero al mismo tiempo subrayó la importancia de explorar las formas y dinámicas de estos aportes. Este volumen explora esta relación, enfocándose tanto en la incidencia que han tenido los saberes, prácticas y políticas científicas en los significados del género como en los modos en que los sentidos asignados al género han influido en ellos, en sus instituciones y en sus proyectos públicos y privados. El desafío es amplio y diverso, considerando los innumerables vínculos que el género ha establecido con la ciencia, pero necesario, en la medida en que se hace urgente analizar el pasado desde una mirada crítica que considere la enorme influencia del género y de otras expresiones que han ido más allá del binomio hombre-mujer.

La historiografía ha indagado en el diálogo entre ciencia y género, identificando cómo esta vinculación ha marcado a sus actores, espacios, lenguajes y, también, a sus resultados, entre otros. Esta revisión ha dado cuenta que, pese a la división del espacio social y físico introducido por la temprana modernidad, y la consiguiente construcción de esferas separadas, en donde lo privado y familiar fue visto como dominio femenino, mientras que lo público, fue asignado a lo masculino, la ciencia y el género continuaron estrechamente unidas. Así como lo doméstico incidió en la producción científica, en la medida que el género se constituyó como un signo físico y social, inherente a la creación de conocimiento y de los proyectos científicos[2], lo público también afectó lo privado y permeó los espacios domésticos de conocimiento y de hacer. Pero, por sobre todo, estas esferas, así como los sujetos que en ellas se

1 Bowler Peter J. e Ivan Rhys Morus. *Making Modern Science*. Chicago: The University of Chicago Press, 2005, 487-509.

2 Opitz Donald L. *Domesticity in the Making of Modern Science*. Palgrave Macmillan, 2015.

desenvolvían, fueron flexibles y móviles, y no se circunscribieron del todo a la práctica de las fronteras que proponía el nuevo orden social. En este sentido, si bien lo femenino se articuló al cuidado y al control de lo doméstico, y lo masculino se asoció a la vida pública y política, hombres y mujeres transitaron con cierta flexibilidad por dichos espacios y modelos, no sin dificultad ni consecuencias. Ciertamente la historia ha mostrado, para el caso de las mujeres, las desigualdades y las faltas de oportunidades enfrentadas, por ejemplo, en el ámbito académico, las que no facilitaron su desarrollo en planos vinculados con el quehacer científico. Sin embargo esto no implicó su ausencia ni tampoco la ausencia del género en la ciencia. De igual modo, las facilidades y espacios otorgados a los hombres, si bien se tradujeron en una avasalladora presencia de estos en los espacios de la ciencia, no anuló al género ni al aporte de la masculinidad en la conformación de lo científico. Adicionalmente, la historiografía más actual ha incorporado nuevos agentes de ciencia, poniendo en entredicho la idea de que la ciencia solo se hace desde el *establishment* o que este *establishment* solo se nutre de lo público. Siguiendo las palabras de Agustí Nieto-Galan, la incorporación de aquellos sujetos más periféricos a los espacios que tradicionalmente se configuraron como sitios de producción del saber, entre ellos aquellas mujeres y hombres de los márgenes, ha cuestionado la existencia de una ciencia homogénea sostenida en una élite científica mayoritariamente masculina-profesional, permitiendo la conceptualización de una ciencia más heterodoxa y diversa[3].

La historiografía internacional ha identificado ciertos "hitos" en la relación ciencia/género ceñidos al saber, a la práctica y al ámbito político que se ha buscado abordar en este volumen. En primer lugar, en el ámbito del saber, y considerando al género como un signo circunscrito al cuerpo, se pretende explorar cómo la teoría científica se interesó primeramente por la identificación y significación de las diferencias anatómicas y, basado en ellas, imaginó y levantó distintas conceptualizaciones corporales[4]. La tradición anatómica, por ejemplo, heredada al siglo XIX, prefiguró cuerpos femeninos y masculinos asignándoles determinados significados, usos y posibilidades, que se reconfiguraron durante la época moderna. El siglo XIX inauguró nuevos debates atados a las ideas evolucionistas que llevaron a la conceptualización de la noción de "raza", la que acompañó y determinó las lecturas del género reconstituyendo algunas

3 Nieto-Galan, Agustí. *Los públicos de la ciencia: Expertos y profanos a través de la historia*. Marcial Pons, 2011, 148.

4 Laquer Thomas. *Making Sex: Body and Gender from the Greeks to Freud*. Harvard University Press, 1990.

bases de la diferencia sexual[5]. Para la primera mitad del siglo XX el descubrimiento y creación de las "hormonas" redefinió lo masculino y lo femenino y creó nuevos canales de intervención y de experimentación del cuerpo, mientras que la sexología aportó en la teorización del deseo, en el levantamiento de nuevas identidades de género y de nociones de normalidad y anormalidad[6].

En segundo lugar, desde el espacio de las prácticas, interesa revisar cómo el desarrollo científico, que comenzó a expresarse más marcadamente en Chile a partir de fines del siglo XVIII, impulsó disciplinas, espacios formativos e instituciones científicas que operaron como sitios protagónicos en la construcción de la ciencia y del género. El surgimiento durante el siglo XIX de la educación médica universitaria y de las carreras de medicina, farmacia, química, ingeniería, entre otras, apoyaron el surgimiento de un profesional tipo, masculino, que se presentó como el epítome del científico, en contraposición a otros espacios de desarrollo científico que agrupaban a sectores más heterogéneos de la población, y que consideraron a las mujeres, como fue el caso de clubes y sociedades. Durante el siglo XX este proceso cambió en parte con el ingreso de las mujeres a la universidad y el surgimiento de las primeras profesionales, que venían a complementar procesos de ejercicio laboral que antecedieron a la formación universitaria. En este sentido, si bien la primera mujer chilena en ingresar a la educación superior en 1881 pasó a ser la primera en graduarse como médico en toda Latinoamérica, el manejo de las mujeres en ciertas prácticas de salud precedió y excedió a la universidad. Así también, se constata una desigual distribución de hombres y mujeres en ciertas labores y profesiones, con efectos en la producción de saber y en el control de la disciplina. En ciertas disciplinas científicas, como la ingeniería, la titulación de mujeres recién data de 1919 en Chile, casi cuarenta años después de que la universidad abriera sus puertas a ellas, mientras que los estudios de enfermería estuvieron vedados a los hombres por varias décadas. A estos ordenamientos se vincula a su vez la invisibilización en la que han permanecido ciertas labores científicas, como la realizada por las calculistas de los observatorios astronómicos. En ese sentido, las nuevas instituciones que se levantaron operaron desde los ideales de género imperantes, reproduciendo los roles dibujados en el ámbito de lo privado.

5 Schiebinger Londa. *Nature's Body: Gender in the Making of Modern Science.* Beacon Press, 1993; Russett, Cynthia. "Hairy Men and Beatiful Women". En *Russett. Sexual Science: The Victorian Construction of Womanhood.* Harvard University Press, 1989.

6 Fausto-Sterling Anne. *Sexing the Body: Gender Politics and the Construction of Sexuality.* Basic Books, 2000.

En tercer lugar, desde el ámbito del Estado y sus políticas, interesa revisar el alcance de estos cambios, en la medida que el desarrollo científico se tradujo en el impulso de iniciativas, leyes y programas de ordenamiento social que vieron en el género una causa y un destino. La Ley Amunátegui, decretada en 1877 tras una larga y sostenida discusión impulsada por mujeres intelectuales a través de la prensa nacional, permitió que ellas pudieran ingresar a la universidad y acceder de esta manera a la profesionalización científica. La fundación de los primeros liceos públicos para señoritas, durante la última década del siglo XIX, reflejaría la toma de responsabilidad por parte del Estado sobre la educación de las mujeres, y junto con ello facilitar su acceso a estudios universitarios y científicos. Los cuerpos de hombres y mujeres se transformaron también en tema central del ordenamiento político, siendo delineados en pos de su función laboral y reproductiva de distintos modos, a propósito de interpretaciones científicas de su productividad y capacidad. El desarrollo de políticas de planificación familiar basadas en el acceso a nueva tecnología contraceptiva, el surgimiento de mecanismos legales de normalización del género con base en metodologías de intervención científica, son solo algunos ejemplos del ámbito de implementación política de la relación ciencia/género.

Más allá de las heroínas científicas y la naturalización de la masculinidad en la organización de la ciencia moderna, este volumen pretende caracterizar el desarrollo científico en Chile desde el género, indagando en los aportes de lo masculino y femenino en la ciencia, y al mismo tiempo las consecuencias de ella sobre dichos constructos en el tiempo. Entre las preguntas que inspiraron los capítulos que lo conforman destacamos las siguientes: ¿Qué condiciones exigieron la transformación del naturalista en un científico-profesional y cómo se vincularon con los constructos de género? ¿Qué factores y consecuencias se vinculan a estos procesos? ¿Sobre qué masculinidades se apoyó y qué aspectos de lo femenino desechó o incorporó el desarrollo científico? ¿Cómo lo masculino y lo femenino forjaron tipos de agencias científicas en distintos ámbitos del saber, quehacer o regulación científica? ¿Cómo el género se ha introducido en el lenguaje y ha incidido en las bases de la producción científica local? ¿De qué maneras (trabajar casos, disciplinas, procesos específicos) la ciencia ha contribuido a la naturalización de las estructuras culturales asignadas al binario masculino-femenino y a aquellas expresiones que van más allá de este? Preguntas que de algún modo han logrado abordarse en los cinco capítulos presentados a continuación.

El eje género inicia con el estudio de Tamara Araya Fuentes sobre el conflicto judicial que enfrenta a dos médicos de la ciudad de Santiago hacia fines del siglo XVIII, que disputan el cargo de Protomédico. A través del análisis de un expediente judicial, el capítulo revisa las luchas de poder que acompañaron el acceso al mayor cargo médico que se podía ejercer en el país y el rol de la masculinidad en una pugna cruzada por cuestiones relacionadas con la legitimidad y autoridad. Con esto el capítulo muestra que la medicina oficial no solo correspondía a una ciencia "gobernada por varones", sino también a competencias asociadas a sus valores y estatutos masculinos.

En una línea similar, centrada en un estudio de caso y poniendo al género como elemento central en el proceso de conformación de lo científico, el trabajo de Jennifer Hayward analiza la figura de la escritora de viajes escocesa Maria Graham y su aporte a la ciencia del siglo XIX durante su estadía en Chile. Este capítulo demuestra la movilidad de las mujeres y su contribución no solo en términos de los aportes botánicos y geológicos de sus descripciones o de su interés y capacidad para conformar redes internacionales, sino también por su crítica a las convenciones científicas de su época y la inclusión de la experiencia en las formas de conocimiento. Como propone Hayward, "Graham rechazó el impulso imperial europeo hacia el descubrimiento" y se apoyó en las experiencias locales para una mejor comprensión, creando un espacio particular para sus aportes.

En el siguiente apartado María José Correa aborda la relación general que se establece entre medicina y género a mediados del siglo XIX e inicios del XX, a través del estudio del mandato higiénico orientado a las mujeres, presente en diversos registros impresos que circularon en la sociedad de la época. En su capítulo da cuenta de la importancia asignada a la profilaxis en el control de la salud de la población y su injerencia sobre el gobierno de las personas, particularmente de las mujeres, cuya biología y potencial maternidad las circunscribe a espacios domésticos y a la gestión del cuidado de otros. Desde esta perspectiva la comprensión de lo femenino como susceptible y gobernable se constituye como un elemento necesario de analizar en tanto determinó un potente discurso médico sobre el deber ser de las mujeres, pero al mismo tiempo se conformó como recurso constituyente del saber médico afectando, entre otros, la interpretación de lo femenino y la conformación de las ideas médicas.

El cuarto capítulo de este eje corresponde al trabajo de Verónica Ramírez, quien analiza el rol de las primeras mujeres que se pronunciaron sobre temas científicos en la prensa chilena. Las fuentes revisadas en este caso corresponden a periódicos y revistas del siglo XIX, específicamente entre 1870 y 1900, en los que participaron escritoras, traductoras y editoras. El estudio explora los saberes científicos que abordaron estas mujeres con mayor frecuencia, así como las referencias y pensamientos científicos que aplicaron en sus textos. Asimismo, este apartado profundiza en el contexto y las condiciones que posibilitaron que un grupo de redactoras pudiera sortear ciertos estereotipos, como el de que no era bien visto que las mujeres se expresaran públicamente o que solo lo hicieran sobre asuntos domésticos y "femeninos", enfatizando en la identificación de las estrategias retóricas y comunicacionales que emplearon estas difusoras para poder ejercer como tales.

El eje "Género en la ciencia" de este volumen concluye con un apartado escrito por María Soledad Zárate, en el que se abordan los dilemas entre género y conocimiento científico para el caso de las enfermeras pediátricas del Servicio Nacional de Salud entre 1960 y 1980. En su trabajo Zárate demuestra que a partir de la década de los años 1940 se empezó a exigir a las enfermeras el dominio de ciertos conocimientos para garantizar el ejercicio idóneo de la disciplina, tales como la formación en salud pública, estadística, farmacología y tratamientos clínicos. En este proceso, que buscaba fortalecer gradualmente la formación científica y técnica de estas profesionales, Zárate propone que se produjo una convivencia -tanto virtuosa como problemática- de aspectos asociados al género y al conocimiento científico que definieron el trabajo realizado por las enfermeras particularmente en el campo de la salud infantil. A través de la revisión de diversos tipos de fuentes este apartado describe cómo el trabajo de estas enfermeras estuvo expuesto a tensiones de una profesión feminizada y demandada a cumplir exigencias intelectuales crecientes y con las cuales este oficio no estaba familiarizado hasta mediados del siglo XX.

Los trabajos que componen este eje, si bien entregan una mirada muy parcelada a la relación entre ciencia y género, permiten plantear un par de líneas de análisis, que los cruzan. En primer lugar los trabajos dan cuenta de la imposibilidad de separar lo científico del género. Así como la historia de la ciencia, plantea Jürgen Renn, debe ser entendida desde una historia del conocimiento que considere sus dimensiones no solo teóricas sino también intuitivas, prácticas y materiales[7], también debe ser analizada desde una perspectiva que incorpore la categoría de género como sustrato de estas y de otras formas de conocimiento en las diversas dimensiones del saber científico. Ciertamente, como muestra el estudio de Tamara Fuentes, el ascenso en la jerarquía médica que establecía el Protomedicato estuvo cruzado por luchas de poder en las que lo masculino se transformó en un recurso central para la definición de lo apropiado y lo justo. Esta definición también está presente en el análisis realizado por Jennifer Hayward sobre la persona y el trabajo de Maria Graham, así como

7 Renn Jürgen, "From the History of Science to the History of Knowledge-and Back", Centaurus, vol. 57, 2015, pp. 37-53.

en el estudio de Verónica Ramírez sobre las escritoras de temas científicos en la prensa decimonónica nacional. La experiencia científica que va acumulando Graham y los modos en que comunica, informa e intenta posicionarse en el escenario naturalista de principios del siglo XIX respondieron a las estrategias desarrolladas por ella para administrar los significados asignados a su género y clase, entre otros factores, y a las dificultades y posibilidades que le entregaba para contribuir en el ámbito del conocimiento científico. Del mismo modo, las llamadas difusoras de la ciencia -redactoras, traductoras y editoras pertenecientes a grupos acomodados- junto con posicionarse en los círculos culturales, intelectuales y políticos, acuñaron una idea más amplia de lo científico, aprovechando quizás no tanto las limitaciones que afectaban a las mujeres sino las posibilidades que les otorgaba su desplazamiento de la oficialidad. Desde sus diferencias, estos estudios coinciden en mostrar la capacidad de hombres y mujeres de conocer y movilizar esas identidades en función de sus intereses y jugar con sus significados, limitaciones y posibilidades, en los diversos contextos que enfrentaron, sean la justicia, la comunidad científica europea o la prensa chilena.

Un segundo tema en común en estos trabajos alude a las permanencias que se manifiestan en el tiempo respecto a la relación ciencia y género. Si bien reconocemos las importantes transformaciones que acompañaron la relación de hombres y mujeres con la ciencia, ha persistido, marcadamente, el vínculo de las mujeres con el cuidado. Como plantea María José Correa, su comprensión como sujetos impresionables y susceptibles durante el siglo XIX no solo empujó su educación higiénica y apoyó su posicionamiento en el espacio doméstico, sino que también impulsó su compromiso en el cuidado de otros, más allá de su núcleo familiar. Estas ideas estuvieron presentes en la gradual entrada de las mujeres a nuevos espacios laborales y educacionales, vinculados al cuidado y a la asistencia. Como señala Soledad Zárate, este compromiso, teñido de un carácter misional y emocional, fue adquiriendo nuevas características asociadas al aporte sustantivo realizado por las mujeres en el ámbito de la salud pública y en políticas específicas, como aquellas orientadas a la reducción de la mortalidad infantil. Esta dualidad de significados gestó, como señala Zárate, una convivencia que fue al mismo tiempo virtuosa y problemática, anudada a las ventajas que supuestamente acarreaba la disposición femenina hacia el cuidado y los desafíos y dificultades que experimentó la profesionalización feminizada de la enfermería.

Un tercer tema que aúna estos capítulos tiene relación con aspectos más metodológicos, referentes al lugar del género en las fuentes. En esto la historiografía sobre las mujeres ha sido sumamente lúcida en insistir que las mujeres y también el género están presentes en los registros del pasado y que solo hace falta una mirada más crítica y creativa hacia ellos. Los trabajos que componen este volumen dan testimonio de ello. El género forma parte integral de las estructuras de poder del Protomedicato, es inherente al discurso médico que se forja con el desarrollo de la medicina moderna en el Chile del siglo XIX, define la creación científica de una viajera naturalista y constituye el elemento definitorio de un grupo de escritoras científicas, así como contribuye en el posicionamiento de las profesionales que se abocan al cuidado de la mortalidad infantil. Su presencia quedó registrada en las fuentes, en los expedientes judiciales que revelan las pugnas donde se discute el valor asignado a cierta masculinidad, en los registros naturalistas que superponen composiciones estéticas y científicas, taxonomías europeas y saber botánico local, en los textos médicos que tienen a las mujeres como protagonistas de sus teorías y explicaciones, en la prensa liberal femenina, en las fuentes de la salud pública y en las entrevistas de sus actores.

Bibliografía

BOWLER PETER J. e IVAN RHYS MORUS. *Making Modern Science.* Chicago:The University of Chicago Press, 2005, 487-509

OPITZ DONALD L. *Domesticity in the Making of Modern Science.* Palgrave Macmillan, 2015.

NIETO-GALÁN AGUSTÍ. *Los públicos de la ciencia: Expertos y profanos a través de la historia.* Marcial Pons, 2011, 148.

LAQUER THOMAS. *Making Sex: Body and Gender from the Greeks to Freud.* Harvard University Press, 1990.

SCHIEBINGER LONDA. *Nature's Body: Gender in the Making of Modern Science.* Beacon Press, 1993; Russett, Cynthia. "Hairy Men and Beatiful Women". En Russett. *Sexual Science:The Victorian Construction of Womanhood.* Harvard University Press, 1989.

FAUSTO-STERLING ANNE. *Sexing the Body: Gender Politics and the Construction of Sexuality.* Basic Books, 2000.

RENN JÜRGEN. "From the History of Science to the History of Knowledge- and Back", Centaurus, vol. 57, 2015, pp: 37-53.

1. Masculinidad y legitimidad: Disputa por el Protomedicato de Chile (1776-1781)[8]

Tamara Araya Fuentes

> En Derecho Fray Pedro Manuel Chaparro de la orden Hospitalaria de Nuestro Padre San Juan de Dios, médico de esta ciudad, en los Autos contra don Josef Antonio Ríos sobre la oposición a la cátedra de Medicina [...] habiendo presentado un escrito el día veinte y ocho del presente pidiendo a VS sumisamente me mandase dar testimonio por el presente escribano del nuevo expediente formado sobre la execucion del real escrito de quince de maio del pasado año de setenta y siete que se ha mandado suspender negándome la apelación, que interpuse para la Real Audiencia al fin expreso de ocurrir con el ante la real Persona en seguimiento de mi recurso[9]

Este párrafo da inicio al segundo expediente de un juicio que comenzó en 1776 cuando Fray Pedro Manuel Chaparro se presentó ante la Justicia contra José Antonio Ríos por el cargo de Cátedra Prima de Medicina, y en consecuencia de Protomédico del Reino de Chile[10]. Dado que el primer alegato fue negado, Chaparro apeló en 1778 al recurso de segunda suplicación que tampoco fue provechoso. A través de estos expedientes vemos la disputa de dos conocidos médicos de la ciudad de Santiago por el cargo de mayor jerarquía médica en el Reino.

[8] Este escrito es parte de la tesis "'Enfermedades y otros padecimientos': Médicos, usos de lo médico y personas esclavizadas en registros judiciales. Santiago de Chile (1740-1823)" (tesis de Maestría en Historia, Universidad de Chile, 2019).

[9] "Autos que sigue el Fray Pedro Manuel Chaparro contra Joseph Antonio Ríos sobre la oposición a la cátedra de medicina", Santiago, 1776-1778, en *Archivo Histórico Nacional* (ANH)-Santiago-Chile, Fondo Capitanía General (CG), v.971, p. 1, foja 2. El recurso de segunda suplicación, que da continuación al juicio entre 1778-1781, se guarda con el mismo título en Real Audiencia (RA), v. 319, p. 1. Todos los destacados son propios.

[10] El Protomédicato se instaló junto a la Cátedra Prima en Medicina en la Universidad de San Felipe en 1756, cuando el Gobernador Amat nombró a Domingo Nevin, primer protomédico del Reino. Pilar Gardeta, "El nuevo modelo americano del protomedicato", *DYNAMZS*, 16 (1996): 237-259; "El Protomedicato en el Reino de Chile: Su primer tribunal independiente (1786)", *Revista Médica de Chile* 121 (1993): 952-955. John Tate Lanning, *The Royal Protomedicato. The regulation of the medical profession in the Spain Empire* (Durham: Duke University Press, 1985).

Primero, recordemos algunos aspectos de la historia del Protomedicato para dimensionar la relevancia del conflicto. En 1756 se estableció el Protomedicato en Chile, con lo cual dejó de ser una figura dependiente de la misma institución en Lima. Ello se concretó con el nombramiento de Domingo Nevin, investido Protomédico del Reino y responsable de la Cátedra Prima de Medicina, de la reciente Universidad de San Felipe, inaugurada la década anterior[11]. Cuando Nevin falleció en 1770 el cargo pasó a Ignacio de Jesús Zambrano, religioso de la Orden San Juan de Dios, vinculado al hospital[12], y cuando murió en 1776, se llamó a concurso público para "dar oposición"[13], al cargo de Protomedicato, por primera vez en Chile. Quienes postularon fueron el recién titulado Bachiller en Medicina José Antonio Ríos y el médico del Hospital San Juan de Dios, Fray Padre Manuel Chaparro[14]. Pese a sus distintas trayectorias, José Antonio Ríos se adjudicó el cargo, cuestión que no agradó a Manuel Chaparro, que recurrió a los tribunales ese mismo año con el propósito de apelar judicialmente. En el litigio leemos el repertorio presentado por el padre Chaparro para invalidar a José Antonio Ríos, vemos cuestiones de trayectoria, experiencia en el oficio médico e importancia del grado académico, además de otros argumentos no menos relevantes, como la edad y la procedencia familiar. Estos planteamientos remiten a la discusión por cómo se estableció el saber médico, quiénes formaban parte de él y cómo se legitima-

11 Nevin fue nombrado por el gobernador Manuel de Amat, posterior virrey del Perú. Amat fue uno de los "gobernadores ilustrados" que implementaron políticas borbónicas. La Cátedra Prima de Medicina consistía en la formación clásica que incluía los Tratados hipocráticos y galenos. Miguel Rabí, "La formación de médicos y cirujanos durante los siglos XVI a XIX: Las Escuelas Prácticas de Medicina y Cirugía en el Perú", *Anuario Facultad de Medicina* 67 (2006): 173-183.

12 El Hospital San Juan de Dios existió primero como Hospital de Nuestra Señora del Socorro en el siglo XVI. Durante el siglo XVII su administración pasó a la orden sanjuanina, de quien recogió su nombre. Dicho recinto se ubicó próximo a la plaza mayor y cerca de la actual Iglesia de San Francisco. Fernanda Barrera, "El hospital San Juan de Dios de Santiago durante el siglo XVIII: El buen gobierno de un espacio de acogida" (tesis de Licenciado en Historia, Universidad de Chile, 2016), 3-4. Enrique Laval, *Hospitales fundados en Chile durante la Colonia* (Santiago: Imprenta Universitaria, 1935), 11. Plano de Santiago de 1793. Reproducción del original en el Museo Británico. Mapoteca, ANH.

13 *Academia Usual* (1783), define oposición: "el concurso de los pretendientes á alguna cátedra, ó prebenda, por medio de los actos literarios, en que demuestran suficiencia, para conseguir por ella su pretensión". Recursos Real Academia de la Lengua Española (RAE) http://ntlle.rae.es/ntlle/SrvltGUIMenuNtlle?cmd=Lema&sec=1.0.0.0.0 (consultada el junio de 2017).

14 Mismo que realizó las primeras inoculaciones en Chile. Paula Caffarena, "Inmunizar contagiando. La práctica de la inoculación como tratamiento preventivo frente a la viruela en la Capitanía General de Chile a fines del siglo XVIII", *Asclepio*, 68, 2 (2016): 151

ban; además, recuerda la problemática por la especialización y jerarquización, y cómo esta se articuló y fue diferenciándose a través de méritos y capital social[15].

Puesto que el juicio fue iniciado por Manuel Chaparro, predominaron sus planteamientos, siendo secundaria la contestación que presentó José Antonio Ríos. Este juicio tuvo dos instancias: la primera inició en 1776, y no tuvo mayor impacto en la remoción del cargo de Protomédico. Luego, en 1778, Chaparro presentó un recurso de segunda suplicación finalizada en 1781; ambos expedientes reúnen más de 300 fojas, en los Fondos Capitanía General y Real Audiencia. Como suele ocurrir en juicios con apelaciones, buena parte del primero se repite o cita en el segundo, y dado el interés de este capítulo, el análisis se centrará en los argumentos principales.

El conflicto judicial de estos hombres de medicina ilustra algunas tensiones respecto a la secularización del conocimiento y cambios institucionales locales que se dieron durante las últimas décadas del siglo XVIII. Dentro del análisis destaco la variable de género, con el propósito de comprender la masculinidad que participa en la conformación de la figura del médico, en tanto actor social. Para ello me guían las siguientes preguntas: ¿existe una representación del médico en términos de género? De ser así, ¿cuál es y cómo se caracterizaría? Pensando en el caso particular del padre Manuel Chaparro y José Antonio Ríos, ¿cómo se expresa dicha masculinidad? Lo anterior se complementa con otras variantes que destaca el mismo documento, como la procedencia familiar y la experiencia en el quehacer médico, aspectos que nutren y validan o, por el contrario, ponen en duda el ejercicio de estos varones, que, en teoría, estaba fuertemente revestido por una jerarquía donde el médico estaba a la cabeza. También se busca entender qué otros elementos cohabitaron o nutrieron la relación que existe entre género e institucionalidad. Es decir, qué ropajes aporta la institucionalidad, como la Justicia, el Protomedicato, el Hospital y la Universidad, espacios que eran parte de sus ámbitos de poder, a la masculinidad de los médicos del Chile tardo colonial, o, dicho de otra manera, cómo se tejen esos elementos para comprender quiénes fueron estos médicos y qué roles tuvieron más allá de "observar y examinar". Así, a la luz de este episodio se destaca la figura del médico como un actor social del entramado administrativo y político local del periodo, cuya importancia para

[15] Entre 1740-1823 se identificó a 22 médicos, cirujanos y bachilleres como auxiliares y peritos en casos judiciales ocurridos en tribunales de Santiago, dos de ellos emitieron certificados desde Lima. En ese conjunto se incluye a los protomédicos mencionados aquí. Estos facultativos vivieron o estuvieron en Santiago algunos años, y se formaron en Perú y España, o Francia, como Domingo Nevin, primer protomédico del Reino. Tamara A. Fuentes, "'Enfermedades y otros padecimientos'...".

el gobierno fue central en determinados ámbitos. Los médicos que vemos en este juicio se entienden como agentes sociales y políticos que fueron conscientes de su relevancia, por lo cual llegaron a ser sujetos activos y persuasivos de su lugar de saber y poder.

El capítulo se organiza en dos acápites: el primero revisa indicios que permiten hablar de una masculinidad honorable en los médicos a partir de algunos escritos del siglo XVIII. Se propone que el honor vinculado a los médicos era una forma en que algunos de ellos se pensaban y posicionaban, lugar desde el cual se relacionaban con las instituciones. El segundo acápite profundiza en planteamientos presentados en el juicio, que dejan entrever los lugares de acción y poder médico del periodo. Se propone que estas instituciones revelan cuestiones de mérito, trayectorias e influencias de médicos, quienes a la vez estaban revestidos por la autoridad de antiguas y nuevas instituciones que aportaban o restaban influencia. Lo anterior parte desde el entendido que la masculinidad, y los elementos que lo componen, se relaciona con el poder, con ostentarlo, confirmarlo o aparentarlo. Los varones validan, y procuran reafirmar, su lugar de poder y privilegio, cuestión que se teje –en este caso– con el oficio de la medicina.

Esta propuesta se vincula con una discusión relativamente reciente que cuestiona el lugar del saber científico y su estrecha relación con el poder de los hombres en tanto poseedores de dicho saber. Desde la filosofía feminista de las ciencias se discute la denominada "epistemología del hombre blanco", que ha sido muy próxima al ámbito de las ciencias y la medicina. Elsa Dorlin destaca que el pensamiento feminista se levantó contra el discurso científico y "los efectos de poder de los discursos médicos, psicoanalíticos, pero también filosóficos, históricos o antropológicos totalizadores, dominantes, sobre el cuerpo y el habla de las mujeres"[16]. Los estudios que miraron el género y la ciencia, han privilegiado esta relación desde una lógica binaria, reemplazando "mujer" por "género" y "hombre" por "ciencia". Desde ahí se ha historizado cómo las ciencias, especialmente la médica, han volcado una serie de iniciativas a fin de comprender y controlar el "género", sea de las mujeres en tanto madres, o lo considerado desviado de la homosexualidad[17]. Así, la inquietud presente

[16] Elsa Dorlin, *Sexo, género y sexualidades. Introducción a la teoría feminista*. Buenos Aires: Ediciones Nueva Visión, 2009. Desde esa crítica se inician cuestionamientos como: "¿Qué tipos de saber quieren descalificar a partir del momento en que dicen ser una ciencia? ¿Qué sujeto que habla, qué sujeto que discurre, qué sujeto de experiencia y de saber quieren desvalorizar a partir del momento en que dice: yo, que sostengo este discurso, sostengo un discurso científico y soy un sabio?", 17.

[17] Thomas Laqueur, *La construcción del sexo. Cuerpo y género desde los griegos hasta Freud*. Madrid: Ediciones Cátedra, 1994.

en este capítulo se ubica dentro de un vacío historiográfico que, más allá de preguntarse por acciones políticas diseñadas y promovidas por los médicos, interroga sobre quiénes eran algunos de esos médicos, cómo se relacionaban y cómo influyeron sus conflictos al interior de la disciplina médica.

Los médicos construyen su conocimiento a partir de acuerdos, negociaciones y disputas de poder. La reflexión iniciada por Ludwing Fleck en la década de los años 1930, apunta en esa dirección, cuando destaca que los sistemas de creencias, o lo que denominó "el estilo de pensamiento" acoge un conjunto de ideas, prácticas y formas de comprender la ciencia, médica en este caso, en una suerte de consenso sobre cómo comprender cierta disciplina. Se trataría entonces de un pacto, que Fleck destaca como ilusorio o ficticio ya que siempre está expuesto a modificarse. Ello ocurre porque "el colectivo de pensamiento", o quienes componen dicho grupo, interactúa dentro de su área (eso) y fuera de ella (exo), lo cual contribuye al intercambio y a una "situación de influencia recíproca de pensamiento" que existe en cada miembro del grupo, que a su vez también es "portador del desenvolvimiento histórico de un área de pensamiento, de un determinado estado del saber y de la cultura, o sea, de un estilo específico de pensamiento"[18] .

Este capítulo se aproxima a dicho esquema, aunque profundizando en los "hombres de ciencia" y cómo estos se relacionaron entre sí, específicamente los médicos de la ciudad de Santiago, a quienes he querido caracterizar como "señores de un saber antiguo", porque ya en el siglo XVIII el saber médico formaba parte de una tradición vinculada a los antiguos sabios del mundo griego. Y de un "comportamiento moderno", en tanto eran parte de la administración local, capaces de moverse entre las instituciones, además de ser sujetos activos y persuasivos en distintas esferas de poder con las cuales se relacionaban. En tal sentido, este escrito avanza sobre las nociones de masculinidad y medicina en el último tercio del siglo XVIII del Santiago tardo colonial.

Ante el cuestionamiento de si la ciencia tiene un género, habría que responder que más que tener un género, desea tenerlo, y en ese afán se organizó (la ciencia) para dejar fuera a las mujeres, y solo incluirlas como objetos de estudio. Además, la ciencia, y la medicina en particular, siempre gustaron de mirar al pasado de su propia disciplina, y en ese acto de legitimación se pensó a sí misma en códigos de una masculinidad hegemónica, mirándose y atesorándose en el recuerdo de grandes figuras masculinas. Respecto de esos

[18] Ludwik Fleck, *Gênese e Desenvolvimento de um Fato Científico: introdução à doutrina do estilo de pensamento e do coletivo de pensamento*. Belo Horizonte: Fabrefactum Editora, 2010 [1935], 82.

elementos se busca comprender a los médicos de fines del siglo XVIII de la ciudad de Santiago.

Protomedicato y honor masculino

El padre Manuel Chaparro, tras el llamado a concurso para el cargo de Protomedicato, señaló que este era un "empleo de distinguido honor en toda la República"[19]. De esta breve frase podemos deducir al menos dos cosas que acompañarán este capítulo: primero la asociación entre medicina –o su cargo más alto– con el honor, y segundo, la pertinencia de esta institución para el bien de la República.

Al igual que en otras latitudes, los médicos de la ciudad de Santiago debían contar con una formación universitaria validada por el Tribunal de Protomedicato. Quienes podían estudiar y ejercer la medicina eran idealmente varones españoles y blancos, aunque a mediados del siglo XVII se estableció por *Real Cédula* el ingreso de criollos, mestizos y naturales a la Universidad de Lima, normativa que impactó en la formación de médicos y cirujanos del Virreinato, y capitanías colindantes como Chile[20]. Lo anterior propició distinciones de jerarquía médica que, dificilmente, lograron ser replicadas en Chile[21].

19 "Autos que sigue el Fray Pedro...", RA v. 319, p. 1, foja 4

20 Dichas jerarquías se nutrieron por elementos de género y raza que excluían, por ejemplo, a las mujeres que fueron curanderas, *meicas* y sanadoras. Luz María Hernández, *Learning to heal. The medical profession in colonial Mexico 1767-1831*, New York, Whashington, D.C./Baltimore: Peter Lang, 1997, 22. Miguel Rabí, "La formación de médicos y cirujanos...". Jouve Martin, *The black doctors of colonial Lima. Science, race and writing in colonial, and early republican Peru*, Montreal & Kingston, London, Ithaca: McGill-Queen's University Press, 2014. Carmen Bernand, *Negros esclavos y libres en las ciudades hispanoamericanas*, Seville: Fundación Histórica Tavera, 2001.

21 Esta distinción remite a una antigua división entre artes liberales y manuales. La enseñanza de medicina se impartía en latín o lengua romance, de ahí la distinción entre médicos latinos y romancistas. Emanuele Amodio, "Curanderos y médicos ilustrados la creación del Protomedicato en Venezuela a finales del siglo XVIII", *Asclepio* 49 (1997): 95-129. Carmel Ferragud, "Los oficios relacionados con la medicina durante la baja edad media en la Corona de Aragón y su proyecto social", *Anuario de Estudios Medievales* 37 (2007): 107-137. Rafael Mandressi destaca que la formación "práctica" de los médicos era teórica, mientras cirujanos, barberos, boticarios y matronas tenían formación práctica. Taller: "Cuerpo y medicina en la Europa moderna: saberes, prácticas, política". Instituto de Historia PUC-Chile y Centre Alexandre-Koyré de la École des Hautes Études en Sciences Sociales (noviembre 2017). La formación de los médicos incluía la lectura del *corpus* Hipocrático, comprendía las cosas naturales (integraba el cuerpo, humores, acciones, espíritus), las cosas no naturales (el aire, bebidas, sueño, reposo) y las cosas contra natura (las enfermedades). Según Benito Feijoo, benedictino de la primera mitad del s. XVIII, la ciencia médica en España era reputada, sin embargo dogmática, apegada a los textos clásicos, y poco abierta a la experimentación. Gregorio Marañon, *Las ideas biológicas del Padre Feijoo,* Madrid: Escapa-Calpe, S.A., 1934, 154-159. María José Correa, "Respuestas a los

Lo cierto es que, para el caso del Chile colonial, poco sabemos respecto de quienes curaban, salvo por algunas figuras destacadas, fetiches de la historia de la medicina tradicional[22]. Carecemos de documentación catalogada, abundante y continua que nos cuente sobre esta experiencia, aunque sabemos que existían quienes practicaban la medicina fuera del ámbito de lo oficial, no solamente porque llegaron pocos médicos formados en universidades a la Capitanía General, sino porque la necesidad primordial de curar y aliviar los dolores del cuerpo y el alma siempre encuentran un lugar.

Para la segunda mitad del siglo XVIII ya habían ocurrido cambios importantes a nivel institucional. Uno de ellos fue en 1756, cuando se estableció el Tribunal del Protomedicato en Chile. ¿Pero qué relevancia tuvo esto? Si ampliamos la mirada, recordaremos que estas modificaciones ocurrieron durante las Reformas Borbónicas, orientadas a optimizar la administración de la América española, expresada en modificaciones institucionales y obtenciones de cargos. Para el escenario local de la ciudad de Santiago dicho proceso se evidenció en la fundación de la Universidad de San Felipe (1747), la instalación del Hospital San Francisco de Borja para mujeres (1782), y el mencionado Tribunal de Protomedicato (1756). Este conjunto de instituciones, junto con revitalizar el poder monárquico, también reveló preocupación en promover un gobierno eficiente y con ciudadanos útiles al Estado[23].

Establecer un tribunal de protomedicato en Chile implicó cierta autonomía respecto de cuestiones de carácter médico y sanitario, que fueron una preocupación constante y dificultosa por motivo del alcance material de la institución y sus facultativos[24]. De acuerdo con Pilar Gardeta, existió un "modelo americano" de protomedicato, siendo dispar al anhelo normativo penin-

---

cuestionarios enviados por Royal College of Physicians of London a los puertos de Valparaíso y Coquimbo, 1830", *Anales de Historia de la Medicina*, 20 (2010): 65-69.

22 Enrique Laval, *Noticias sobre los médicos en Chile en los siglos XVI, XVII y XVIII*, Santiago: Universidad de Chile, 1958.

23 Patricio Lepe-Carrión, "Biopolítica borbónica en Chile: el discurso antropológico sobre la ociosidad y el vagabundaje", en *Descolonizar el presente: Ensayos críticos desde el Sur*, compiladores Martín E. Díaz-Carlos Pescader, Argentina, Publifadecs, 2012. Esta línea recuerda a las acciones reformistas de iluministas como Luis António Verney y António Nunes Ribeiro en la América portuguesa. Este planteamiento en el ámbito de la salud destaca la importancia de acciones orientadas a lo útil y práctico. Laurinda Abreu, *Pina Manique um reformador no Portugal das Luzes*, Lisboa: Gradiva Publicações, 2013, 10-11.

24 Hasta 1756 el tribunal de protomedicato de Lima designó delegados protomédicos para regular la enseñanza de medicina, cirugía y farmacia, el ejercicio de facultativos en Chile. John Tate Lanning señala que en el periodo de los reyes católicos se conformaron alcaldes examinadores, con facultad de aprobar y rechazar candidatos en medicina, vigilaba crímenes, excesos y transgresiones de los médicos.

sular en cuanto a la organización y las atribuciones de quienes componían dicha institución en las colonias[25]. Uno de los cambios estructurales ocurrió a mediados del siglo XVIII con el establecimiento de tribunales subdelegados según *Real Cédula* de 19 de mayo de 1741. Ello estimuló tribunales con mayor independencia de los centros virreinales, como las capitanías generales, entre ellas el Reino de Chile. Tal modificación pretendía colaborar con la regulación del ejercicio de la medicina, función del Protomedicato, aun cuando en ocasiones no pasó las barreras del enunciado institucional. La pobreza, las epidemias, la distancia entre los centros urbanos y los territorios, que todavía se estaban colonizando, obligaron a la administración y a los médicos del protomedicato a guardar tolerancia ante los "otros" que realizaban prácticas curativas –curanderos, sanadores, médicas, parteras, etc.[26].

En ese concierto la figura del médico se vinculó con la administración de las instituciones coloniales. Para entenderlo mejor, y dimensionar algunas de sus características en el contexto del mundo tardo colonial de Chile, se propone comprenderlo desde una masculinidad honorable, entendiendo que la unión entre ambos conceptos tiene pertinencia en tanto existe una imagen del médico que las unió. Esto se observa en escritos elaborados por médicos, filósofos y teólogos del periodo, que presentaron una versión idealizada y anhelada, una que cumpliera también con los valores monárquicos.

¿Pero cómo fue la figura del médico en este periodo? De acuerdo con Carmen Ferragud, en la Baja Edad Media los médicos gozaron de una "antigua imagen ideal de hombre honrado, enamorado de su profesión y de la naturaleza humana y que ofrecía bienestar y salud de forma desinteresada a quien lo solicitara"[27]. Elementos de esta representación se mantuvieron durante el siglo XVIII; por ejemplo en el *Diccionario de Autoridades* (1734) se definió al

[25] En las ciudades de la América española se intentó replicar el modelo monárquico del Tribunal de Protomedicato que era colegiado. Gardeta destaca que el modelo peninsular tenían amplias atribuciones como órgano supremo de la sanidad española, pero la adaptación de esta institución a las colonias implicó que perdiera el carácter de corte suprema. Gardeta, "El nuevo modelo americano…".

[26] Las tradiciones médicas en contexto colonial se caracterizaron por "una intensa interculturalidad entre españoles, indígenas y africanos o negros criollos. Más aún, para aquellos que buscaban alivio en las prácticas de los empíricos, las diferencias de condición y de calidad –nociones preferibles a «etnicidad» que en ese contexto resultaría anacrónica– fueron garantía de eficacia, según el dicho conocido que nadie es profeta en su tierra", Carmen Bernand, "Interculturalidad, pluralismo médico, enfermedades y aflicciones", en *Salud e interculturalidad en América Latina. I. Perspectivas antropológicas*, coord. Gerardo Fernández Juárez, Quito, Abya Yala: Universidad de Castilla-La Mancha, Bolhispania, 2004, 350 https://nuevomundo.revues.org/8162. (consultado en junio, 2015). Gonzalo Aguirre Beltrán, *Medicina y Magia: El proceso de aculturación en la estructura colonial*, México: Fondo de Cultura Económico, 1992. Amodio, "Curanderos y médicos ilustrados en la creación del Protomedicato…".

[27] Carmel Ferragud, "Los oficios relacionados con la medicina…".

médico como: "El que dirige y gobierna la conciencia y espíritu de alguno"[28]. Tratados médicos y biografías de sabios antiguos son otro recurso que indica cuáles eran algunas de las imágenes que existieron en el periodo. En la obra de Fray Esteban de Villa, *De las vidas de doze Principes de la Medicina, y de su origen*, editado en 1647, se destacó a figuras de la medicina antigua como Esculapio, Hipócrates, Aristóteles, Dioscórides, Galeno, Avicena, Averroes, entre otros. En ella se advirtió al lector, idealmente estudiante de medicina: "Aquí hallara el Medico mucho que *imitar*, el que professa la farmacéutica puntos de su Arte, y los demás, remedios singulares, exemplos raros, y sentencias graves dignas de ponderación: sino cumpliere con las leyes de buen informante"[29]. En su escrito el religioso inició con Apolo, "hijo de Iupiter, y de Latona, que Reinó en Delphos; el que invento la Citara, y *halló la Medicina*"[30]. Con esta figura divina inició una genealogía de grandes hombres de la medicina, recurso que aparece en otros escritos del siglo XVIII.

En *Tesoro de las excelencias y utilidades de la Medicina. Espejo del prudente y sabio médico,* publicado en España en 1768 por el doctor Diego de Aroza, se presentó una analogía entre el médico y Dios: "es darle alguna semejança con Dios, como lo publica muy bien, el Principe, y fuente de los Poeta Homero, y Hipocrates, en el libro de decenti ornatu, afirmo, que el Medico era semejante a Dios; porque avia mucha conformidad entre Dios, y el Medico"[31]. Este ropaje divino posicionó al médico en una masculinidad hegemónica, paternalista y sanadora del cuerpo y el alma. La figura del médico ostentó un lugar elevado dentro de la sociedad, en tanto formaba parte de una tradición masculina de médicos honorables. A su vez, esto recuerda la idea bíblica del hombre a imagen y semejanza de Dios, y en esa relación, entre el creador y su creación, el médico mediaba[32]. Benito Feijoo, religioso y unos de los pensadores españoles más destacados del periodo, señaló: "No hay ciencia o arte que requiera más ingenio, más penetración, más claridad de entendimiento, más sólido juicio que la medicina", y agrega "después de un predicador, el médico es la

[28] *Diccionario de Autoridades* (1734). Recursos RAE http://www.rae.es/recursos/diccionarios/diccionarios-anteriores-1726-1996/diccionario-de-autoridades (consultado en enero 2018).

[29] Fray Esteban de Villa, *De las vidas de doze Principes de la Medicina, y de su origen.* Burgos: Imprenta de Pedro Gómez de Valdivieso, 1647.

[30] Fray Esteban de Villa, *De las vidas de doze Principes...*, 2.

[31] Diego de Aroza, *Tesoro de las excelencias y utilidades de la Medicina.* Lérida: Juan Nogués, impresor de la Ciudad y su Universidad, 1678, 45.

[32] El prólogo de *Aforismos de Hipócrates* (1923) escrito por el doctor García Suelto, se refiere a Hipócrates como "apasionado al estudio de este *hombre casi divino* desde el principio de mi carrera", Barcelona: Editorial Pubul, 1923, 7-8.

más preciosa alhaja que puede tener una Republica"[33]. Es posible entender que el médico se vinculó al padre, predicador y cura, en su doble acepción: *el* cura y *la* cura. Feijoo continuó: "he observado ser por lo común los Médicos hombres de honesto proceder: lo que atribuyo a que en los cuartos de los enfermos, especialmente si están peligrosos, se oyen casi siempre palabras de edificación, y se ven ejemplos de cristiana piedad"[34]. Por su parte, la medicina se entendía como "ciencia subalterna á la Filosofía", en tal sentido el médico "para serlo perfecto ha de ser buen Filósofo"[35], se indicó en los *Aforismos de Hipócrates*, texto clásico del aprendizaje de los médicos. De acuerdo con John Tosh, dos de los elementos que componen y reafirman la masculinidad son la naturaleza incorpórea de lo masculino y la importancia de los pares[36]. Los escritos revisados del siglo XVIII presentan al médico como una figura etérea por lo divina, y validada por los médicos de la Antigüedad. Se identifica entonces un hombre-no cuerpo en tanto se hace alusión a la similitud con Dios, y por la insistencia de mirar a estos grandes médicos del pasado, a propósito de los cuales se dibujó una línea temporal que unió virtud masculina y saber médico.

Lo anterior permite interpretar que "el buen médico" dio la mano al "buen gobierno", y entre ambos se construyó una alianza política que se fortaleció durante la segunda mitad del siglo XVIII en la América española. Ahora bien, la figura del "médico" era una imagen idealizada, como ya advertimos, que importaba a médicos y cirujanos. La insistencia por vincular a los médicos con una genealogía de hombres virtuosos nos habla de una tentativa por investirlos de honor y prestigio. Tres facetas implicaron al honor masculino: primero el capital heredado –como la procedencia familiar–; segundo, la apreciación de los otros –médicos y colegas–; tercero, un modelo "conductual regido por lógicas de contención y moderación"[37]. En esta última podemos ubicar los

33 Marañon, *Las ideas biológicas del Padre Feijoo*, 93-94.

34 Benito Jerónimo Feijoo, *Teatro crítico universal*, Tomo primero, Madrid: D. Joaquín Ibarra, a costa de la Real Compañía de Impresores y Libreros, 1778, http://www.filosofia.org/bjf/bjft105.htm (consultado en enero 2018)

35 *Aforismos de Hipócrates*, traducido del griego al latín y de este al castellano por Don Alonso Manuel Sedeño de Mesa, Madrid: En la Imprenta de González, 1789, 282-283.

36 John Tosh, "What should historians do with masculinity? Reflections on nineteenth-century Britain", *History Workshop* 38 (1994): 179-202.

37 Verónica Undurraga, *Los rostros del honor. Normas culturales y estrategias de promoción social en Chile colonial, siglo XVIII*, Santiago: DIBAM-Centro de Investigación Diego Barros Arana, 2012, 257. Sobre "masculinidad hegemónica", José Olavarría, *Masculinidad/es. Identidad, sexualidad y familia. Primer Encuentro de Estudios de Masculinidad*, Santiago: FLACSO-Chile/UAHC/Red de Masculinidad, 2000. Soledad Zárate, para el s. XIX, señala que había algo de dignidad y prestigio involucrado en la figura del médico, "Notas preliminares sobre profesión médica y masculinidad, Chile, siglo XIX" en *Hombres: identidad/es y violencia. 2° Encuentro de Estudios de Masculinidades: identidades, cuerpos, violencia*

escritos que presentaron al médico idealizado, interpretado en clave de una masculinidad honorable. Modelo que sirve para comprender el conflicto que ocurre entre Manuel Chaparro y José Antonio Ríos.

Se plantea que los códigos de masculinidad honorable aparecieron en el conflicto entre Manuel Chaparro y José Antonio Ríos, y fueron parte crucial del repertorio judicial. Es decir, la visión idealizada de los médicos, que podemos condensar en una masculinidad honorable, se expresó en elementos como la experiencia médica y científica, la formación universitaria, la trayectoria profesional, la autoridad en relación con los otros, la vinculación con instituciones. A ello sumamos lo etario y familiar, no solo porque fue parte de los planteamientos en el juicio, sino porque era el varón adulto y de buena familia, o familia reconocida, el que debía –en teoría– ostentar ciertos cargos de poder.

Lugares de influencia médica: Hospital, Universidad y Justicia

Cuando el padre Manuel Chaparro y José Antonio Ríos se presentaron a la "oposición de la cátedra de Medicina", tenían trayectorias disímiles. Por un lado, Chaparro era religioso y médico, también examinador de la recientemente creada Universidad de San Felipe, por tanto tenía la facultad de evaluar a futuros médicos. Además adquirió experiencia como médico del hospital San Juan de Dios, orden de la cual fue miembro, y se destacó por la técnica de las inoculaciones para frenar la peste de viruela que, en varias ocasiones, afectó a Santiago y otras ciudades del Reino. El mismo Chaparro enfatizó que "En este tiempo inquiriendo mi desvelo, y estudio algún modo fácil, y de mas acertado éxito para la curazion de virhuelas de cuio contagio nadie se exim[io]". Y añadió también que las inoculaciones que logró efectuar fueron producto de:

> la lectura de muchos libros estrangeros convinando sus circunstancias con el temperamento de este Pais puse [en] obra el experimento de la inoculazion [...] de ellas cuios éxitos y resultas puede decir el Publico quien no solo ha logrado las vidas de los muchos que fallecían con la pestilencia de este contagio, sino también el ahorro de los gastos de Botica y Medicos[38].

---

y políticas públicas, editor. José Olavarría, Santiago: FLACSO-Chile/UAHC/Red de Masculinidades, 2001, 73-84.

38 "Autos que sigue el Fray Pedro..." CG v. 971, p. 1, foja 3v.

Los "hombres de fe" estaban revestidos por una institución muy poderosa, y "por su condición especial y ubicación privilegiada, esos hombres-santos o casi santos construían su fama y encarnaban el papel de personas consagradas al servicio divino, por medio del estatus obtenido a partir de su ordenación religiosa"[39]. Asunción Lavrin señala que los estudios sobre masculinidad de religiosos es un terreno poco explorado, sin embargo propone que uno de los elementos que la distingue fue la lucha por el poder, aunque ella se refiere a pugnas entre órdenes religiosas[40]. Aun así, parece pertinente destacar que los religiosos, más allá de la orden, ocuparon un lugar destacado dentro del mundo colonial, cuestión que en la ciudad de Santiago adquirió cierta distinción por su vinculación con la orden de San Juan de Dios, que administró el único hospital de la ciudad hasta la década de los años 1780.

En la sociedad del Antiguo Régimen los religiosos eran parte de una de red de poderes, y en ese entendido, el padre Manuel Chaparro contaba con un importante capital social que incluía a miembros de su orden y del poder local, no solo en Santiago sino en otras ciudades. El mismo Chaparro destacó las acciones que realizó en Santiago y otras ciudades como Valdivia, a fin de acentuar su expertise médica y práctica en materia de interés sanitario, puesto que no solo pesó la formación académica sino también la puesta en marcha de ese saber en beneficio de la República. Sobre ello declaró: "El superior Gobierno en estos tiempo me destino para Medico de Puerto y Preci(di)o de Valdibia donde me mantuve cumpliendo exactamente con mi cargo", y agregó que cuando regreso a Santiago "me he mantenido en el exercicio de esta facultad, supliendo continuamente por el Dr Dn Ygnacio Sambrano", quien fue el anterior protomédico, y con quien compartió afiliación religiosa[41].

En efecto, Chaparro se vinculó muy estrechamente con médicos destacados y poderosos como Domingo Nevin e Ignacio Zambrano, primer y segundo protomédico, respectivamente. Podemos suponer que dicha cercanía, e incluso complicidad, alimentó justificadas expectativas en Chaparro de ser el siguiente protomédico. Sin embargo la política borbónica había comenzado a promover acciones que beneficiaban a figuras como José Antonio Ríos, quien

[39] Robert Daibert Jr., "Entre homens e anjos: padres e celibato no período colonial no Brasil", en *História dos homens no Brasil*, orgs. Mary del Priore y Marcia Amantino, Sao Paulo: Editora Unesp, 2013, 49-84, 50 (traducción propia).

[40] Asunción Lavrin, "Los hombres de Dios. Aproximación a un estudio de la masculinidad en Nueva España", *Anuario Colombiano de Historia Social y de la Cultura* 31 (2004): 283-309.

[41] "Autos que sigue el Fray Pedro..." CG v. 971, p. 1, foja 4. Fray Manuel Chaparro, considerado como el "Hipócrates chileno". Enrique Laval, *Vida y obra de Fray P. M. Chaparro*, Santiago Editorial Universitaria Católica, 1958.

no solo fue uno de los primeros médicos formados en Chile, de cierta forma él consolidaba la existencia de una institución universitaria, y destacaba un cargo al que concernía la salud de los vecinos y la sanidad de la ciudad. Entonces, la decisión de ubicar a Ríos como protomédico alimentaba el grosor administrativo de una Capitanía General, pensada inicialmente como frontera. Además durante el siglo XVIII, particularmente las décadas de los años 1740-1780, se promovió iniciativas que fortalecían a Santiago, dotándola de cierta autonomía respecto de Lima.

José Antonio Ríos tuvo una trayectoria quizá más modesta, o tal vez menos vinculada al ámbito de la experimentación médica que Chaparro aducía tan vehementemente. Los méritos de Ríos pudieron parecer menos fabulosos, pero no por eso fueron menos relevantes para quienes estuvieron detrás de las instituciones que organizaban la ciudad de Santiago. Ríos fue, junto con otros pocos varones del periodo, uno de los primeros médicos formados y titulados en Chile por la Universidad de San Felipe. Su figura encarnó una promesa institucional que significó décadas de insistencia por parte de los vecinos de Santiago a las autoridades monárquicas. En el siglo XVII los alcaldes de Santiago escribieron al Rey español, insistiendo en la importancia de contar con una Real Universidad "para los hijos patricios de Chile" y las provincias colindantes[42], cuestión que se concretó un siglo después con la Universidad de San Felipe. En tal sentido, la disputa entre Chaparro y Ríos reflejó ciertas tensiones de carácter institucional que ocurrieron en el periodo, relacionadas con la formación de médicos y también con el rol de la universidad como un nuevo lugar de poder y conformación de la élite médica.

Cuando José Antonio Ríos postuló al cargo de Protomédico aún era Bachiller en Medicina, pero durante las diligencias judiciales, iniciadas en septiembre de 1776, solicitó al Rector de la Universidad de San Felipe el grado de Doctor, y así abrigarse de legitimidad y estatus para competir con la trayectoria y poder de Chaparro[43]. Ahora bien, al igual que Chaparro, José An-

[42] Luis Lira Montt, "Estudiantes cuyanos, tucumanos, rioplatenses y paraguayos en la Real Universidad de San Felipe y colegios de Santiago de Chile: 1612-1817", *Historia* 14 (1979): 207-274.

[43] "como Cathedratico de prima de Medicina estoi presisado según la Constitucion a recibir los grados de Licensiado y Doctor en esta facultad en el termino de seis meses, y [...] hallándome dispuesto para los actos previos y cumplido también con la consignación de propinas que corresponden a todos los Señores Doctores que se hallan en la Ciudad según la lista que me ha entregado el Vedel maior. "Grado de Doctor en Medicina de José Antonio Ríos", Santiago, 1774, en ANH-Santiago-Chile, Fondo Real Universidad de San Felipe (RUSF), v. 22, foja 64.

tonio Ríos también contaba con un capital social importante vinculado con los tribunales de Justicia.

Junto con el Hospital y la Universidad, la Justicia fue otro lugar en que los médicos se desenvolvieron. José Antonio Ríos fue médico de la ciudad, por tanto le incumbían cuestiones de orden público, como auxiliar a los tribunales de justicia ante situaciones en que una de las partes –demandante y/o demandado– presentaba heridas y enfermedades como evidencia. En distintos juicios se observó que Ríos, entre otros médicos y cirujanos de la ciudad, fue solicitado por la justicia con el propósito de ayudar en el esclarecimiento de litigios[44]. En el marco de una investigación más amplia se constató que médicos, cirujanos, y algunas parteras tuvieron una relación fluida y colaborativa con agentes de justicia, como jueces, abogados, procuradores y fiscales. La interacción entre médicos y agentes de justicia evidencia una dinámica administrativa y judicial, donde algunos facultativos cooperaron de manera coordinada y regular en diferentes materias. Para efectos de este capítulo ello interesa, porque José Antonio Ríos tenía ese tipo de relación con instituciones como la Real Audiencia, cuestión que lo vinculó con el capital social de otro mundo que no era el religioso sino el judicial[45].

Además de la trayectoria y estatus académico, el Padre Manuel Chaparro presentó otros argumentos contra la elección de José Antonio Ríos como Protomédico del Reino. En palabras del religioso:

> se há postergado *mi notorio merito* con común sentimiento de todo el Publico prefiriendo a un sugeto que solo en esta ocasión por esos mis émulos se ha oydo su nombre sin que jamas, *ni por su nacimiento, ni por su corta edad, ni por ser un principiante* pudiese pensar en optar igual empleo sirviendo esto de *vegamen* a toda la facultad y de un conocido *perjuicio* al Publico[46].

En este párrafo vemos dos elementos que, inicialmente, pudiéramos pensar estaban fuera del ámbito médico: lo etario y lo familiar (o nacimiento). Am-

44 Uno de los antecedentes de la relación entre medicina y justicia es el *Código Carolino* que recomendaba a los jueces consultar a cirujanos ante la sospecha de homicidios, y a parteras en materias de infanticidio. Crawford, "Medicine and law", en *Companion Encyclopedia of the History of Medicine* vol. 2, cords. W. F. Bynum y Roy Porter, London and New York: Routledge, 1993, 1623.

45 Vemos a José Antonio Ríos en juicios iniciados en 1777 y 1820 guardados en RA v.2253, p.28, RA v.2576, p.1 y Judicial de Santiago (JS) 04/legajo 273. Sobre esta propuesta se profundizó en la ponencia "El médico es solicitado por la justicia: Antecedentes de la relación colaborativa entre la medicina y la justicia en el Chile tardo colonial", XXII Jornadas de Historia de Chile, Valdivia, octubre-2017.

46 "Autos que sigue el Fray Pedro…". RA v. 319, p. 1, foja 41v

bos podían exponer aspectos de reputación y rango. A diferencia de la procedencia familiar, cuestión que no se puede escoger, y a veces no se logra ocultar, lo etario va mudando. Las edades de la vida van marcando momentos de madurez y consolidación, y articulados con cuestiones de oficio y profesión, van trazando un recorrido de mérito que, a cada quien, toca demostrar. De cierta manera, lo etario encarna o valida un aparente conocimiento y que correlativamente avanza, delata una trayectoria que va sumando experiencia y grados académicos[47]. Para Manuel Chaparro no tenía lógica que un recién titulado, "de corta edad", y por tanto inexperto médico, tuviera tal cargo de importancia, ¿acaso él mismo no tenía una trayectoria más vigorosa?[48]. Ante dicho "vejamen", el médico sanjuanino recurrió a una argumentación menos académica, pero igualmente relevante:

> declaro no haver lugar a la calificación de personas que pedi se hiciese en claustro pleno del opositor a la cathedra de prima de medicina que lo es Don Joseph Antonio Rios por ser este *notoriamente hijo de Padres no conocidos* sobre quien como tal no pueden caer sufragios de botos para aquella Cathedra ni resivir el grado de Doctor[49].

Chaparro acusó a Ríos de tener una estirpe dudosa y cuestionó un origen blanco o criollo, que implicaba contravenir la reglamentación para acceder a cargos públicos, cuestión que comenzó a modificarse con motivo de una política de movilidad social borbónica, que buscaba reducir la cantidad de nobles y encaminar estrategias de privilegios con base en el honor adquirido por méritos[50]. Con este gesto el religioso expuso a Ríos como un hombre con antecedentes no claros, opacando su honor al insinuar bastardía[51].

El planteamiento sobre la dudosa procedencia familiar buscó trizar la reputación de Ríos, cuestión muy importante en la caracterización de los médicos

47 Difícil estimar las edades de Ríos y Chaparro, pues el juicio no da indicios concretos, aunque según lo que el religioso declara, la diferencia de edad era notoria para quienes los conocían.

48 Benjamín Vicuña Mackenna, Enrique Laval y Pedro Ferrer coinciden en destacar a Chaparro.

49 "Autos que sigue el Fray Pedro...". RA v. 319, p. 1, foja 6vta

50 Patricio Leé-Carrión, *Biopolítica*.... El autor refiere a la Orden de Carlos III la compra de títulos y de ´gracias al sacar´.

51 Según Enrique Laval, "No obstante la superior calidad del hermano Chaparro, sus posibilidades de éxito eran limitadas. Todas las más altas influencias debían ejercer a favor del doctor Ríos, cuyo padre don Francisco Antonio de los Ríos había gozado de excepcional valimiento ante las autoridades gubernativas y universitarias y porque con el correr de los años la orden juandediana en el manejo del Hospital san Juan de Dios había perdido la confianza de las autoridades", *Vida y obra de Fray P. M. Chaparro*..., 18.

en tratados y biografías, que insistía en unirlos a una genealogía de grandes médicos, figuras de una masculinidad ejemplar[52]. Sin embargo el planteamiento no tuvo mayor efecto ante las autoridades de justicia, quienes finalizaron el pleito el 5 de abril de 1781: "se impuso, perpetuo silencio sobre la calificación de natales del Doctor Rios, Declarando, como Declara, que la Excepcion de Espuridad opuesta a dicho Doctor Rios, por su oposición el Padre Doctor Chaparro, es admisible" y continuó "en su consecuencia declaraban que dicho Doctor Rios sin embar[g]o de la Excepción opuesta debe tener libre entrada en esta oposición siempre que el claustro le alle condecorado con los Grados[53]. El tribunal resolvió que las autoridades universitarias tenían autonomía en la elección, así, los catedráticos reafirmaron a José Antonio Ríos en el cargo. Después de todo, el alegato que inició Chaparro puso en cuestionamiento a los miembros universitarios, sus autoridades, catedráticos y primeros estudiantes, quienes participaron de la votación y habían sido testigos de la oposición al cargo, y que, por lo demás, habían formado a José Antonio Ríos[54].

Así, en el transcurso del juicio, la relación de ambos médicos se tensionó, y también el capital social de cada uno, constituido por colegas y funcionarios universitarios, de justicia y hospital, las cuales dinamizaron un Protomedicato, que era una institución nueva y sin edificio, pues en rigor hasta 1756 fue un cargo, y quien lo ostentaba debía relacionarse con otras entidades administrativas como la Real Audiencia y el Cabildo de Santiago. Se interpreta que

52 Estrategia discursiva de estudios tradicionales y tratados médicos que recurre a los hombres doctos de la Antigüedad, que ubica su disciplina, y a ellos mismos, en una genealogía de hombres sabios y honorables: "La Grecia madre y protectora de las Musas y de las Artes y Ciencias veneraba con especialísimo culto la Medicina que los Griegos de los tiempos heroicos reducían a la sola curación manual, y al uso de los tópicos. Los Medicos eran llamados Salvadores; y Chiron, Esculapio, Hercules e Hipocrates lograron el apothesis, y culto, como Dioses tutelares" (sin título) (*circa* s. XVIII), en ANH-Santiago-Chile, Fondo Antiguo, v. 55, p. 5, foja 29. La nota editorial titulada "Ética Hipocrática" señala: "La medicina es de todas las profesiones la más noble. Y sin embargo, por la ignorancia de quienes la ejercen y de quienes la juzgan a la ligera, hoy por hoy esta relegada al último lugar. Me parece que tan falso juicio proviene principalmente de que la medicina es la única profesión que, en las ciudades, no tiene otro castigo sino el desprestigio; y pues ¡qué importa el desprestigio si se salva el pellejo! Esta gente se parece mucho a los figurantes que hacen comparsa en las tragedias; al igual que éstos tienen la apariencia, el disfraz y la máscara de actores, sin ser actores; lo mismo, entre los médicos, muchos lo son por el título, bien pocos lo son en el hecho", *Anales Chilenos de la Medicina* v. 2 (1962), 189.

53 "Autos que sigue el Fray Pedro...". RA v. 319, p. 1, fojas 326-326v.

54 En el juicio se detalla que votaron: "el Señor Rector, El Mestre, escuela 6 bts, Cathedraticos: Dron Jhp Antonio Aldunate, Dron Alonso Guzman, Dron Jph Joaquin Gaete, Doctor fr Manuel Rodriguez 4 botos, Dron Joseph de Urte, Dor Fr Jacinto Fonsalida, Dor fr Thomas Christi. Estudiantes: Dn Joseph Antonio Sierra, Dn Fulgencio Rodenas 1 boto". "Autos que sigue el Fray Pedro...". RA v. 319, p. 1, foja 33v.

esta disputa activó rivalidades dentro y fuera de instituciones nuevas y antiguas, siendo una de ellas el hospital San Juan de Dios, que en el periodo había ganado descrédito por parte de los vecinos de Santiago[55]. Se criticó que fue incapaz de contener los episodios epidémicos y, ciertamente, las condiciones de la ciudad, sequías y falta de agua no ayudaron. La orden hospitalaria y sus miembros no tenían real capacidad de curar, solo de acompañar a quienes ingresaban al hospital, aunque en ese contexto las inoculaciones de Chaparro fueron celebradas como un acierto, cuestión que él mismo reiteraba.

Aunque ningún documento lo registra, podemos suponer que ambos médicos se encontraron en dicho hospital en más de una oportunidad, pues Chaparro como miembro de la orden sanjuanina, trabajó ahí. Además, José Antonio Ríos como médico de la ciudad, se movía por ella a solicitud de las autoridades judiciales[56]. Podemos inferir que coincidieron en el único hospital de la ciudad, al menos hasta 1782 cuando inicia el hospital de mujeres. Por lo demás, los hospitales eran lugares donde los médicos y cirujanos se encontraban, observaban los cuerpos moribundos y acumulaban experiencia[57]. Y aunque existe poca documentación sobre los hospitales coloniales de Santiago, la bibliografía producida para otras latitudes permite conocer que eran comparables a los laboratorios, en tanto espacios de construcción de conocimiento científico, donde "el mirar médico" se fue agudizando y especializando[58]. También porque conforme llegó el siglo XIX, los hospitales dejaron de ser espacios de la caridad católica para convertirse, paulatinamente, en lugares de asistencia médica[59]. De acuerdo con Patricio Lepe-Carrión, la pobreza y caridad que formaron parte de la preocupación de la Iglesia, pasaron a convertirse en un problema para el Estado incapaz de contener una masa pobre y vagabunda. En tal sentido la administración borbónica promovió la confor-

55 Enrique Laval, *Historia del Hospital San Juan de Dios de Santiago,* Santiago: Biblioteca de Historia de la Medicina en Chile, Asociación Chilena de Asistencia Social, 1949. Ambos médicos se encontraron en 1774 cuando Chaparro participó como examinador de Ríos, para optar al grado de Bachiller en Medicina. "Grado de Doctor...". Fondo RUSF v. 22, foja 6.

56 Coincidieron en un juicio iniciado en 1778, en que ambos presentaron certificados médicos. ANH-Santiago-Chile, CG v. 42, p. 2

57 Foucault señala que los hospitales de Francia, durante los siglos XVIII y XIX, fueron espacios donde se desarrolló la nueva medicina. Michel Foucault, *El nacimiento de la clínica*, Buenos Aires: Siglo XXI, 2003.

58 Bruno Latour e Steven Woolgar, *A Vida de Laboratório: a produção dos fatos científicos,* Rio de Janeiro: Relume Dumará, 1997, 199. Olivier Faure, "O olhar dos médicos", en *História do corpo* vol. 2, editores Alain Corbin, Petrópolis: Ed. Vozes; 3a. Edição; 2009, 13-56.

59 El Hospital San Borja fue producto de la insistencia de las autoridades de Santiago, destinado a la atención de mujeres. Ricardo Cruz Cocke, *Historia de la medicina chilena,* Santiago: Editorial Andrés Bello, 1995.

mación de ciudadanos al servicio del Estado, como motor fundamental para el crecimiento del reino, y en esa pretensión José Antonio Ríos encaminaba aquel proyecto[60].

Comentarios finales

Este capítulo revisa la figura del médico desde la masculinidad honorable en que predominó un entendimiento idealizado de su figura, vinculado al buen funcionamiento del Estado monárquico y un pasado heroico de hombres de medicina. Desde ahí se analizó un conflicto judicial entre dos importantes médicos de Santiago del último tercio del siglo XVIII, por el cargo de Protomédico del Reino de Chile. En el pleito, iniciado por Manuel Chaparro contra José Antonio Ríos, quien finalmente fue designado Protomédico, vemos los planteamientos que el religioso presentó para invalidar a su adversario. En él se observan cuestiones de trayectoria, experiencia y prestigio de la mano con las instituciones más relevantes del país, que ayudó en materias de salud pública y se relacionó con los principales médicos de la ciudad. Se detecta que la motivación de Chaparro revela al Protomedicato no solo como un lugar de honor y privilegio dentro de la jerarquía médica; también consolidaba lazos con otras instituciones como la Universidad de San Felipe y sus autoridades, que habían llegado a Chile gracias a la insistencia de la élite criolla con la cual se relacionaba José Antonio Ríos en los tribunales de justicia. Así, el Protomedicato y la Cátedra de Medicina de la Universidad de San Felipe, inauguradas en un lapso de quince años (1740-1756) representaban un mismo horizonte político administrativo que se unía estratégicamente en la figura de José Antonio Ríos.

Chaparro y Ríos fueron la excusa inicial, pero de cierta manera la relación que existió entre ellos no puede ser entendida sin contemplar al conjunto de médicos y una disciplina gobernada por varones. El capital social de cada uno de ellos se puso en marcha en el transcurso del conflicto, y el juicio fue el registro de esa discusión, y aun cuando primó la "voz" de Chaparro, este respondió a las inquisiciones de su contrincante y quienes estaban junto a él. Ese elemento permite observar que en la relación entre los varones aparece la competencia por el poder, o la unión cuando intentan compartirlo. Desde ahí se conforman alianzas y también complicidades, después de todo quién más adecuado que un varón para decir que otro tiene dominio sobre algo o

[60] Patricio Lepe-Carrión, "Biopolítica borbónica en Chile...".

alguien. Esa falacia por autoridad masculina se deshace en el tiempo, y con tiempo. En este capítulo indagamos solo una de las formas en que ellos aprendieron a disfrazarse de legitimidad.

Fuentes primarias

ANH, Santiago-Chile: Fondos CG v.971, p. 1; RA v. 319, p. 1; v.2253, p. 28; v.2576, p.1; RUSF, v. 22; JS, 04/legajo 273; Antiguo, v. 55, p. 5.

RAE: *Academia Usual* (1783) y *Diccionario de Autoridades*, Tomo IV, (1734).

AROZA DIEGO DE. 1678. *Tesoro de las excelencias y utilidades de la Medicina*. Lerida: Juan Nogués, impresor de la Ciudad y su Universidad.

FEIJOO BENITO. 1778. *Teatro crítico universal*. Madrid: D. Joaquín Ibarra, Real Compañía de Impresores y Libreros.

SEDEÑO DE MESA, ALONSO MANUEL. 1789. *Aforismos de Hipócrates*, traducido del griego al latín y de este al castellano. Madrid: En la Imprenta de González.

VILLA, FRAY ESTEBAN DE. 1647. *De las vidas de doze Principes de la Medicina, y de su origen*. Burgos: Imprenta de Pedro Gómez de Valdivieso.

Bibliografía

ABREU LAURINDA. 2013. *Pina Manique um reformador no Portugal das Luzes*. Lisboa: Gradiva Publicações.

AGUIRRE GONZALO. 1992. *Medicina y Magia: El proceso de aculturación en la estructura colonial*. México: Fondo de Cultura Económica.

AMODIO EMANUELE. 1997. Curanderos y médicos ilustrados la creación del Protomedicato en Venezuela a finales del siglo XVIII. *Asclepio* 49: 95-129.

BERNAND CARMEN. 2004. Interculturalidad, pluralismo médico, enfermedades y aflicciones. En, *Salud e interculturalidad en América Latina. I. Perspectivas antropológicas*, coord. Gerardo Fernández Juárez. Quito, Abya Yala: Universidad de Castilla-La Mancha, Bolhispania.

__________. 2001. *Negros esclavos y libres en las ciudades hispanoamericanas*. Seville: Fundación Histórica Tavera.

CAFFARENA PAULA. 2016. Inmunizar contagiando. La práctica de la inoculación como tratamiento preventivo frente a la viruela en la Capitanía General de Chile a fines del siglo XVIII. *Asclepio* 68, 2: 151.

CORREA MARÍA JOSÉ. 2010. Respuestas a los cuestionarios enviados por Royal College of Physicians of London a los puertos de Valparaíso y Coquimbo, 1830. *Anales de Historia de la Medicina* 20: 65-69.

CRAWFORD. 1993. Medicine and law. En *Companion Encyclopedia of the History of Medicine* vol. 2, coords. W. F. Bynum and Roy Porter. London and New York: Routledge.

Cruz-Cocke Ricardo. 1995. *Historia de la medicina chilena*. Santiago: Editorial Andrés Bello.

Daibert Jr. Robert. 2009. Entre homens e anjos: padres e celibato no período colonial no Brasil. En *História dos homens no Brasil*, orgs. Mary del Priore y Marcia Amantino, 49-84. São Paulo: Ed. Unesp.

Dorlin Elsa. 2009. *Sexo, género y sexualidades. Introducción a la teoría feminista*. Buenos Aires: Ediciones Nueva Visión.

Faure Olivier. 2009. O olhar dos médicos. En *História do corpo* vol. 2, ed. Alain Corbin, 13-56. Petrópolis: Ed. Vozes.

Ferragud Carmel. 2007. Los oficios relacionados con la medicina durante la baja edad media en la Corona de Aragón y su proyecto social. *Anuario de Estudios Medievales* 37: 107-137.

Fleck Ludwik. 2010 [1935]. *Gênese e Desenvolvimento de um Fato Científico: introdução à doutrina do estilo de pensamento e do coletivo de pensamento*. Belo Horizonte: Fabrefactum Editora.

Foucault Michel. 2003. *El nacimiento de la clínica*. Buenos Aires: Siglo xxi.

Fuentes Tamara Alicia. 2019. Enfermedades y otros padecimientos: Médicos, usos de lo médico y personas esclavizadas en registros judiciales. Santiago de Chile (1740-1823). Tesis Maestría en Historia, Universidad de Chile.

García Suelto. 1923. *Aforismos de Hipócrates*. Barcelona: Editorial Pubul.

Gardeta Pilar. 1996. El nuevo modelo americano del protomedicato. *DYNAMZS* 16: 237-259.

__________. 1993. El Protomedicato en el Reino de Chile: Su primer tribunal independiente (1786). *Revista Médica de Chile* 121: 952-955.

Hernández Luz María. 1997. *Learning to heal. The medical profession in colonial Mexico 1767-1831*. New York, Whashington, D.C./Baltimore: Peter Lang.

Laqueur Thomas. 1994. *La construcción del sexo. Cuerpo y género desde los griegos hasta Freud*. Madrid: Ediciones Cátedra.

Latour Bruno y Steven Woolgar. 1997. *A Vida de Laboratório: a produção dos fatos científicos*. Rio de Janeiro: Relume Dumará.

Laval Enrique. 1958. *Noticias sobre los médicos en Chile en los siglos XVI, XVII y XVIII*. Santiago: Universidad de Chile.

__________. 1959. *Vida y obra de Fray P. M. Chaparro*. Santiago: Editorial Universitaria Católica.

__________. 1949. *Historia del Hospital San Juan de Dios de Santiago*. Santiago: Biblioteca de Historia de la Medicina en Chile, Asociación Chilena de Asistencia Social.

Lavrin Asunción. 2004. Los hombres de Dios. Aproximación a un estudio de la masculinidad en Nueva España. *Anuario Colombiano de Historia Social y de la Cultura* 31: 283-309.

Lepe-Carrión Patricio. 2012. Biopolítica borbónica en Chile: el discurso antropológico sobre la ociosidad y el vagabundaje. En *Descolonizar el presente: Ensayos críticos desde el Sur*, comps. Martín E. Díaz- Carlos Pescader. Argentina: Publifadecs.

Lira Montt Luis. 1979. Estudiantes cuyanos, tucumanos, rioplatenses y paraguayos en la Real Universidad de San Felipe y colegios de Santiago de Chile: 1612-1817. *Historia* 14: 207-274.

Marañon Gregorio. 1934. *Las ideas biológicas del Padre Feijoo*. Madrid: Espasa-Calpe

Martin Jouve. 2014. *The black doctors of colonial Lima. Science, race and writing in colonial, and early republican Peru*. Montreal & Kingston, London, Ithaca: McGill-Queen's University Press.

Olavarría José. 2000. *Masculinidad/es. Identidad, sexualidad y familia. Primer Encuentro de Estudios de Masculinidad*. Santiago: flacso-Chile/Universidad Academia de Humanismo Cristiano/Red de Masculinidad.

Rabí Miguel. 2006. La formación de médicos y cirujanos durante los siglos xvi a xix: Las Escuelas Prácticas de Medicina y Cirugía en el Perú. *Anuario Facultad de Medicina* 67: 173-183.

Tate Lanning John. 1985. *The Royal Protomedicato.The regulation of the medical profession in the Spain Empire*. Durham: Duke University Press.

Tosh John. 1994. What should historians do with masculinity? Reflections on nineteenth-century Britain. *History Workshop* 38: 179-202.

Undurraga Verónica. 2012. *Los rostros del honor. Normas culturales y estrategias de promoción social en Chile colonial, siglo XVIII*. Santiago: dibam-Centro de Investigación Diego Barros Arana.

Zárate Soledad. 2001. Notas preliminares sobre profesión médica y masculinidad, Chile, siglo xix. En *Hombres: identidad/es y violencia. 2° Encuentro de Estudios de Masculinidades: identidades, cuerpos, violencia y políticas públicas*, editor: José Olavarría. Santiago: flacso-Chile/uahc/Red de Masculinidades.

2. "La nomenclatura de la botánica": Maria Graham y el arte de la ciencia

Jennifer Hayward

En 1824 la escritora de viajes escocesa Maria Graham publicó su *Journal of a Voyage to Brazil* y *Journal of a Residence en Chile*, dos exploraciones vanguardistas a estos países sudamericanos recién independizados, que proporcionan una perspectiva única sobre la historia sudamericana, la perspectiva (auto)etnográfica de Graham y el relato de testigos presenciales de la independencia de Chile y Brasil. Pese a que su trabajo continúa generando un interés considerable entre los académicos que trabajan la narrativa de viajes, los estudios de género y los estudios latinoamericanos, se ha prestado poca atención a las contribuciones de Maria Graham a la ciencia de principios del siglo XIX[61]. En los últimos años, como veremos más adelante, críticos como Michelle Madeiros, Carl Thompson y Betty Hagglund se han basado en su trabajo botánico para demostrar que las mujeres tuvieron un papel relevante dentro de las redes científicas como ilustradoras, coleccionistas y taxónomas[62]. No obstante, los críticos aún no han examinado los elementos que hacen únicas las contribuciones científicas de Graham, a saber, su insistencia en combinar datos científicos con representación artística y contextualización etnográfica, así como la combinación de factores que moldearon su identidad, en la que interactuaron –a veces de forma compleja– elementos de género, clase, educación y posi-

[61] Graham desempeñó un papel central en el innovador libro de Mary Louise Pratt sobre representaciones europeas de las Américas, *Imperial Eyes* (1992). Desde ese momento otros comentarios interesantes de los viajes de Graham incluyen Joselyn M. Almeida, *Reimagining the Transatlantic, 1780-1890,* Burlington, Ashgate, 2011, 156-157; Soledad Caballero, "'For the Honour of Our Country'; Maria Dundas Graham and the Romance of Benign Domination", *Studies in Travel Writing* 9 (2005), 111-131; Jessica Damián, "'These Civil Wars of Nature': Annotating South America's Natural and Political History in Maria Graham's *Journal of a Residence in Chile* (1824)", *Romanticism and the Anglo-Hispanic Imaginary*, ed. Joselyn M. Almeida, Amsterdam, NL: Rodopi, 2010, 328-40; M. Rebecca Cole Heinowitz, *Spanish America and British Romanticism, 1777-1826.* Edinburgh, Edinburgh University Press, 2010, 200-202; Ángela Pérez-Mejía, "Graham: The White Daughter of the East, or A Foreigner in Indomitable Lands", *A Geography of Hard Times: Narratives of Travel to South America, 1780-1849*, trans. Dick Cluster, New York: SUNY Press, 2004, 75-101; y Carl Thompson, "Sentiment and Scholarship: Hybrid Historiography and Historical Authority in Maria Graham's South American Journals", *Women's Writing* 24 (2017), 1-22.

[62] Otros académicos que analizan las contribuciones de Graham a la ciencia incluyen Ann Shteir, Patricia Fara y Avril Maddrell.

ción como viuda. A veces su género era lo más importante, a veces su clase o nivel de educación, a veces las alianzas locales que había hecho por ser viuda y encontrarse sola en un país extranjero. Es por esto que a través del estudio de Graham entendemos mejor cómo funciona la interseccionalidad a principios del siglo xix.

En 1821 Graham navegó hacia Sudamérica en el *H.M.S. Doris* con su esposo Thomas, un capitán de la marina británica que había sido enviado para proteger los intereses mercantiles británicos a lo largo de la costa sudamericana. Desembarcaron primero en Brasil, luego salieron de Brasil hacia Chile en marzo de 1822. Lamentablemente Thomas Graham murió mientras rodeaban el Cabo de Hornos. María, que aterrizó en Valparaíso como viuda, desafió la convención y los consejos de la colonia británica al negarse a regresar a Inglaterra; en cambio, viajó sola por Chile durante el año siguiente, registrando los desarrollos políticos, culturales y científicos de la nueva república y conociendo a los principales líderes de la Independencia sudamericana. Cenó con el Director Supremo de Chile, Bernardo O'Higgins; invitó al jefe del ejército argentino, general San Martín, a tomar el té; acampó con el séquito del almirante de la marina chilena, Thomas Cochrane, en su hacienda en Quintero. Graham finalmente se fue a Brasil después del terremoto del 20 de noviembre de 1822, pero no antes de tomar medidas científicas de los efectos del terremoto, que luego presentaría a la Real Sociedad Geológica de Gran Bretaña. De vuelta en Río de Janeiro en 1823, Maria Graham continuó el trabajo botánico que había comenzado en Chile, enviando especímenes y cartas a Sir Joseph Hooker, de Jardines Botánicos Reales de Kew.

En su trabajo de recopilación de información sobre la riqueza botánica del Nuevo Mundo durante sus años en Sudamérica, Graham siguió las convenciones de la escritura de viajes. Sin embargo fue más allá del viajero casual: como viuda de 36 años, con los valores y el conocimiento de la Ilustración Escocesa guiándola, y con un fuerte sentido de sí misma como mujer educada y bien nacida, Graham tenía como gran meta dejar algo valioso para la posteridad[63]. Aparte de los libros escritos, Graham se dedicó a recolectar una amplia variedad de especímenes de plantas, descubriendo y catalogando nuevas especies que transportó a Gran Bretaña; además, registró cuidadosamente

[63] Para una discusión completa sobre la educación y las influencias en Graham, así como una lectura detallada de los pasajes tanto de sus cartas como de sus libros de viaje que demuestran su gran sentido de privilegio de clase, por no decir de naturaleza esnob, ver las introducciones a *Journal of a Residence in Chile*, ed. Jennifer Hayward, Charlottesville: U of Virginia P, 2003, y a *Journal of a Voyage to Brazil*, eds. Jennifer Hayward and M. Soledad Caballero, Anderson, SC: Parlor.

el cultivo de plantas europeas en Brasil y Chile, e incluyó apéndices botánicos de ellas publicadas en revistas. De este modo, si bien en sus actividades científicas fue a la par de los botánicos de su época, como mujer no pudo acceder a la figura respetable de un científico, la que no estaba disponible para ella –al menos no abiertamente. Por eso, para ingresar en el ámbito masculino de la ciencia, Graham adaptó y desarrolló diversas estrategias discursivas para excusar, explicar u ocultar sus reclamos de autoridad científica, incluso para asegurarse de demostrar su clara comprensión de las opiniones aceptadas y los métodos científicos de la época.

Como veremos, la autodepreciación fue una herramienta retórica común para las mujeres viajeras del siglo XIX[64]. Graham está lejos de ser una excepción, al minimizar deliberadamente su conocimiento. Tampoco descartó transmitir ese conocimiento por medio de formas "femeninas" aceptables, como lo fueron sus magníficas ilustraciones botánicas que aún forman parte de las Colecciones de los Jardines Botánicos Reales de Kew, que la llevaron a recibir crédito por descubrir nuevas especies de plantas. Así, Graham fue inusualmente exitosa en ingresar a las redes científicas.[65]

Graham también fue una excepción en cuanto a ir más allá de la ciencia masculina de su tiempo, aprovechando las fuentes locales de conocimiento. En eso, entró en el debate historiográfico entre experiencia y conocimiento, hablando específicamente del hecho que los hombres no toman en cuenta la experiencia de la gente que les rodea o que vive en el lugar. Su crítica explícita a las convenciones de la ciencia en general, y a la perspectiva científica masculina en particular, toma dos formas. Primero combinó formas estéticas y científicas de saber, insistiendo en que las cualidades como el color y la fragancia deben ser tan esenciales para la descripción de una planta como su especie y género; por eso creó meticulosos dibujos botánicos para comunicar

[64] Carl Thompson explica que para evitar críticas muchas escritoras usaban "estrategias de ironía, autodesprecio y lo que a veces es apodado el 'topos de modestia', y que, por eso, "aunque pocos académicos ahora reconocen diferencias esenciales entre escritores de viajes masculinos y femeninos, la mayoría reconoce que las restricciones culturales ejercieron una poderosa influencia en las cuentas de las mujeres" (traducción propia; el original lee "strategies of irony, self-deprecation and what is sometimes dubbed the "modesty topos"... So while few scholars now recognize essential differences between male and female travel writers, most acknowledge that cultural constraints exercised a powerful shaping influence on women's accounts". Carl Thompson (2017) Journeys to Authority: Reassessing Women's Early Travel Writing, 1763-1862, Women's Writing, 24:2, 131-150, DOI: 10.1080/09699082.2016.1207915, 132.

[65] Para detaillas de las plantas que desubrió y su correspondencia con el director de los Jardines, se puede ver el archive Letters from Maria Graham to Sir William Jackson Hooker, 1824-25, Directors' Correspondence Collection, http://plants.jstor.org/visual/kdcas4172.

sus hallazgos científicos, los que destacan por su insustituible conocimiento para comprender la planta en contexto. En segundo lugar, no solo trazó el lugar de cada planta en las taxonomías europeas, sino que también buscó fuentes locales de información (a menudo mujeres) para garantizar que el impulso imperial hacia el "descubrimiento" no la cegara al conocimiento local sobre la relevancia cultural y botánica que tenía una planta. Mary Louise Pratt llamó *exploratrice sociale* a viajeras como Maria Graham, que veían la "exploración social como una práctica política"[66]. Práctica que además, y de manera más fascinante, Graham llevó a cabo reformulando el discurso científico, criticando conscientemente la nomenclatura botánica abstracta e insistiendo en que las taxonomías de Linneo se fusionaran con la representación estética –tanto visual como verbalmente– tomando también en consideración el conocimiento de los habitantes locales que utilizaron plantas con fines medicinales u otros.

De este modo, el trabajo botánico de Graham enfatizó las interrelaciones del descubrimiento científico y la experiencia vivida desafiando directamente el discurso hegemónico de su tiempo; también equilibró el impulso imperial hacia el descubrimiento y la conquista con el respeto por el placer estético, el contexto cultural y el conocimiento indígena. Como ya mencionamos, a lo largo de su carrera ella aprendió a movilizar estrategias de género para minimizar en apariencia su conocimiento científico con tanto éxito, que se ganó un lugar en los círculos científicos de su época[67]. En este sentido, Carl Thompson ha demostrado que Graham hizo contribuciones valiosas no solamente a la botánica, sino también a la geología, mineralogía y entomología; sus muestras recopiladas, muy bien conservadas, contribuyeron a las colecciones oficiales del British Museum, y su reporte sobre terremoto de 1822 en Chile fue lo suficientemente importante como para impulsar un gran debate en la Royal

66 Traducción propia; el original dice: "social exploration as a political practice", Pratt, 160.

67 Graham recolectó especímenes para William Hooker, quien nombró un arbusto y un género entero en su honor; también trabajó con su compañero escocés Robert Brown (miembro de la Linnean Society y Keeper de la Colección Botánica Banksiana en el Museo Británico desde 1827, y del nuevo Departamento de Botánica desde 1837) en su enciclopédico *A Scripture Herbal*. Como una ciencia asociada con las plantas y su cultivo, la botánica fue más acogedora para las mujeres que otras ciencias, como, por ejemplo, la geología. Carl Thompson y Betty Hagglund han evaluado las contribuciones de Graham al conocimiento geológico temprano: su informe sobre el terremoto de Chile en 1822 a la Sociedad Nacional de Geología fue inicialmente derribado por científicos masculinos, pero luego fue respaldado por Darwin y finalmente resultó correcto (ver Carl Thompson 2012): "Terremotos y enaguas: Maria Graham, geología y ciencia 'educada' de principios del siglo XIX", *Journal of Victorian Culture*/Carl Thompson, "Earthquakes and Petticoats: Maria Graham, Geology, and Early Nineteenth-Century 'Polite' Science", *Journal of Victorian Culture* 17.3 (2012): 1-18.

Geographical Society[68]. Sus investigaciones botánicas, que continuarían a lo largo de su vida, culminaron con *Escritura de hierbas*, bellamente ilustrada.

En lo que sigue profundizaré en las motivaciones de Graham como mujer, viuda y viajera a principios del siglo XIX. Luego analizaré extractos de las cartas de Graham a Sir William Jackson Hooker, profesor de la Universidad de Glasgow y después Director de los Jardines Botánicos Reales de Kew, y compartiré varios pasajes de sus relatos de viajes por Brasil y Chile. En conjunto, estas fuentes demuestran que, al combinar afirmaciones explícitas y repetidas de ignorancia con demostraciones implícitas pero bastante contundentes de conocimiento, que incluían dimensiones que iban más allá de las manejadas por los científicos masculinos, Graham manipula los distintos aspectos de su posición de sujeto, con el fin de forjar para sí misma un papel activo como científica.

"Lástima que no fuera un niño": la educación de una mujer científica

Maria Graham nació cerca de Liverpool el 19 de julio de 1785, hija de George Dundas, un oficial naval escocés, y su esposa Ann Thompson Dundas, una emigrada estadounidense. Como un híbrido cultural, en la escuela en Inglaterra siempre se sentía fuera de lugar; incluso se le dijo directamente que "era una lástima que no fuera un niño, porque entonces mis talentos podrían ser de alguna utilidad, pero a las sabias damas no les iba a servir de nada saber que, en general, eran extremadamente presumidas y no aptas para nada útil"[69]. Después de dejar la escuela en 1804 a la edad de dieciocho años, Graham regresó a Edimburgo. En el contexto más ilustrado de Escocia, donde la educación para las mujeres había sido fomentada durante mucho tiempo, nadie parecía sorprendido por el hecho de que una mujer disfrutara leyendo y discutiendo ideas. De hecho, en la casa de su tío conoció a los principales filósofos, economistas y científicos de la época, incluidos entre ellos el profesor de la Uni-

[68] Thompson, "Only the Amblyrunchus", *Journal of Literature and Science* 8 (2015), 49; Thompson, "Earthquakes and Petticoats: Maria Graham, Geology, and Early Nineteenth-Century 'Polite' Science", *Journal of Victorian Culture* 17.3 (2011), 329-46.

[69] Traducción propia; el original dice: "it was a pity I was not a boy, for then my talents might be of some use, but no good ever came to learned ladies, that they were in general extremely conceited and unfit for anything useful." Rosamund Brunel Gotch, *Maria, Lady Callcott: el creador de "Little Arthur"*, Londres: John Murray, Albemarle Street, 1937, 75; la información en este resumen biográfico es de Gotch, 7, 5-84.

versidad de Edimburgo Dugald Stewart, el geólogo John Playfair, el químico John Leslie, y muchos otros.

En 1821, después de haberse casado con el capitán naval Thomas Graham, Maria navegó con él a América del Sur, pero enviudó tan solo a los 36 años. Thomas murió mientras rodeaban el Cabo de Hornos en el trayecto de Brasil a Chile en abril de 1822. Habiendo recalado en Valparaíso, aunque los otros capitanes británicos y norteamericanos la acompañaron en su pérdida decididos a llevarla de vuelta a Gran Bretaña de inmediato, ella rompió con la convención al insistir en quedarse sola en Sudamérica. Al final, pasaría tres años en Chile y Brasil, explorando su geología, botánica y cultura, y terminando su periplo en Brasil junto a la familia real, al convertirse en institutriz de las princesas (esto no terminaría bien para nadie, pero esa es otra historia...).

Redes científicas, redes imperiales: Graham y la biodiversidad americana

Graham se preparó para sus viajes como lo hacía la mayoría de las personas de su época, leyendo relatos de viajes sobre la región. A principios del siglo XIX esto significaba que su perspectiva estaba profundamente influenciada por el relato dominante de su tiempo: los testimonios de Alexander von Humboldt, que presentaron a Sudamérica como un sublime espacio tropical, cuya biodiversidad se ofrecía a Europa como una fuente permanente para el desarrollo del conocimiento y los avances científicos. También significaba que había que leer viajes escritos por hombres, que asumían las perspectivas de sus autores: en ese entonces había muy pocas mujeres viajando por el continente. Además de algunas figuras inusuales como Graham, la inglesa Jemima Kindersley, y la francesa-peruana Flora Tristan, mujeres que casi no publicaron libros de viajes tratando de Sudamérica, encontramos solamente tres libros escritos por mujeres hasta los años 1840[70].

En este sentido, su papel innovador se puede ver en contexto si comparamos el número total de narrativas de viajes de autoría masculina y femeni-

[70] Entre mujeres británicas que publicaron libros de viajes en las Américas antes de los de Maria Graham, Maria Riddell publicó *Voyages to the Madeira, and Leeward Caribbean Islands: with Sketches of the Natural History of these Islands* en 1792 (Edimburgo), pero este se trata del Caribe; Susanna Johnson publicó *The Captive American; or a Narrative of the Sufferings of Mrs. Johnson, during Four Years Captivity, with the Indians and French. Written by Herself* en 1779, pero está basado en los nuevos Estados Unidos. Las mujeres que publicaron de Sudamérica incluyen Jemima Kindersley, *Letters from the island of Teneriffe, Brazil, the Cape of Good Hope, and the East Indies* (London 1777), y después de Graham, Flora Tristan (francesa y peruana), *Peregrinations of a Pariah* (1838).

na publicadas en Gran Bretaña durante este periodo: según Carl Thompson, trabajando con el *Database of Women's Travel Writing* de Benjamin Colbert, "la cifra general de relatos de viajes publicados por mujeres entre 1690 y 1800 es probablemente alrededor de 40, un número que debe contrastarse con los 1.400 registros de viajes estimados producidos en total en este periodo"[71]. O, dicho de otra forma: el porcentaje de viajes publicados por mujeres significó solo un 2% del total. La situación mejoraría levemente en el siguiente siglo, cuando alrededor del 5% de los libros de viajes publicados en Gran Bretaña en los primeros cuarenta años del siglo XIX fueron escritos por mujeres, quedando claro que la escritura no era una profesión muy abierta a mujeres antes de los años 1820 y 1830[72]. Y entre los libros de viajes a Sudamérica el desequilibrio fue aún más extremo: de las aproximadamente 16 narraciones escritas sobre Chile en los años 1810-25 (el periodo de la lucha por la independencia y el establecimiento de una nueva nación) Graham contribuyó con la única voz femenina. Podemos especular que ella pudo hacerlo porque, como mujer viajera en Chile, los elementos interseccionales de su identidad cambiaron a su ventaja: la clara desventaja de ser mujer fue compensada por su relativo privilegio de estar conectada con la poderosa armada británica, bien educados y de la clase media alta. Su edad también puede haber sido una ventaja: como viuda mayor –36 años cuando aterrizó en Chile– Graham llamó a los guardiamarinas que la acompañaban en sus viajes "los niños" o "mis jóvenes amigos", enfatizando así la distancia entre ellos y colocándose firmemente en la posición de la figura materna mayor y no sexual en lugar de la de una mujer joven.

Sudamérica fue particularmente atractiva para los británicos en la década de los años 1820 por múltiples razones. Con la reciente independencia desde España y Portugal, los puertos de los jóvenes países estaban oficial-

71 Traducción propia; el original dice: "The overall figure for women's published travelogues between 1690 and 1800 is probably therefore around 40, a number which needs to be set against the estimated 1400 travelogues produced in total in this period". Carl Thompson (2017) *Journeys to Authority: Reassessing Women's Early Travel Writing, 1763-1862*, Women's Writing, 24:2, 131-150; 147.

72 Como explica Benjamin Colbert como parte de su valioso sitio de web *Database of Women's Travel Writing*, "In the years 1780 to 1840 around 5,000 travel books were published by around 3,000 authors, but of those only 204 can be identified as produced by 146 women. Of these titles, 168 can be classified as narratives, as opposed to collections, guidebooks, letterpress plate books, and topographical descriptions. Whether we consider narratives specifically, or travel writings in the aggregate, the fact remains that women accounted for only around 5% of travel books published in Britain and Ireland during this period (a 20 to 1 ratio of men to women)." Benjamin Colbert, *Women's Travel Writing, 1780-1840*, designer Movable Type Ltd. www.wlv.ac.uk/btw [25 junio 2019].

mente abiertos al comercio británico por primera vez en más de un siglo; además, el continente ya era conocido, a raíz de la visita de Humboldt, por su riqueza natural. Sir William Jackson Hooker, quien fue profesor de botánica de Regius en la Universidad de Glasgow en 1820 y se convertiría en el primer Director oficial de los Jardines Botánicos Reales de Kew en 1841, convenció al gobierno británico de incluir botánicos en las expediciones científicas de la corona. De hecho, el imperio era en cierto modo inseparable de la botánica, ya que las plantas como el algodón, el tabaco, el té, el azúcar, la madera, las especias y los tintes eran esenciales para el comercio imperial.

Además de enviar botánicos en viajes de exploración, a lo largo de su carrera, Hooker proactivamente reclutó a conocidos que emprendían viajes para recolectar especímenes para él. Uno de ellos fue Maria Graham. A principios del siglo XIX, aunque el estudio de la botánica era popular tanto entre mujeres como entre hombres, el papel reconocido de "botánico" estaba reservado para los hombres. Betty Haggland describe el creciente interés por esta ciencia como pasatiempo para las clases educadas desde fines del siglo XVIII hasta principios del siglo XIX, demostrando que las mujeres asumieron un rol fundamental en el desarrollo de la disciplina. En realidad, muchas veces ellas trabajaban fuera de la vista de los demás o tras bambalinas, pero lejos, de ser simplemente aficionadas o espectadoras, las mujeres viajaron, recolectaron especímenes, desarrollaron jardines, produjeron dibujos botánicos y otras tantas contribuciones al creciente discurso de la botánica[73]. De esa manera, mujeres tanto como hombres colaboraron, a través de redes científicas que al mismo tiempo que ayudaron a crear, rastrearon nuevos conocimientos sobre la diversidad botánica en el Nuevo Mundo.

Más recientemente, los Jardines Botánicos Reales de Kew han sumado a esta disciplina un nuevo y valioso fondo documental digital, el *Director's Correspondence of the Royal Botanical Gardens* de Kew. Anna Svensson, de la Royal Institute of Technology de Stockholm, enfatiza los poderosos efectos epistemológicos e historiográficos –sobre todo las complejidades y nuevos desafíos– de estos archivos digitales. Como explica Svensson, Sir Joseph Dalton Hooker dedicó grandes esfuerzos a construir y mantener una red global de asistentes de investigación *de facto*, dispuestos a enviarle descripciones, recolectar especímenes y seguir pistas. De esta manera, Hooker construyó una

[73] Betty Hagglund, "The Botanical Writings of Maria Graham". *Journal of Literature and Science*. Volume 4, No. 1 (2011): 44-58; 44-45, 50, y *passim*.

red de botánicos aficionados que construyeron y ayudaron a dar forma a las dimensiones imperiales de la ciencia botánica. Svensson agrega que "de esta manera, la correspondencia actúa como un puente entre el mundo oficial de la institución y las perspectivas locales del individuo, ilustrando la importancia de las relaciones personales en la formación del conocimiento."[74]

En el caso del archivo de los Jardines Botánicos Reales de Kew, Hooker seleccionó y cultivó cuidadosamente sus relaciones personales con sus corresponsales: eligió a quiénes apoyar y a quiénes descuidar, y controló el proceso de identificar, nombrar y dar crédito tanto a sus corresponsales como a los especímenes botánicos que le enviaron. Del mismo modo, los investigadores contemporáneos dedicados a digitalizar este archivo han seleccionado cuidadosamente los archivos que consideran más dignos de preservación; ellos han decidido cómo y en qué orden reproducir y difundir ese material de archivo, y también han controlado el proceso de identificar, nombrar y dar crédito a los corresponsales de Hooker. Quizás lo más importante, en el caso de los objetos digitales, es que los curadores de Kew han diseñado y presidido el proceso de creación de metadatos: cada letra, cuando se convierte en un objeto digital, se define a través de un conjunto de vocabulario específico, así como un resumen del texto. Estos procesos nunca son neutrales, ni son completamente transparentes, ya que gran parte de la toma de decisiones es necesariamente desconocida para el público que consume los objetos digitales. Svensson explica que la colección de Kew "también es testigo de la exclusión, y hay algunas historias que no puede contar y algunas voces que permanecen en silencio. Las cartas están escritas dentro de estructuras hegemónicas, en las que participan los corresponsales. Casi todos son hombres blancos; las excepciones tienden a ser financieramente independientes [...] o de alto estatus social". Como ella concluye, "El problema de la exclusión, ya sea de personas o de datos" requiere que los investigadores busquen descentrar el archivo, examinando "otros sitios de producción de conocimiento [...] que [son] explícitamente no europeos"[75].

74 Traducción propia; el original dice: "In this way, the correspondence acts as a bridge between the official world of the institution and the local perspectives of the individual, illustrating the importance of personal relationships in shaping knowledge formation." Anna Svensson; Global Plants and Digital Letters: Epistemological Implications of Digitising the Directors' Correspondence at the Royal Botanic Gardens, Kew. *Environmental Humanities* 1 May 2015; 6 (1): 73–102.

75 Traducción propia; el original dice: "is also a witness to exclusion, and there are some stories it cannot tell and some voices which remain silent. The letters are written within hegemonic structures, in which the correspondents participate. They are almost all by white males-exceptions tend to be financially independent . . . and/or of high social status."; "The problem of exclusion, whether of people or data"; y "other sites of knowledge production . . . that [are] explicitly non-European." Anna Svensson; Global Plants and Digital Letters: Epistemological Implications of Digitising the

En las cartas que Maria Graham escribió a Joseph Hooker, actualmente publicados como parte de este mismo archivo de Directors' Correspondence at the Royal Botanic Gardens, precisamente tenemos rastros de una producción de conocimiento en el siglo XIX que es local, femenina y forjada desde la periferia en vez de ser superpuesta hegemónicamente[76].

Renunciando a la autoridad científica: herramientas retóricas

Las primeras cartas de Graham a Hooker dejan clara su ambición de ingresar a redes científicas oficialmente cerradas para ella; Graham prepara con cuidado el escenario para una relación continua con Hooker. Inicialmente, lejos de reclamar autoridad o experiencia, se esfuerza por asumir el papel de una mujer inteligente pero subordinada: ansiosa por servir a la ciencia, consciente de la profundidad de su ignorancia y humildemente a la espera de orientación. Es decir que Graham parece conscientemente enfatizar su género y minimizar otros elementos (su conocimiento científico, educación y clase, por ejemplo) que podrían resultar más amenazantes para Hooker. Así, en sus primeras cartas, Graham se refiere repetidamente a sí misma como aficionada e ignorante, afirma que sus colecciones pueden ser inútiles y le pide consejos a Hooker. Por ejemplo, en una carta anterior, en que le estaba enviando semillas, ella agrega: "Como debió de percibir fueron recopiladas por ignorancia, pero pensé que *mi* conocimiento de lo que tenía era de la menor importancia, no como el de los botánicos en la patria, que les permitiría fácilmente distinguir lo nuevo de lo antiguo, lo conocido de lo desconocido" (43:20, 11 de abril de 1824) [imagen 1]. Unos nueve meses después cierra una carta muy larga y divagante de Brasil con una disculpa: "Perdón por esta carta irregular que temo por igual mostrará mi buena voluntad y mi falta de poder. Sin embargo, haré lo mejor que pueda". En este punto de su epistolario, sin embargo, Graham ha adquirido una voz más fuerte y agrega un poco del lenguaje vívido y caprichoso que suele usar para describir la naturaleza brasileña, diciéndole a Hooker: "espero antes de esta fecha doce meses para verle y hablarle sobre el alegre vestido vegetal de Brasil" (43:49, 30 de enero de 1825) [imagen 2].

Finalmente, en su última carta para él una vez que ha regresado a Londres y le está enviando su colección, ella se muestra arrepentida: "La visita del señor

Directors' Correspondence at the Royal Botanic Gardens, Kew. *Environmental Humanities* 1 May 2015; 6 (1): 73–102.

76 Letters from Maria Graham to Sir William Jackson Hooker, 1824-25, Directors' Correspondence Collection, http://plants.jstor.org/visual/kdcas4172.

Brown me ha hecho lamentar doblemente mi ignorancia cuando comencé a colaborar con usted; si hace tan solo un año hubiera sabido como sé ahora, debiese haber traído mucho más y no debería haber tirado a la basura cosas que ahora lamento por usted (43:88: 5 de febrero de 1826)[77].

Además de profesar su ignorancia, Graham da a entender repetidamente su propia sujeción al conocimiento mucho mayor de Hooker, a quien constantemente pide su consejo. Así, cuando le escribe su primera carta, le comenta excusándose que hará "lo mejor para secar especímenes en Brasil, pero es difícil debido a la cantidad de insectos en el país" (43: 20: 11 de abril de 1824). Del mismo modo, en una carta posterior, busca su orientación sobre sus ilustraciones, preguntándose "si el color se desvanecerá en los especímenes secos y si vale la pena agregar bocetos de colores ásperos" (43:20: 11 de abril de 1824). Ella también demuestra su dependencia con humor; por ejemplo, después de terminar una carta con el saludo de cierre que siempre usa cuando escribe a Hooker, que es una variación de "su muy agradecida y obediente Maria Graham", agrega una pequeña posdata para hacer que el lenguaje convencional sea literal: "NB, realmente quiero decir *obediente* porque trataré de hacer todo lo que dice" (43:79, 20 de noviembre de 1825).

Por supuesto, la mayoría de las escritoras de viajes del siglo XIX hicieron grandes esfuerzos para minimizar sus pretensiones de autoridad; muchos críticos han señalado que la autodepreciación era una estrategia retórica común en relatos de viajes, tanto como en otros géneros, escritos por mujeres, en la época[78]. Las estrategias típicas incluían insistir en que sus escritos nunca habían sido diseñados para publicación, así como adoptar una personalidad narrativa ingenua. Lamentablemente tales estrategias siguieron siendo necesarias hasta el final del siglo, como se ve en la narración irónicamente autocrítica de Mary Kingsley en su libro de 1897, *Viajes en África Occidental*. Al excusarse y establecer simultáneamente su conocimiento científico, entonces, Graham adopta como sujeto una posición negociada,

[77] Traducciones propias de las cartas citadas en este párrafo; los originales dicen: "As you must have perceived they were ignorantly collected but I thought that my knowledge of what I had was of the less importance, as that of the botanists at home would easily enable them to distinguish the new from the old, the known from the unknown" (43:20, 11 Apr 1824); "Pardon this irregular letter which will show my good will and my want of power equally I fear. However I will do my best" y "I hope before this time twelvemonth to see and talk to you about the gay vegetable dress of Brazil" (43:49, 30 Jan 1825); y "Mr Brown's visit has made me doubly regret my ignorance when I began to collect for you; had I known only as much one year ago as I do now I should have brought much more--I should not have thrown away things that I now regret for all your sakes" (43:88: 5 Feb 1826).

[78] Ver Hayward, Hagglund, Medeiros y muchos otros.

bastante típica de la mujer de su tiempo, por lo demás. Y funcionó: la persona no amenazante de Graham le permitió pasar por debajo del radar como científica.

Reclamando autoridad científica: nuevas fuentes de conocimiento

Pero Graham no fue siempre, ni completamente, autocrítica. De hecho, su confianza en sus propios métodos científicos es lo menos típico de una escritora de viajes del siglo XIX. A medida que se desarrollaba su relación con Hooker y aumentaba su propio sentido de autoridad como escritora, ocasionalmente permitía que otros aspectos de su identidad interseccional se volvieran más prominentes, por ejemplo, enfatizando su conocimiento, experiencia o educación. Incluso cuando pide consejo en sus cartas a Hooker, Graham se esfuerza por aumentar sus habilidades y demostrar el alcance de su conocimiento botánico. Por ejemplo, inmediatamente después de escribir que lamenta su ignorancia en la carta anteriormente citada, Graham da a entender que ha adquirido un conocimiento considerable durante sus cuatro años en Sudamérica, agregando casualmente: "Desearía haber tenido el conocimiento que tengo ahora". Incluso su autodesprecio es equívoco. Por ejemplo, cuando escribe a Hooker después de su regreso a Gran Bretaña, enumera algunos de los muchos especímenes de la colección botánica que trajo de Brasil para enviarle, y agrega: "Cuando vi su volumen [bulto], comencé a dudar si valdría la pena pagar un carro" (43:88, 5 de febrero de 1826). Esta declaración expresa abiertamente la duda, pero mientras lo hace, Graham también llama la atención sobre la cantidad total que ha recolectado a través de su elección de la palabra "bulto". Además ella sigue inmediatamente apelando a una autoridad para probar su valor cualitativo: "Sin embargo, el Sr. Brown vino ¿a llamar? (a verlos) y los declaró en un estado útil y que algunos son muy curiosos" (43:88, 5 de febrero de 1826).

No obstante mostrar su valor científico a través de los elogios de los científicos (hombres), Graham demuestra su experiencia botánica incluso de manera más directa. Por ejemplo, visibiliza su conocimiento del método científico especificando las fuentes que la guían en su recolección e ilustraciones, incluyendo el *Diccionario botánico* de Milnes y la *Gramática de la botánica* de Smith[79]. Además enumera meticulosamente las variedades de plantas que ha

[79] Probablemente la de 1821 de James Edward Smith *Gramática de la Botánica de Ilustrativa de la Clasificación Artificial y Natural, con una Explicación del Sistema de Jussieu*. Jussieu adaptó un sistema más complejo de

recolectado, las clasifica de acuerdo con el sistema de Linnaeus utilizado por la comunidad científica europea de su época y hace detallados dibujos botánicos. En una carta, por ejemplo, ella describe y dibuja "manojos de conos y frutos de la Araucaria de Brasil; algunas algas de la corriente del golfo; los árboles de [mi] valle; dos vasijas de semilla de *Lecythis 'zabucaïa'* [. .] helechos y líquenes" (Kew 43:88: 5 de febrero de 1826). Sorprendentemente, ella apuesta a los nuevos descubrimientos, aunque a veces de manera sutil; por ejemplo, en la referida carta donde señala que "los botánicos en la patria fácilmente podrían [distinguir] lo nuevo de lo antiguo, lo conocido de lo desconocido", implícitamente pone en juego su reclamo sobre el "descubrimiento" de nuevas especies de plantas (43:20, 11 de abril de 1824).

En resumen, Graham envió una extraordinaria variedad de plantas a Hooker, una treintena de las cuales conservó, cuidadosamente etiquetadas. Y Hooker valoró sus contribuciones a la ciencia, reconociéndola como una fuente para su capítulo sobre la flora sudamericana en su libro *Botanical Miscellany* de 1841, y nombrando al menos dos de las plantas que descubrió en honor a Graham: *Graemia aromatica Hooker* y *Escallonia Callcottiae*. La misma Graham produjo un *Libro de ilustraciones botánicas* que se puede encontrar en los archivos de Kew Gardens, y su nombre aún aparece en el *Diccionario de botánicos y horticultores británicos e irlandeses*.

Además de contribuir al conocimiento botánico, Graham aspira claramente a formar parte de una red más grande de científicos que promovería la botánica en todo el mundo. En una carta expresa sus esperanzas: "En el futuro (...) el jardín botánico de Río de Janeiro tendrá espacio para árboles frutales"; ella espera recibir árboles enviados por Hooker, a cambio de algunos árboles brasileños que ella le enviara a él (43:20: 11 de abril de 1824).

En su publicación conecta explícitamente las incipientes colecciones de Brasil con la migración global de especies de plantas y el principio de fomentar la biodiversidad: "En el jardín botánico hay un vivero permanente de plantas raras y útiles, que se regalan, para su uso, tanto a los extranjeros como a los nativos, para que no solo los jardines de Brasil estén llenos de las producciones más raras de Oriente, sino que se lleven a diferentes países de Europa" (*Diario de un viaje a Brasil* 298, 9-14 de septiembre). Al intercambiar información científica con botánicos y geólogos británicos, trazar y facilitar la migración de plantas y conectar la botánica a la identidad nacional, Graham

---

clasificación de plantas utilizando múltiples características, en lugar de las clasificaciones de Linnaeus basadas solo en estambres y pistilos. El trabajo de Jussieu se basó en el del naturalista escocés-francés Michel Adanson.

participó en un experimento global que reconfiguraría la biodiversidad en todos los continentes.

Abriendo nuevos caminos: la crítica a los métodos científicos de la época

Sin embargo lo más fascinante de Graham es que, incluso mientras buscaba el reconocimiento de sus contribuciones a la ciencia, al mismo tiempo trabajaba para remodelar el discurso científico en sí. El sistema de clasificación de Linneo, que se basa en prácticas jerárquicas de observación, catalogación y sistematización, funcionó en conjunto con el impulso del imperialismo europeo para apropiarse del mundo no europeo (Hagglund 48). Graham, no obstante, rechazó un enfoque unilateral sobre la botánica. Criticando el sistema abstracto de nomenclatura de Linneo, explica que no es suficiente recolectar y clasificar las plantas de acuerdo con una taxonomía estricta y, en cambio, propone que tales prácticas se complementen con la experiencia vivida.

A lo largo de sus epistolarios a Hooker describe su progreso en el desarrollo de métodos científicos únicos para agregar profundidad y detalle a su colección: descubre procedimientos más efectivos para secar plantas en el clima tropical de Brasil, aprende a proteger las muestras de insectos y, lo más importante, desarrolla nuevas habilidades en ilustración botánica. En una carta de 1824 ella le pregunta, aparentemente en forma retórica, si "en caso de desvanecimiento de los colores de los especímenes secos, podría ser aconsejable que yo agregara toscos bocetos de colores. [...] No suelo dibujar flores habitualmente pero yo podría hacer eso...." (43:20: 11 de abril de 1824). Y fue fiel a su iniciativa: muchas de sus cartas incluyen dibujos botánicos bellamente detallados, algunos que marcan el descubrimiento de nuevas especies de plantas, que ahora se encuentran en las colecciones de los Jardines Botánicos Reales de Kew.[80]

Además de reclamar contribuciones científicas, Graham también estableció un marco comparativo para analizar las formas en que los hombres y las mujeres de Gran Bretaña hacían ciencia. Al desarrollar este tema tanto en sus cartas a Hooker como en sus escritos publicados sobre viajes, ella compara su propio conocimiento botánico cuidadoso, empírico y bien investigado, con las aseveraciones descuidadas, subjetivas y desinformadas hechas por viajeros británicos de sus relaciones.

80 Graham Maria. Letters from Maria Graham to Sir William Jackson Hooker, 1824-25, Directors' Correspondence Collection, http://plants.jstor.org/visual/kdcas4172.

Graham presenta estas escenas de manera estratégica y bastante subversiva, a menudo precediéndolas con una de las fórmulas retóricas descritas anteriormente y caracterizándose a sí misma como una ignorante, pero ávida buscadora de información. En una carta a Hooker, por ejemplo, Graham describe un hallazgo: "A un tiro de piedra de [mi] casa de campo [...] está el árbol más grande de los alrededores de Río, que los nativos llaman 'Jiquitibà' (posiblemente *Cariniana legalis*). Se prefiere esta especie entre todas las demás de allí por su uso para mástiles de naves, ya que crece muy erguido y alto". Habiendo descrito este árbol, Graham continúa notando que, por lo que ella sabe, ningún otro viajero lo ha visto o descrito; luego le proporciona a Hooker un boceto de una rama y varias partes de la flor, observando su "delicioso aroma nocturno que perfuma todo el valle" (43: 49: 30 de enero de 1825). De esta manera Graham afirma su condición botánica pionera, al situarse como la primera europea en trazar el aspecto de una especie determinada. Como era el uso, Graham nombra a la especie y se aventura conjeturando su género, pero, de modo inusual para un viajero británico, ella ha recabado de los propios brasileños la información sobre sus usos y cita a sus vecinos como autoridades.

En sus cartas a Hooker, Graham critica la ignorancia masculina o incluso el error. En una, ella menciona casualmente que vio a "Langsdorf justo antes de que él emprendiera su viaje" y se confiesa "siempre sorprendida por su falta de conocimiento. A menudo, al consultar con él, me ha dado nombres equivocados para las cosas. [. . .] Encontré una pequeña flor de naranja en el bosque, que tiene un enorme crecimiento; nadie en Río lo sabía, incluyendo Langsdorf" (43:80: 28 de noviembre de 1825).

Los comentarios de Graham sobre la ignorancia o ceguera voluntaria de los hombres británicos abren, a la vez, un espacio para sus propias y originales contribuciones científicas. Ella está dispuesta a tomar una posición más pública sobre esto también. En sus publicaciones de viajes, así como en sus cartas privadas, Graham se esfuerza por criticar lo que –desde su perspectiva, que es la de la Ilustración escocesa– es un rasgo aún más condenatorio que la ignorancia: la falta de curiosidad intelectual. Tanto en los diarios de Brasil como en los de Chile Graham enfatiza repetidamente las "anteojeras" económicas y nacionalistas que impiden que los colonos vean con precisión el Nuevo Mundo. En su *Diario de mi viaje a Brasil* ella anuncia que la población inglesa "no era de primer orden. . . Nadie sabía el nombre de las plantas alrededor de su propia puerta; ni uno está familiarizado con el país diez millas más allá de

San Salvador [de Bahía]. En resumen, me faltó la paciencia con estos incautos hacedores de dinero" (148)[81].

Una crítica aún más aguda viene en su diario de Chile, donde nos dice: "Hoy tuve la oportunidad de observar lo descuidadamente que incluso los hombres sensatos hacen sus observaciones en países extranjeros", y luego se reúnen con un médico británico que anuncia que la planta medicinal *culen* debe ser introducida. Después de una residencia de tan solo un mes Graham ya sabe que el *culen* crece en abundancia como especie endémica, porque sus vecinos chilenos lo han señalado; "Sino que, por aventurarse a decir que era así, el caballero dijo que no podía ser porque nunca había oído hablar de ella aquí. Fui a casa, caminé hacia la Quebrada, encontré las rocas en ambos lados cubiertas con el mejor culen. ... Sin embargo, él es un hombre inteligente, y ha residido algunos años en el país" (30 de mayo, 139). Graham continúa describiendo la planta y sus cualidades medicinales, y luego concluye:

> Los errores sobre el *culen* me hacen recordar el admirable relato de la Sra. Barbauld, en 'Las tardes en casa', 'Ojos y no ojos'. Cuánto le debemos a esa excelente mujer, que nos dio la mejor fama para hacer los más altos bienes, formando las mentes de los jóvenes y guiándolos en la búsqueda de objetos apropiados. Me enorgullece pertenecer al sexo y la nación que proporcionarán los nombres para comprometer la reverencia y el afecto de nuestros semejantes mientras la virtud y la literatura continúen siendo cultivadas (30 de mayo de 139-140)[82].

Como de costumbre, Graham es demasiado sutil para disparar directamente a nadie, pero su cuidada descripción del encuentro del científico hombre cegado por su propia arrogancia, y la escritora escocesa que usa su genio con prudencia y humildad, nos lleva a dibujar la conclusión obvia.

[81] No hace falta decir que la colonia británica en Brasil estaba menos que encantada con su retrato de ellos, y se encontró con una recepción decididamente fría a su regreso para ocupar el puesto de institutriz de la joven Maria da Gloria.

[82] Traducción propia; el original dice: "The mistakes about the culen put me in mind of Mrs. Barbauld's admirable tale, in the "Evenings at Home," of "Eyes and no Eyes". How much we are obliged to that excellent woman, who... gave up the greatest fame to do the greatest good, by forming the minds of the young, and leading them to proper objects of pursuit. I am proud to belong to the sex and nation, which will furnish names to engage the reverence and affection of our fellow-creatures as long as virtue and literature continue to be cultivated.

Algunas conclusiones

Tanto en los diarios de Chile como de Brasil Graham enfatiza repetidamente que las "anteojeras" económicas y nacionalistas impiden que los colonos vean el Nuevo Mundo con precisión, y afirma que el conocimiento superior es el adquirido a través de su propia práctica de fusionar la exploración científica, estética y etnográfica.

Betty Hagglund también observa en Graham su incorporación del conocimiento local, agregando que "no parece considerar que haya ningún conflicto o contradicción en el uso de diversos enfoques sobre el mundo natural; simplemente presentó diferentes tipos de información extraída de fuentes científicas y populares codo a codo" (48)[83]. Según Hagglund, la flexibilidad de Graham puede ser gracias al tiempo que había pasado en India, donde leyó la literatura orientalista y, tal vez, absorbió una actitud abierta al conocimiento indígena en combinación con el de la ciencia europea.

Sin embargo la evidencia de las cartas de Graham a Hooker, así como el tono de sus publicaciones, indican que lejos de ser inconsciente de que había una barrera infranqueable entre fuentes científicas y populares según el *establishment* científico de Gran Bretaña, Graham siempre tuvo este obstáculo en mente mientras buscó la manera de hacer botánica. Tanto en escritos privados como públicos las estrategias retóricas de Graham eran tan ingenuas como ingeniosas, porque le permitieron unirse a redes científicas al mismo tiempo que hacer contribuciones originales por el conocimiento local del que ella aprovechaba, intentando sutilmente, al mismo tiempo, cambiar el discurso.

Precisamente se debe a su inusual determinación de combinar las taxonomías europeas del conocimiento con la experiencia local y de primera mano que los escritos de Graham son una contribución notable. Como explica ella en su libro *Diario de residencia en Chile*:

> lamento saber muy poco de botánica, porque me gustan mucho las plantas. Pero me encanta ver sus hábitos y conocer sus países y sus usos; y me parece que la nomenclatura de la botánica está diseñada para mantener a las personas alejadas de cualquier conocimiento real con una de las clases de objetos más bellos de la naturaleza: ¿Que han tenido nombres de cien

[83] Traducción propia; el original dice: "Graham, however, did not seem to consider there to be any clash or contradiction in her use of varying approaches to the natural world; she merely presented different types of information drawn from both scientific and folk sources side by side".

sílabas para hacer con cosas tan hermosas como las rosas? ¿jazmines, y violetas? (12 de junio, 154-5)[84].

Graham rechazó el impulso imperial europeo hacia el "descubrimiento" representado por una insistencia ciega en la nomenclatura latina y las taxonomías de Linneo. En su lugar buscó la experiencia popular brasileña y chilena, a menudo de mujeres, y la utilizó para mejorar su comprensión del lugar que ocupaba cada planta dentro de un contexto local.

Pero junto con su crítica de la ignorancia imperial y a las personas "ciegas, las estrategias adoptados por Maria Graham para minimizar y desarrollar simultáneamente su conocimiento científico" demuestran la intersección de su educación, su clase, y su género. Tomando en cuenta esos factores, que se pueden dirigir hacia distintas direcciones, Maria Graham creó un espacio único para sus contribuciones. El resultado fue que ella ayudó a dar forma al discurso científico británico en formas poco exploradas, y lo hizo con tanto éxito como para ganarse un lugar en los círculos científicos de su época[85]. Ella continuaría sus esfuerzos botánicos a lo largo de su vida, culminando con *Escritura de hierbas*, su bellamente ilustrada publicación final. Su trabajo botánico enfatizó las interrelaciones entre experiencia vivida, descubrimiento científico, y el arte de la ilustración botánica, contrarrestando deliberadamente el discurso científico masculino de su tiempo.

[84] Traducción propia; el original dice: "I am sorry I know so little of botany, because I am really fond of plants. But I love to see their habits, and to know their countries and their uses; and it appears to me that the nomenclature of botany is contrived to keep people at a distance from any real acquaintance with one of the most beautiful classes of objects in nature. What have harsh hundred syllabled names to do with such lovely things as roses, jasmines, and violets? (Graham, *Chile*, 35).

[85] Graham recolectó especímenes para William Hooker, quien nombró un arbusto y un género entero en su honor; también trabajó con su compañero escocés Robert Brown (miembro de la Linnean Society y Keeper de la Colección Botánica Banksiana en el Museo Británico desde 1827, y del nuevo Departamento de Botánica desde 1837) en su enciclopédico *A Scripture Herbal*. Carl Thompson y Betty Hagglund han evaluado las contribuciones de Graham al conocimiento geológico temprano: su informe sobre el terremoto de Chile en 1822 a la Sociedad Nacional de Geología fue inicialmente derribado por científicos masculinos, pero luego fue respaldado por Darwin y finalmente resultó correcto (ver Carl Thompson 2012: Terremotos y enaguas: Maria Graham, geología y ciencia 'educada' de principios del siglo XIX, *Revista de cultura victoriana*). B. Shteir, Patricia Fara, y Avril Maddrell también han escrito sobre las mujeres en los primeros años del siglo XIX, como de las comunidades científicas del periodo.

Fuentes primarias

GRAHAM MARIA. Letters from Maria Graham to Sir William Jackson Hooker, 1824-25, Directors' Correspondence Collection, http://plants.jstor.org/visual/kdcas4172. Digitised copies received 13 October 2015.

HOOKER WILLIAM JACKSON. *Botanical Miscellany: Containing Figures and Descriptions of Such Plants as Recommend Themselves by Their Novelty, Rarity, or History, or by the Uses to Which They Are Applied in the Arts, in Medicine, and in Domestic Economy; Together with Occasional Botanical Notices and Information.* London: John Murray, 1830.

Letter from Ms Maria Graham to Sir [William Jackson Hooker]; [author address unknown]; 11 Apr 1824; three page letter comprising three images; folio 20.

Letter from Ms Maria Graham to Sir William Jackson Hooker; from Wimpole, [Cambridgeshire, England]; 20 Nov 1825; four page letter comprising four images; folio 79.

Letter from Ms Maria Graham to Sir William Jackson Hooker; from 7 Cleveland Court, St James's Place, [London, England]; 28 Nov 1825; four page letter comprising four images; folio 80.

Letter from Ms Maria Graham to Sir William Jackson Hooker; from 7 Cleveland Court, St James's Place, London, [England]; 5 Feb 1826; four page letter comprising four images; folio 88.

ROYAL BOTANIC GARDENS, KEW: Archives: Directors' Correspondence Volume 43: Miscellaneous Foreign Letters 1822-1829.

_________. *Journal of a Residence in Chile*, ed. Jennifer Hayward. Charlottesville: U of Virginia P, 2003.

_________. *Journal of a Voyage to Brazil*, eds. Jennifer Hayward and M. Soledad Caballero. Anderson, S.C: Parlor Press, 2011.

Bibliografía

HAGGLUND BETTY. "The Botanical Writings of Maria Graham." *Journal of Literature and Science* 4.1 (2011).

KEIGHREN INNES M., CHARLES W. J. WITHERS and BILL BELL. *Travels into Print: Exploration, Writing, and Publishing with John Murray, 1773-1859.* University of Chicago Press, 2015.

LONDA SCHIEBINGER, "Gender and Natural History," in *Cultures of Natural History*, ed. J. A. Secord, N. Jardine, and E. C. Spary. Cambridge and New York: Cambridge University Press, 1997.

MEDEIROS MICHELLE. "Crossing Boundaries into a World of Scientific Discoveries: Maria Graham in Nineteenth-Century Brazil." *Studies in Travel Writing* (StTW) 2012 Sept; 16 (3): 263-285.

MILLS SARA. "Knowledge, Gender, and Empire," in *Writing Women and Space: Colonial and Postcolonial Geographies*, ed. Alison Blunt and Gillian Rose. New York: Guilford, 1994.

PRATT MARY LOUISE. *Imperial Eyes: Travel Writing and Transculturation*. London and New York: Routledge, 1992.

RAMIREZ LUZ ELENA. *British Representations of Latin America*. Gainesville: University Press of Florida, 2007.

SHTEIR ANN B. "Botany in the Breakfast Room: Women and Early Nineteenth-Century British Plant Study," in *Uneasy Careers and Intimate Lives: Women in Science, 1789-1979*, ed. Pnina G. Abir-Am and Dorinda Outram. New Brunswick: Rutgers University Press, 1987, 31-43.

_________. *Cultivating Women, Cultivating Science: Flora's Daughters and Botany in England*. Baltimore: Johns Hopkins UP, 1996.

SVENSSON ANNA. Global Plants and Digital Letters: Epistemological Implications of Digitising the Directors' Correspondence at the Royal Botanic Gardens, Kew. *Environmental Humanities* 1 May 2015; 6 (1): 73-102.

3. Lo femenino en el ideario higiénico. Género y salubridad en el Chile finisecular

María José Correa

Desde mediados del siglo XIX la higiene se transformó en una preocupación fundamental para los médicos santiaguinos. Entendida inicialmente como un arte que se proponía ubicar a hombres y mujeres en las mejores condiciones para el desarrollo de su organización física, intelectual y moral, formó parte fundamental del pensamiento médico decimonónico y sustentó una variedad de propuestas orientadas a ordenar la sociedad y su desempeño, en sus aspectos públicos y privados[86]. Bajo estos presupuestos se delineó una cultura higiénica que abarcó los más diversos ámbitos del quehacer cotidiano amparados en la laxitud del concepto de higiene y sus ambiciosos alcances. Escudados en su misión modernizadora, que se nutría de adelantos científicos deseados y en menor medida implementados, los médicos desplegaron una atractiva agenda retórica que acompañó el desarrollo de la infraestructura sanitaria, la administración de los espacios urbanos y los llamados a transformar los hábitos y las costumbres de la población, entre otros aspectos prioritarios para el progreso de la sociedad y de la nación.

La higiene, como enseñaba hacia 1901 el higienista Alejandro del Río (1867-1939)[87], en sus clases dictadas en la Universidad de Chile, correspondía a una "ciencia de aplicación", "de tendencia eminentemente práctica", orientada al doble propósito de prevenir y curar. Buscaba anticipar las enfermedades y prolongar la vida, pero al mismo tiempo mejorar la salud y "hacer al organismo más apto para luchar por la vida"[88]. Si bien este concepto en ocasiones se mimetizó con la noción de medicina y modificó sus significados a través del tiempo, su objetivo práctico, así como su afán preventivo, se mantuvieron latentes en el transcurso del siglo, dándole alcance y procedencia. Para lograr sus propósitos, la higiene estudiaba el medio -el suelo, la atmósfera, el clima, la ventilación, así como las ciudades, las habitaciones y la alimentación. Revi-

[86] Rafael Allende Padín, *De la hijiene en jeneral*, Valparaiso, Imprenta de La Patria, 1873/1874, p. 4.

[87] En 1924 Alejandro del Río sería nombrado ministro del recién creado Ministerio de Higiene, Asistencia y Previsión Social.

[88] Alejandro del Río, *Lecciones de higiene pública i privada (apuntes tomados por los alumnos)*, Santiago, Imprenta de El Consejo de Temperancia, 1901, p. 3.

saba el actuar de la industria y cuidaba del avance de las enfermedades infecciosas, supervisaba los establecimientos públicos como escuelas, hospitales y cárceles, interesándose en áreas puntuales, críticas a sus miras, como la infancia, y asociada a ella, las mujeres, reforzando el estatuto reproductivo y vigilante asignado a su género.

Así, en su interés profiláctico, la higiene se cruzó con el género, y desde el género, con las mujeres. Los descubrimientos de la bacteriología y los estudios de la clínica, junto con el desarrollo de nuevos medios de exploración y diagnóstico, el empuje de la anatomía patológica y el crecimiento de la terapéutica ayudaron a estos propósitos, contribuyendo en la significación de los cuerpos femeninos no solo como cuerpos diferentes a los masculinos, sino como cuerpos especiales, que requerían nuevas atenciones y cuidados. Esta apreciación nutrió una serie de ideas en torno a las mujeres, su biología y sus comportamientos, así como contribuyó a diseñar regulaciones destinadas a guiarlas y administrarlas, amparando sus propuestas en su salud y en la salud de su sociedad. La historiografía internacional desde hace un par de décadas ha dado cuenta de esta atención prestada a los cuerpos femeninos por parte de la ciencia, como repositorios de proyectos individuales y globales, y ha coincidido en mostrarlos como sitios de inquisición científica a definir y modelar[89]. La relación ciencia-género no ha sido fácil, pero ha sido productiva, creando significados, proyectos y experiencias necesarias de explorar históricamente.

La higiene operó, como han propuesto Steven Palmer y Claudia Agostoni para el contexto latinoamericano, como una red de valores y prescripciones que fue mucho más allá de lo físico y lo corporal, que, imbuida de códigos de moralidad y respetabilidad, incidió en las condiciones de instalación y desarrollo de la temprana modernidad[90]. Apoyada en la medicina, la higiene se posicionó como preocupación social, moral y política, ubicándose como motor

[89] Peter J. Bowler y Iwan Rhys Morus, "Science and Gender", en Peter J. Bowler y Iwan Rhys Morus, *Making Modern Science. A Historical Survey*, Chicago, The University of Chicago Press, 2005, 487-509. Carroll Smith-Rosenberg, "The Hysterical Woman: Sex Roles and Role Conflict in Nineteenth-Century America", *Social Research 39* (1972), 652-658, *The Female Malady: Women, Madness, and English Culture, 1830-1980* (New York, 1987) y Mark Micale, "On the 'Disappearance' of Hysteria. A study in the Clinical Deconstruction of a Diagnosis", *Isis*, vol. 84, num. 3 (1993), 496-526. Para el caso chileno, véanse los estudios de Soledad Zárate y Maricela Gonzalez sobre trabajo femenino sanitario, Claudia Araya y María José Correa sobre la conceptualización de la locura femenina y de Lorena Valderrama sobre la labor de las calculistas en los observatorios astronómicos.

[90] Steven Palmer y Claudia Agostini, "Introduction: Landscapes of Latin American Health, 1870-1970", *Canadian Journal of Latin American and Caribbean Studies*, vol. 35, num. 69 (2014), 5-18, p. 7. En un plano más amplio véase Georges Vigarello, *Lo sano y lo malsano. Historia de las prácticas de la salud desde la Edad Media hasta nuestros días.* Madrid: Abada Editores, 2006.

de una serie de proyectos y programas que impulsaron debates y transformaciones relevantes en el ámbito de la prevención de enfermedades, la educación y las nuevas prácticas de consumo que acompañaron la vida citadina. Amparó, justificó y cuestionó propuestas destinadas a domesticar el entorno de las ciudades, a controlar el agua y sus usos, a administrar el aire y las habitaciones, y a gobernar el comercio y el consumo, así como la sociedad, sus integrantes, sus cuerpos y comportamientos[91]. La higiene contribuyó a la polisémica definición de la nación y de sus habitantes, y apoyó la caracterización de la ciudad –como retrata Diego Armus para el caso de Buenos Aires– como un sitio patógeno a intervenir y controlar, y a sus habitantes como sujetos por cartografiar y domesticar[92].

Considerando la importancia que adquiere la higiene como paradigma conductor de la modernidad, esta se presenta como un concepto útil para problematizar la relación entre medicina y género. La objetivación del cuerpo por parte de la medicina, y con mayor énfasis, del cuerpo femenino, ha sido un proceso complejo, con vaivenes, negociaciones y condiciones que requieren análisis acotados. Sin embargo, más allá de esta necesidad, este estudio se propone entregar una entrada general a un proceso de mediano plazo, centrado en las formas en que las mujeres fueron descritas, definidas y reguladas por la ciencia médica en el contexto chileno. Bajo ese prisma identificará las preocupaciones advertidas por la higiene, un conocimiento que, si bien ha sido presentado como neutro, se articuló para el siglo XIX, la mayoría de las veces desde espacios masculinos[93]. Se estudiará el tránsito de las prescripciones higiénicas de los manuales y catecismos de mediados del siglo XIX, a un proyecto profiláctico más amplio, con vocación de acción, empujado por grupos profesionales, funcionarios públicos y académicos. Adicionalmente, y considerando que la historiografía ha dibujado un cuadro ambivalente de los mandatos de género –los que han sido vistos no solo como elementos aplacadores sino también como preceptos educativos orientados al hacer– este estudio no busca problematizar la traducción del ideario higiénico en accio-

91 Algunos ejemplos de trabajos que han abordado estos procesos: José María Aguilera, "Limpieza y poder en la Habana colonial", *European Review of Latin American and Caribbean Studies* 87, (2009), 47-62; Emily Wakild, "Naturalizing Modernity: Urban Parks, Public Gardens and Drainage Projects in Porfirian Mexico City", *Mexican Studies/Estudios Mexicanos*, vol. 23, num. 1 (2007), 101-123.

92 Diego Armus, *La ciudad impura. Salud, tuberculosis y cultura en Buenos Aires, 1870-1950*, Buenos Aires, Edhasa, 2007, 33. Véase también José Luis Romero, *Latinoamérica: las ciudades y las ideas*. Buenos Aires, Siglo XXI, 2001.

93 Jan Golinski, "The Care of the Self and the Masculine Birth of Science", *History of Science*, 40 (2002), pp. 125-145.

nes concretas, ni revisar los modos de sujeción o de libertad alcanzados por las mujeres bajo estos principios, sino más bien dar cuenta de la existencia de este discurso, de sus ámbitos de circulación y de su conexión con el ideario científico. Para eso la investigación estudia también la circulación de las ideas médicas, en columnas de periódicos y editoriales, revistas disciplinares, así como en textos del Estado y publicaciones de circulación más amplia que aportaron a su difusión. Así, el trabajo inicia con el diagnóstico elaborado por los médicos respecto a las condiciones de salubridad del territorio nacional. Da cuenta de un tránsito hacia cuestiones relacionadas con el gobierno del comportamiento, en concordancia con el proceso civilizatorio asociado a la ciencia y su relación con los ordenamientos de género. Finalmente cierra con el inicio del siglo XX y la transformación de la higiene en un proyecto estatal con un discurso de intervención amplio y transversal, apoyado en el ideal de la domesticidad liberal burguesa.

La higiene en los escritos médicos: desde el registro del espacio al gobierno del comportamiento

Tratados y manuales junto a textos publicados en revistas y periódicos se transformaron en los principales canales para la circulación de los preceptos higiénicos durante el siglo XIX. En ellos, el territorio y la vida que este permitía delinearon temas fundamentales, al menos en una primera etapa de presentación de las condiciones higiénicas de la región. En un contexto imperialista, marcado por el imaginario tropical que teñía la mirada médica hacia América, el espacio fue uno de los primeros aspectos revisados, tanto en los trabajos realizados por médicos extranjeros como en aquellos elaborados por facultativos locales[94].

La aprensión hacia la tierra cálida, infesta y peligrosa, difícil de habitar por europeos, y hacia la atmósfera opresora y patológica, junto a la curiosidad que generaba un espacio lejano y desconocido por muchos, hizo de la descripción y análisis del territorio un tema imperativo en los textos de higiene, principalmente en los de la primera mitad del siglo XIX. Los esfuerzos por desplazar prejuicios errados y reemplazarlos por nuevas preocupaciones vinculadas a las particularidades locales y a su influencia en la población,

[94] Pratik Chakrabarti, *Medicine and Empire, 1600-1960* (Basingstoke, 2014) y David Livingstone, Tropical Climate and Moral Hygiene: The Anatomy of a Victorian Debate, *The British Journal for the History of Science*, vol. 32, núm. 1 (1999) 93-110.

movieron la pluma de aquellos que se aventuraron a narrarlos. Como resultado surgió una producción médica diversa, conformada por traducciones adaptadas o escritos originales, que buscó identificar aquellas condiciones atmosféricas y geográficas que constituían factores determinantes de la higiene, en tanto definitorias del organismo aclimatizado y de los modos de asimilación de los cuerpos al contexto local.

Para este periodo, y desde los primeros años del proceso de independencia, textos no médicos como *La Aurora de Chile*, *El Semanario Republicano* y *El Monitor Araucano* también abordaron estos temas, recordando el papel que le competía al gobierno en el manejo de la población, así como el rol de la higiene para alcanzar el orden y el progreso de la república en formación[95]. En un artículo publicado por Camilo Henríquez se reconocía el impacto de "lo físico del clima" "sobre la especie humana", pero también la responsabilidad del "gobierno" sobre las costumbres, a través de la modificación que sus instituciones podían lograr de la naturaleza[96], dando cuenta de una preocupación compartida por las élites ilustradas que no se remitía solo a quienes se vinculaban con el área de la salud.

Durante las décadas de los años 1930-40 el desarrollo médico asociado al surgimiento de la Escuela de Medicina (1833) y de la Universidad de Chile (1843) empujó la pluma médica y enmarcó la circulación de una serie de obras que fueron fundamentales para dar a conocer las ideas médicas. Quienes escribieron desde la Escuela de Medicina lo hicieron apoyados por un ideario que reforzaba el valor de la ciencia, y específicamente de la higiene, el cual se posicionó como un conocimiento necesario en los primeros cursos universitarios, pues, como recordaría un médico, "se hacía estudiar la Hijiene antes de ningún conocimiento patolójico"[97].

Para estos años circularon tratados de higiene "formados en Europa", como planteaba el español Juan Miquel, que se modificaron "en virtud de las costumbres especiales de cada país, i según su posición topográfica"[98]. La aten-

95 Para una aproximación a la circulación de textos médicos en Chile antes de la República y durante el siglo XIX, así como de la prensa médica chilena, véase de Claudio Costa, "Antecedentes de la prensa médica chilena", *Anales Chilenos de Historia de la Medicina*, año 3, 1961, 19-206.

96 *Semanario Republicano*, tomo II, 10 de noviembre de 1813, en Claudio Costa, "Antecedentes de la prensa médica chilena", *Anales Chilenos de Historia de la Medicina*, año 3, 1961, pp. 85-86.

97 Miguel Semir, "Apuntes para la historia de la enseñanza médica en Chile, AUCh, núm. 8, agosto 1860, p. 97.

98 Juan Miquel, *Catecismo Hijiénico o Arte de Conservar la Salud, Prolongar la vida i prevenir las enfermedades. Adaptado al clima, temperamento, usos i costumbres de Chile*, Santiago, Imprenta del Ferrocarril, 1859, p. 7.

ción dada al espacio y la necesidad de ajustar las interpretaciones europeas a los escenarios nacionales activaron esta producción, la que transitó desde un enfoque centrado en el territorio a una aproximación que consideró cada vez más la infraestructura que se levantaba sobre él y los comportamientos que asumía la población. En este sentido, el quehacer editorial de los facultativos se presentó como una tarea necesaria, de traducción, modificación y adaptación del ideario higiénico europeo, en función de las lógicas locales, y como respaldo de la pertinencia de su labor en estas latitudes. "Penetrado de la urjencia i necesidad", explicaría Miquel, y auxiliado por sus "conocimientos profesionales, i mas todavía, por la experiencia adquirida en cuarenta años en Santiago, tomé sobre mis débiles fuerzas tan difícil cargo", que se materializó en la adaptación de un manual francés de 1850 sobre la higiene privada[99].

Estas publicaciones fueron de las primeras en las que se puede encontrar contenidos destinados específicamente a las mujeres, y entre ellas, a las madres de familia[100]. Estos, como propone Silvia Di Liscia, brindaron "un conocimiento vulgarizado de los preceptos médicos" aplicable al hogar, al cuidado de la familia y a la sociabilidad familiar[101].

El médico Juan Bruner, que alcanzó figuración pública como defensor del diagnóstico de histeria cerebral de "la endemoniada de Santiago", Carmen Marín, publicó en 1857 un estudio sobre la higiene pública de Santiago, en el que presentaba un conciso diagnóstico sobre la condición higiénica de la capital. Como muchos otros protohigienistas, luego de presentar su topografía, indagó en los problemas que esta generaba y en las estrategias para su administración. A la ubicación encajonada del valle del Mapocho, su altura y temperatura, se sumó su infraestructura. A la poca circulación atmosférica, y a la "descomposición putrefactiva" que afectaba a calles y casas, se añadió una materialidad precaria que acentuaba los problemas. El empedrado desigual de las calles estancaba el agua y favorecía el acopio de basura y el surgimiento de pantanos tóxicos; las casas y habitaciones, con su aire encerrado, bajo en oxígeno y alto en "materia escrementicia", contaminaba el ambiente, produciendo

[99] Miquel se refiere al tratado del "célebre M. Guillaume" aludiendo que le "pareció excelente por su sencillez i modo científico de tratar todos los puntos de hijiene privada, i desde luego me decidí seguirlo, adoptando en cuanto me ha sido posible su método, muchas de sus ideas, i la forma dada a su excelente obrita". Véase Juan Miquel, *Catecismo Hijiénico o Arte de Conservar la Salud, Prolongar la vida i prevenir las enfermedades. Adaptado al clima, temperamento, usos i costumbres de Chile.* Santiago, Imprenta del Ferrocarril, 1859, p. 4.

[100] Maria Silvia Di Liscia, "Mujeres, familia y salud en Argentina y Chile", en Isabel Morat (dir.), *Historia de las Mujeres en España y América Latina III.* Madrid, Cátedra, 2006, 765- 795, p. 775.

[101] *Ibídem.*

un olor nauseabundo, y se transformaba en la principal causa de insalubridad de ranchos y cuartuchos, y la mala alimentación nacional, que actuaba como fuerza debilitante, de todas las clases por igual, deterioraba el futuro nacional[102].

Este diagnóstico se repetiría en otros estudios, en trabajos que no solo seguirían el modelo del tratado higiénico adaptado a la realidad chilena, sino diversos formatos. Los textos médicos se encargarían de estas cuestiones abordando con mayor claridad y detalle cuestiones de género. En este sentido, los roles asociados a hombres y mujeres también fueron considerados materia higiénica en tanto fueron vistos como recursos basales para la organización de una sociedad sana y segura. El liberalismo no desdibujó esta idea sino que, por el contrario, la alimentó. Añadió un ideal secular y republicano que buscando limpiar a las mujeres de hábitos y supersticiones que incrementaban el riesgo sanitario, a través de una pedagogía higiénica, reforzó su rol de madres y administradoras del cotidiano familiar.

Como planteaba el doctor Ramón Allende Padín hacia 1870, en un extenso estudio, la higiene o "hijiotecnia" correspondía al "arte de conservar la salud" o la "clínica del hombre sano" que se proponía "por medio de los modificadores cósmicos e individuales mantener, colocar o restablecer al hombre sano o enfermo, aislado o reunido en sociedad, en las condiciones más favorables al desarrollo regular de su organización física, intelectual y moral"[103]. ¿Cuáles eran las geografías y temperamentos propicios para el buen desarrollo de las mujeres? ¿Qué espacios e instalaciones debían diseñarse y levantarse para garantizar su correcto desempeño? ¿Qué prácticas y relaciones debían expresarse en dichos espacios y cómo debían ser seguidas y cumplidas por las mujeres?

Parte de los ideales a alcanzar por las mujeres fue comunicada en los tratados. El *Manual de la Salud*, publicado en 1876 en Valparaíso, como parte de una extensa y detallada colección sobre economía doméstica, divulgó algunas

[102] Juan Bruner, "Fragmentos de una higiene pública de Santiago", *Anales Universidad de Chile*, 1857, 291-345.

[103] Ramón Allende Padín, *De la hijiene en general*, Valparaíso, Imprenta de la Patria, 1874, p. 4. Allende Padín describió los diversos contextos que enfrentaban diariamente la población y la carga patológica asociada a ellos, dividiendo los temas de la higiene en cinco áreas principales: atmosferología, cosmetología, bromatología, gimnástica y perceptología, ámbitos que se mantendrían en el tiempo con distintas calificaciones Estas consideraban los siguientes contenidos: la atmosferología "trata de las reglas hijiénicas relativas al aire y demas modificadores que nos rodean", la cosmetología: "trata de los vestidos y la limpieza", la bromatología "comprende el estudio de los alimentos, condimentos y bebidas", la gimnástica "trata del ejercicio y del reposo, comprendiendo ademas la hijiene de las profesiones", la perceptología "abraza las sensaciones esternas, las internas, las facultades intelectuales y las pasiones".

de las "reglas generales" destinadas a "conservar la salud y prolongar la vida"[104]. Estos preceptos fueron mucho más evidentes en aquellas publicaciones destinadas exclusivamente a las mujeres, particularmente aquellas orientadas a la maternidad o a la infancia[105]. En sus páginas, junto con mantener la posición directiva de la higiene como proyecto profiláctico central, base de las estrategias de intervención médica y articuladora del ideario científico en torno al género, se precisaron las grandes responsabilidades que recaían sobre las mujeres como responsables de la salud doméstica y familiar. Por ello, a través de una propuesta que se presentó como "metódica, sencilla i clara" se enunciaron recetas para criar a hijos sanos y robustos, así como administrar adecuadamente el hogar[106].

A partir de mediados del siglo XIX estos manuales y tratados fueron complementados por una gran cantidad de escritos, que en su mayoría integraron las nuevas revistas y boletines institucionales que comenzaron a publicarse por esos años, los que abordaron desde cuestiones generales de higiene a asuntos específicos de las mujeres asociados a patologías, terapéuticas, proyectos institucionales, entre otros. Referirse en detalle a cada uno de ellos no es aplicable a un capítulo de este tipo, pero pese a ello, es significativo advertir una diversificación de la escritura médica, asociada a la profesionalización de la disciplina, al aumento de los facultativos, al desarrollo de la salud pública y a una protoespecialización disciplinar que transformó aún más sus contenidos. Soportes como *Anales de la Universidad de Chile (*1844-)[107] y *Revista Médica* (1873-) representaron el crecimiento académico y profesional, mientras que textos como la *Revista Chilena de Higiene* (1894-1924) o el *Boletín de Higiene y Demografía* (1898-1911) dieron cuenta del surgimiento de un aparato sanitario estatal que empujó una serie de iniciativas y reformas que incidieron sobre los preceptos higiénicos diseñados para las mujeres. Los textos que surgían al alero de "especializaciones" como la del alienismo o la obstetricia, entre otras, ofrecieron una lectura más acotada de las diferencias de género, aplicándolas a sus respectivos ámbitos de acción.

[104] *Manual de la Salud*. Valparaíso, Librerías del Mercurio, 1876.

[105] Jacinto Ugarte, *Hijiene de la Infancia*, Santiago, Imprenta Gutemberg, 1887; Wenceslao Hidalgo*, Medicina domestica de la infancia o sea consejos a las madres sobre el modo de criar, educar y curar a sus hijos por si mismas*, Santiago, Imprenta el Progreso, 1885 y Dr. Miller, *Tratado homeopático de las enfermedades de los niños y de las mujeres en cinta del parto y el puerperio: escrito espresamente para uso de las madres de familia*. Valparaíso, Impr. y Libr. Americana de Federico T. Lathrop, 1883.

[106] Wenceslao Hidalgo, *Medicina Doméstica de la Infancia o sea Consejo a las Madres*. Santiago, Imprenta de la librería del Mercurio, 1877, p. VI.

[107] Nicolás Cruz, "Los Anales de la Universidad de Chile y la salud de los chilenos en el siglo XIX", en Rafael Sagredo (ed.), *Anales de la Universidad de Chile. Selección de textos médicos 1857-1887*. Santiago, DIBAM, 2011, pp. 8-52.

Como se ha planteado para otros contextos latinoamericanos[108], la higiene consideró a la población como un recurso que justificó el desarrollo de estrategias de intervención científica a través de un proyecto de asistencia sanitaria que adquirió para 1890 un mayor contorno. En 1892 la intervención estatal en el ámbito de la higiene se oficializó como resultado de la creación del Instituto de Higiene. Si bien para estos años aún persistía una fuerte presencia de la beneficencia como estructura de organización sanitaria, hubo cambios legales e institucionales que le restarían peso en el tiempo[109]. En este establecimiento los médicos confirmaron su protagonismo como directores de la higiene gubernamental, apoyados por farmacéuticos, dentistas, vacunadores, toxicólogos e ingenieros, entre otros, que se desempeñaron en las distintas secciones del establecimiento, las que reflejaron los ámbitos de intervención estatal: Microscopía y Bacteriología, Higiene y Estadística y Química y Toxicología, a las que se sumaron luego las de Seroterapia e Instituto de Vacuna Animal y el Desinfectorio Público[110]. La inauguración del Instituto de Higiene y la puesta en marcha de una estructura estatal de vigilancia urbana, promovió el despliegue de un intenso discurso que se materializó, en parte, en las dos publicaciones periódicas del Instituto, así como en libros, tesis, informes y artículos de prensa, entre otros. La higiene amplió su repertorio y sus plataformas de circulación, de la mano también de los cambios en el ideario higiénico. Para fines de siglo los progresos científicos, entre estos el desarrollo de los estudios bacteriológicos y la propagación del microscopio, volvieron "palpables" algunas preocupaciones de la higiene, visibilizando, por ejemplo, la "multitud de microbios ó gérmenes vivos de diversas enfermedades" que se encontraban "en suspensión" en el aire[111]. El desarrollo de la anatomía perfeccionó el conocimiento del organismo y de sus funciones, reforzando el rol del cerebro como el órgano esencial de la vida, y del sistema nervioso, como director de las funciones del organismo[112]. Bajo este panorama, los preceptos higiénicos pensados para las mujeres se expandieron considerablemente.

108 Marlene Duprey, "Los discursos de higiene y el cuerpo femenino como metáfora de ingobernabilidad (Puerto Rico, finales del siglo XIX), *Arenal*, 14:1, enero-junio 2007, 59-78.

109 Macarena Ponce de León, *Gobernar la pobreza. Prácticas de Caridad y beneficencia en la ciudad de Santiago, 1830-1890*. Santiago, DIBAM, 2011.

110 Véase Pedro Lautaro Ferrer, *Álbum gráfico del Instituto de Higiene de Santiago*. Santiago, Instituto de Higiene Pública, 1910.

111 Godofredo Bermúdez, *Cartilla de higiene y profilaxis de las enfermedades contagiosas*, Valparaíso, Imprenta y litografía central de Antonio J. Escobar, 1897, p. 7.

112 La calidad de este cerebro, reconocido en *La Cartilla de Higiene* del doctor Bermúdez como sitio de la inteligencia y de la voluntad, de las afecciones morales y de las sensaciones, se medía proporcionalmente según su peso en relación con el del cuerpo, en un guiño a las investigaciones de

A inicios del siglo XX la higiene había logrado instalarse como una de las áreas más relevantes de la medicina y de la salud. Ya no correspondía a una "expresión del sentido común ilustrado", sino que a una verdadera ciencia, "a la altura de las más perfectas, i que exije para su cabal dominio un buen bagaje de conocimientos científicos jenerales, en especial médicos, i una esmerada contracción", como subrayaría el médico Alejandro del Río[113]. Los requisitos formativos que exigía la higiene se expresaban en sus hallazgos y diagnósticos. En tan solo unas décadas la medicina había desarrollado un proyecto científico que se definía a sí mismo como racional y que ganaba cada vez más autoridad y visibilidad entre la población, formalizado a través de una serie de regulaciones, como el Primer Código Sanitario de 1918[114]. Había hilvanado un discurso ambicioso, caracterizado por múltiples diagnósticos, que, junto con calificar a la sociedad como un colectivo enfermo, propuso interesantes proyectos de intervención destinados a modificar tanto las condiciones materiales de la vida urbana, como los hábitos, las costumbres y el sentir de sus pobladores[115].

¿Por qué las mujeres? Lo femenino como susceptible y gobernable

La higiene distinguía entre la higiene pública y la privada, con límites difusos. La primera se orientaba a la comunidad, a un cuerpo social amplio y variado. La segunda velaba por el tipo individual. Esta última consideraba aspectos generales de un ideal común, abstracto, que develaba algunos aspectos específicos o "especiales", según circunstancias individuales dependientes del organismo,

---

la segunda mitad del siglo XIX que buscaban ordenar a la población a través de distintos paradigmas, como la craneometría proyectada por Paul Broca en Francia y con directa incidencia sobre la interpretación de las mujeres. Véase Stephen Jay Gould, *La falsa medida del hombre*. Barcelona, Crítica, 1997.

113 Alejandro del Río, *Lecciones de higiene pública i privada (apuntes tomados por los alumnos)*. Santiago, Imprenta de El Consejo de Temperancia, 1901, p. 4.

114 Nicolás Fuster, *El cuerpo como máquina: La medicalización de la fuerza de trabajo en Chile*, Ceibo Ediciones, 2013; Diana Veneros, "Aspectos médicos, legales y culturales tras el trabajo industrial de obreros y obreras en un contexto de modernización. Chile (1900-1930)", *Historia Crítica*, enero-abril 2012, n° 46, p. 132-153; Manuel Durán, "Género, poder y representaciones culturales: Discursos e imágenes sobre el cuerpo femenino en las teorías científicas e higienistas: Chile siglos XIX-XX" en Germán Cossio (ed.), *Prácticas culturales, discursos y poder en América Latina*, Santiago, Universidad de Chile, 2009; Soledad Zárate y Lorena Godoy, "Madres y niños en las políticas del Servicio Nacional de Salud de Chile (1952-1964)", *História, Ciências, Saúde-Manguinhos*, 2011, v.18, p. 131-151; Soledad Zárate (Ed.), *Por la salud del cuerpo: historia y políticas sanitarias en Chile*. Santiago, Universidad Alberto Hurtado, 2011.

115 Ricardo Dávila, *Hijiene Pública en Chile*. Santiago: Imprenta Cervantes, 1908, s/p.

como la edad y principalmente el sexo. En este escenario las mujeres fueron entendidas desde temprano como sujetos susceptibles, dueñas de una biología que las determinaba, relegándolas al desorden y a la pasividad. Los médicos comunicaron esta condición de lo femenino identificando los distintos eventos y contextos que perturbaban su organismo o que las transformaban en víctimas de su destino.

Ciertamente que estas apreciaciones excedieron los textos propiamente médicos, siendo reflejadas en los distintos soportes donde los facultativos plasmaron sus opiniones. Eventos infortunados, como el Incendio de la Iglesia de la Compañía, ocurrido el 8 de diciembre de 1863, que afectó a un grupo importante de mujeres, ilustra el tono que manejó la comunidad médica para referirse a ellas durante el Chile finisecular. La tragedia que llevó a la muerte a la mayoría de quienes se encontraban al interior del templo fue explicada por el médico Francisco Javier Tocornal, por una biología que las dirigía a la confusión y a la pasividad. En un estudio que buscaba explicar médicamente el hecho señaló: "Una vez iniciado el fuego, la primera impresión fue la del temor, i la confusion dominó en toda la concurrencia. La mujer por debilidad inherente a su organización i su mayor impresionabilidad, es más susceptible de estas conmociones que, privando de la lucidez, no permiten discernir bien lo que ocurre para escapar del peligro que las amenaza"[116].

Interpretaciones de este tipo no resultaron aisladas para 1860 ni tampoco para las décadas siguientes. El sistema nervioso femenino se perfilaba como un elemento fundamental, que coordinaba el cuerpo y la mente, que explicaba desvaríos y una serie de patologías. Correspondía a un elemento que gobernaba las leyes de la organización corporal y, como determinante del temperamento, sentaba las bases de la constitución personal[117]. Como explicaba el doctor Noguera hacia 1849, los médicos debían prestar atención al valor del elemento nervioso, "Reflexionad un momento sobre el trastorno que levanta una pasión desbordada. ¡Como tan profundamente mina la existencia y devoran el principio vital el temor, los celos, la envidia, la nostalgia, un amor contrariado! (...) ¿No es conocido el poder de la imaginación para producir y curar enfermedades? Los males mas tristes, la melancolía, la desesperación, la funesta

[116] Francisco Javier Tocornal, "Medicina. Relacion médica de lo sucedido en el templo de la Compañía el 8 de diciembre de 1863", AUCh, 1864, p. 557.

[117] María José Correa, "Exceso Nervioso, Locura y Ciencia Médica en Chile urbano (1840-1860)", *Anales de Historia de la Medicina*, vol. 18, núm. 2, 2008, 151-167 y Claudia Araya, "Mujeres, médicos y enfermedad mental en la segunda mitad del siglo XIX", en Ana María Stuven y Joaquín Fermandois, *Historia de las Mujeres en Chile*, tomo I. Santiago, Taurus, 2010, 427-454.

propensión al suicidio y en general todos los males del espíritu con sus síntomas, (...) reconocen su causa jeneral en el desorden del sistema nervioso"[118].

El problema radicaba en la distancia que los médicos habían identificado entre el sistema nervioso femenino y el masculino. Las mujeres fueron consideradas poseedoras de un eje cerebro-espinal fácilmente excitable que las volvía más susceptibles a sufrir problemas nerviosos. En ellas las impresiones calaban más hondo, entraban en un sistema más abierto a recibirlas y dañaban el cuerpo de distintas maneras. Las mujeres fueron caracterizadas como irritables, expuestas a síncopes y accidentes, que iban desde histerias a epilepsias[119]. Así por ejemplo, como explicaba Wenceslao Hidalgo en su manual de *Medicina Doméstica*, las mujeres, por su temperamento nervioso y constitución delicada mostraban mayor disposición a contraer problemas como la corea o baile de San Vito[120], riesgo que se volvía más frecuente al acercarse a la juventud[121]. Interesaba explorar esta particularidad de las mujeres por varias razones. Por un lado, preocupaba que ante un régimen higiénico inadecuado surgieran desórdenes patológicos que afectaran su salud, pero por otro, inquietaba, aparentemente más, las consecuencias que sus desajustes podían generar en otros, particularmente en sus hijos y en su hogar.

La identificación de la fisiología femenina como una constitución proclive al desarrollo patológico y el reconocimiento del importante rol que cumplían en la esfera familiar se ensambló con las diversas normas y prescripciones asignadas o consolidadas durante este periodo. Los manuales de economía doméstica, generosos también en preceptos higiénicos, recordaban el compromiso que debían asumir "todas las mujeres que, mas tarde o mas temprano" llegarían a ser "dueñas de casa, amas de llave o simples criadas de una casa bien ordenada" y por tanto responsables del cuidado de un grupo doméstico, de su desarrollo y su progresión material y moral[122]. En palabras de Eduvijis Casanova, autora del libro *Elementos de Economia Doméstica e Hijiene Casera* y

118 J. Noguera "Del elemento nervioso de que se sirve la naturaleza como de una condicion primera para la produccion de la vida en todos los seres", AUCh. Santiago, 1849.

119 Las edades de las mujeres guiaron la interpretación de sus enfermedades y así como la edad fértil y sus procesos condicionaron las lecturas de sus padecimientos, la vejez y su cansancio también entregaron coordenadas de interpretación. Algunas reflexiones sobre vejez y enfermedad mental en María José Correa, "Ancianas y decrépitas, pero no locas. Relatos de la vejez ante la justicia civil. Chile, 1857-1900", ", *Revista Historia y Justicia*, núm. 1, 2013.

120 Definida como una enfermedad nerviosa caracterizada por movimientos continuos, irregulares e involuntarios de un cierto número de órganos movidos por los músculos.

121 Wenceslao Hidalgo, *Medicina domestica...*, p. 324.

122 Eduvijis Casanova de Polanco, *Elementos de Economia Doméstica e Hijiene Casera*. Santiago, Imprenta de la Libreria del Mercurio, 1876, pp. 2-3.

Directora de la Escuela Superior de Valparaíso, las mujeres eran quienes debían construir "la felicidad de las familias i contribuir a aumentar la prosperidad de una nacion", lo que resultaba particularmente necesario de cautelar en ciertos grupos, por ejemplo en el de la proletaria, enfrentada a situaciones adversas. La paciencia, la dulzura y la templanza femeninas, atributos deseables y formables en las mujeres, debían ayudar a domesticar y controlar su capricho, su cólera y su humor irregular, para así asegurar su sanidad física, mental y moral, y por tanto, el buen gobierno del hogar y de la nación[123].

En un contexto en que tanto los comportamientos como las afecciones femeninas se explicaban en parte desde el "imperio" ejercido por los órganos reproductivos, administrados por el eje nervioso, la medicina profundizó la mirada inquisidora sobre los cuerpos femeninos y sus diversas etapas. El cuerpo de las mujeres fue visto como un primer sustrato en el cual leer su potencial patológico o higiénico. Como indicaba un tratado homeopático publicado en Valparaíso hacia 1883, la apreciación de su estado de salud consideraba revisar "el estado fisico y moral de la mujer; si es propensa a la tristeza, a la melancolia y al llanto; si es rubia o morena, gorda o delgada, rosada o pálida; si cria, y de qué tiempo; el estado de las mamas, si hai bastante leche o nó; si los pechos están bien desarrollados; si hai algunos nudos o tumores; si las venas de las piernas están hinchadas; si está embarazada, y de cuantos meses; de que enfermedades ha padecido antes, etc."[124].

La identificación de una sensibilidad femenina particular, que desordenaba e incidía su mandato de género, impulsó la circulación de los diversos cuidados que debían tener las mujeres para administrar y contener su "movilidad nerviosa"[125]. Como advertía tempranamente *El Museo de Ambas Américas*, precursor del movimiento literario de mediados del siglo XIX, las mujeres debían ser vigiladas desde la cuna, acompañadas en su pubertad, en su madurez y hasta en la vejez, por su "destino especial" y por "el papel que está llamada a representar en el mundo"[126]. Apoyado en traducciones francesas, advertía que el "retrato de la mujer nerviosa" constituía "un tipo de perfecta verdad", y que por tanto se hacía imperativo enseñarles los medios de prevenir y de comba-

[123] Eduvijis Casanova de Polanco, *Elementos de Economia Doméstica e Hijiene Casera*. Santiago, Imprenta de la Libreria del Mercurio, 1876, p. 8.

[124] Dr. Miller, *Tratado homeopático de las enfermedades de los niños y de las mujeres en cinta del parto y el puerperio: escrito espresamente para uso de las madres de familia*. Valparaíso, Imprenta y Librería Americana de Federico T. Lathrop, 1883.

[125] Mendiburu AM., "Memoria sobre el Sistema Nervioso-Ganglionar", AUCh, Santiago, 1848, p. 474.

[126] "Hijiene de las mujeres nerviosas", *El Museo de Ambas Américas*, tomo II, núm. 19, Valparaíso, Imprenta de M. Rivadeneira, 1842, pp. 286-287.

tir estas afecciones. Para ello no debía descartarse ningún detalle, y considerar los alimentos y las bebidas, los baños, las lociones y fricciones, los vestidos y los cosméticos, la vigilia y el sueño, el movimiento y el reposo, la gimnasia y el baile, y, finalmente, el influjo del trabajo intelectual y de las pasiones en la salud, como también los efectos de la música sobre la economía corporal[127].

Este consejo fue seguido con entusiasmo, al menos entre quienes pensaban el deber ser femenino. Numerosos escritos informaron sobre los peligros del ser mujer y los códigos de comportamiento que se debían seguir para mantener, desarrollar y optimizar su mandato de género. Los textos médicos se centraron en los modos de operación y reproducción de las enfermedades e intentaron determinar la carga patológica que arrastraban o capturaban[128]. En el caso de las mujeres, esta interpretación no solo abordó los efectos que las patologías tenían sobre en ellas, sino también las consecuencias en su descendencia, recordando el estrecho vínculo que se establecía entre lo femenino, la reproducción, la crianza y el bienestar de la familia. Así, dentro de estos procesos, la edad fértil de las mujeres fue considerada como un tiempo de gran agitación y cambio, y como un momento de mayor atención y vigilancia. Las embarazadas requerían de cuidados importantes, no solo por las transformaciones y exigencias físicas, sino también porque los estudios reconocían un aumento de su sensibilidad y una mayor disposición a desarrollar emociones morales que podían causar "accidentes funestos" en sus hijos y en ellas mismas[129]. Durante la preñez se consideraba que las mujeres estaban más expuestas a "accidentes o enfermedades", y particularmente, siguiendo al médico Wenceslao Hidalgo, a perturbaciones relacionadas con la digestión, la circulación, la respiración, los nervios y la locomoción[130]. El embarazo generaba en "las mujeres nerviosas y delicadas" vértigos, desvanecimientos y síncopes ante la causa más lijera"[131]. Predisponía a "la depravación del apetito, a la alteración de la vista, a los vértigos, desvanecimientos, síncopes, sorderas, perversión del carácter, antipatías inesplicables por personas queridas", también generaba "impaciencias, cóleras, manías, tristeza, morosidad, falta de ánimo i desesperación", llegando incluso

[127] "Hijiene de las mujeres nerviosas"..., pp. 286-287.

[128] R. Olby, "Constitutional and Hereditary Disorders", en W. Bynum y Roy Porter (eds). *Companion Encyclopedia of the History of Medicine I.* Routledge, London, 1993, pp. 412-437.

[129] Miller, *Tratado homeopático de las enfermedades...*, pp. 270-273.

[130] Wenceslao Hidalgo, *Medicina domestica de la infancia o sea consejos a las madres sobre el modo de criar, educar y curar a sus hijos por si mismas.* Santiago, Imprenta el Progreso, 1885, p. 14.

[131] Hidalgo, *Medicina domestica...*, p. 30.

a inspirar "a la mujer deseos de cometer acciones criminales i atentar contra sus propios hijos"[132].

Esta exposición impulsó sugerencias y reglas. El embarazo y el puerperio constituían etapas centrales para el desarrollo de mandatos y regulaciones tendientes a ordenar la experiencia femenina. Desde que se reconocía el estado de embarazo la ordenanza higiénica cambiaba. Se normaba el sexo, recomendándose "no abusar de las relaciones matrimoniales, porque el ejercicio repetido del coito puede provocar el aborto en las personas excitables i de temperamento nervioso". Si existían antecedentes de aborto se prohibía "en los primeros meses todo contacto con el marido, porque las excitaciones provocadas sobre la matriz por el coito i el eretismo nervioso que es su consecuencia, puede determinar el aborto en las personas predispuestas". Luego se lo permitía, "siempre que no se abuse" y en la etapa final se recomendaba que fuese "menos frecuente que en las anteriores"[133].

"La sensibilidad de las mujeres embarazadas" fue vista como una energía tan poderosa que se aconsejaba evitar "toda emoción violenta, agradable o desagradable" y alejar "todos los objetos que puedan impresionarlas vivamente, como son los espectáculos de animales feroces, los ejercicios jimnásticos, la vista de monstruos, las heridas graves, así como las historias de sucesos terribles y sangrientos"[134]. Se debía evitar todo aquello que pudiese "impresionarlas", porque toda impresión moral o física repercutiría en su descendencia. Una alteración moral podía afectar el "desarrollo del feto, en sus órganos en vía de formación, en la circulación de la sangre, infartos, conjestiones, etc., i en algunos casos la muerte del feto, el aborto o el parto prematuro[135]". Bajo estos parámetros se sugirió cuidar la asistencia al teatro, la participación en ciertas actividades sociales, el sumergirse en literatura abrumadora e iniciado el siglo XX, la asistencia libre al cinematógrafo. Durante el embarazo el sistema nervioso se consideraba "sobrexitado", y preocupaba la correlación que la ciencia estaba estableciendo respecto a las leyes de la herencia, la vinculación entre los caracteres de los padres y de sus hijos, y la importancia que tenían en esto tanto la etapa uterina como el periodo de crianza.

[132] Hidalgo, *Medicina domestica...*, p. 30. Véase también Francisco Llausás, "Indicasiones y contra-indicaciones de la sangría en las enfermedades propias de la preñez", *AUCh*, núm. 6, diciembre 1862, p. 534.

[133] Jacinto Ugarte, *Hijiene de la Infancia*. Santiago, Imprenta Gutemberg, 1887, p. 41.

[134] Miller, *Tratado homeopático de las enfermedades...*, p. 232.

[135] Jacinto Ugarte, *Hijiene de la Infancia*. Santiago, Imprenta Gutemberg, 1887, pp. 42-43.

Convertidas en madres, las mujeres inauguraban nuevos modos de sujeción, paralelo a la diversificación de su identidad. El higienista Alejandro del Río planteaba hacia 1901 que la mujer "desembarazada" no debía salir de casa antes de 20 a 25 días, por encontrarse su sistema nervioso "más escitable que de ordinario"[136]. También debía velar por la calidad de la lactancia conociendo la predisposición que los niños tenían hacia las convulsiones y la susceptibilidad de las mujeres de verse afectadas por algún fenómeno moral que interfiriera en el proceso de nutrición. Estas prescripciones afectaban también a las nodrizas. "Es un hecho probado que los niños que han tomado leche de una nodriza que ha tenido antes de dar de mamar, una viva emoción, ya sea de cólera, sentimiento de susto, lloran mucho después que maman i son atacados de cólicos, de diarreas i algunas veces de convulsiones. Ha habido casos en que, después de haber tenido una mujer un grande acceso de cólera, ha dado de mamar a un niño i este ha muerto mamando"[137]. Por esto, aseguraba Wenceslao Hidalgo "las personas nerviosas i particularmente las que sufren de histéricos, con convulsiones, epilepsias", no debían criar, porque por la leche podían transmitirse fácilmente estas enfermedades[138]. En caso que ocurriese algún suceso que causara una impresión viva y se sospechara que hubiese causado una alteración de la leche, se ordenaba extraer artificialmente esa leche y retomar la lactancia cuando hubiese regresado la tranquilidad del espíritu.

Más allá de la maternidad, la higiene normó otros aspectos de las mujeres. Ya el *Museo de Ambas Américas* informaba, tempranamente, de la tendencia de las mujeres a "sufrir" por la insalubridad del aire y de las viviendas "porque son mas sedentarias que los hombres"[139]. Pensadas como sujetos cuyo rango de desplazamiento estaba más acotado, las características del hogar y del espacio privado fueron consideradas particularmente relevantes para su desarrollo. La alusión a la pasividad femenina se proyectó en el tiempo. "La niña", explicaba el doctor Jacinto Ugarte hacia 1877, "por constitución i por temperamento, es jeneralmente poco inclinada a los ejercicios corporales activos, prefiriendo de ordinario la vida sedentaria"[140]. La vinculación de la "niña" con la inactividad

[136] Alejandro del Río, *Lecciones de higiene pública i privada (apuntes tomados por los alumnos)*, Santiago, Imprenta de El Consejo de Temperancia, 1901, p. 11.

[137] Alejandro del Río, *Lecciones de higiene pública i privada (apuntes tomados por los alumnos)*, Santiago, Imprenta de El Consejo de Temperancia, 1901, p.65.

[138] Wenceslao Hidalgo, *Medicina Doméstica de la Infancia o sea consejo a las Madres*, Santiago, Imprenta de la librería del Mercurio, 1877, p. 65.

[139] "Hijiene. Articulo Cuarto. Preceptos relativos a las habitaciones y al aire", El Museo de Ambas Américas, Tomo II, Núm. 17, Valparaíso, Imprenta de M. Rivadeneira, 1842, p. 190.

[140] Jacinto Ugarte, *Hijiene de la Infancia*, Santiago, Imprenta Gutemberg, 1887, pp. 339-340.

y con el hogar anticipaba el destino que se le tenía reservado, diferenciado del ofrecido al "niño". Además de sedentaria, "nerviosa por temperamento i dotada de una viva imajinacion, prefiere mas la amena charla con las compañeras, buscando en ella un halago para su espíritu entusiasta i soñador (...) Estas dos corrientes diversas, esas dos opuestas inclinaciones del hombre i de la mujer son palpables desde la mas tierna edad: el niño acariciando con ardor entre sus juguetes predilectos la huasca i el caballo i la niña sentándose a arrullar su muñeca i a vestirla con su caprichoso i mal desarrollado gusto, mecerla i hacerla dormir"[141].

A las jóvenes se les pedía cuidar su alimentación, alejándolas del té y café, y por supuesto del alcohol, dado que solo contribuían al desarrollo de su "excitabilidad nerviosa"[142]. Así como a las embarazadas se les recomendaba no participar de instancias sociales y recreativas que avivasen su temperamento, a las jóvenes también se les sugería seguir ciertos cuidados en el plano de la diversión. El baile debía practicarse con moderación, los horarios debían cumplirse a cabalidad, la sociabilidad seguía un mandato de género, que al igual que en otros ámbitos, tenía tono femenino.

La vestimenta también cumplía reglas. En términos de salud, Alejandro del Río enseñaba a sus alumnos que los tejidos debían cubrir en promedio un 80% de la superficie del cuerpo, sin considerar el sombrero. Si en los niños se acostumbraba a cubrir un 40% del cuerpo, con la edad esta proporción tendía a aumentar como reflejo del encubrimiento corporal que traía asociado el envejecimiento. Se entendía que la ropa cumplía un rol en la temperatura corporal, regulando el calor y el frío, y disminuyendo la necesidad de ingerir alimentos. Protegía contra la acción de los rayos solares, y administraba el intercambio entre la atmósfera y la piel. El exceso de ropa podía ser tan perjudicial como la falta de ella, dado que debía favorecer el desarrollo del cuerpo, sobre todo en la infancia. Si bien estas prácticas aludían a hombres y mujeres en general, tenían como base varios marcos ideológicos que hicieron necesario detenerse en la vestimenta femenina. Para ellas la ropa constituía un asunto particularmente complejo, derivado del peligro y las "exigencias caprichosas" de la moda. El corsé constituía el elemento que más claramente resumía estos peligros, siendo presentado como "una prenda de vestir importantísima en el bello sexo, i mui apta para enfermar"[143]. Si bien aportaba en dar soporte a la

[141] Jacinto Ugarte, *Hijiene de la Infancia*, Santiago, Imprenta Gutemberg, 1887, pp. 339-340.

[142] Bruner, p. 340…

[143] Alejandro del Río, *Lecciones de higiene pública i privada (apuntes tomados por los alumnos)*. Santiago, Imprenta de El Consejo de Temperancia, 1901, p. 76.

columna vertebral y "fijar otras prendas de vestir", "la comprensión excesiva de la cintura tiene inconveniente para las vísceras abdominales: el hígado sufre bastante, a tal punto que a veces está estrangulado" a los que se sumaban trastornos del estómago e intestino. Al corset –el cual se especificaba, no había que eliminarlo, sino reformarlo– se agregaban otros elementos peligrosos: las ligas, que favorecían las varices, dificultando la circulación venosa, y los zapatos, cuyo taco, no debía ser muy alto como el que usan algunas damas "que andan dificultosamente"[144]. Estas advertencias escondían bajo recursos biológicos un trasfondo moral, que se revelaba en algunos textos, ligado a una moral sexual que cuidaba y cautelaba la exhibición de los cuerpos femeninos.

La llegada de la vejez y la decrepitud, a partir de los 60 años, alteraba los preceptos de género. Los ancianos conformaban un grupo más homogéneo, en el que hombres y mujeres compartían ciertos mandatos. La masculinidad parecía feminizarse en la vejez, en tanto esta última se entendía como una etapa en la que se perdía "la resistencia a los agentes exteriores". Los viejos debían evitar las impresiones físicas o morales fuertes, dado que se volvían susceptibles e influenciables. Se volvían mujeres, pero mujeres desprovistas de la tarima que les ofrecía la función reproductiva y educativa, se volvían, por tanto, mujeres invisibles, ausentes de los debates profilácticos y los proyectos higiénicos[145].

Conclusión: mujeres como portadoras de la higiene

La voluntad reformadora de la medicina se expresó en Chile, particularmente en Santiago y en algunas ciudades principales[146]. El ocaso del siglo trajo consigo cambios en la forma de conceptualizar la higiene y de comprender la salud, que junto a la persistencia de varios preceptos humorales que interactuaron con los nuevos marcos explicativos de las patologías, contribuyeron a la mantención y creación de las reglas higiénicas femeninas. La creación del Instituto de Higiene y sus laboratorios empujó una red de intervención que abarcó desde la desinfección a la vacunación. El desarrollo de la salud pública y la efervescencia de la cuestión social empujaron a las tribunas a nuevos

144 Alejandro del Río, *Lecciones de higiene pública i privada (apuntes tomados por los alumnos)*. Santiago, Imprenta de El Consejo de Temperancia, 1901, p. 76.

145 Godofredo Bermudez, *Cartilla de higiene y profilaxis de las enfermedades contagiosas*. Valparaíso, Imprenta y litografía central de Antonio J. Escobar, 1897, p. 32.

146 César Leyton y Rafael Huertas, "Reforma urbana e higiene social en Santiago de Chile. La tecnoutopía liberal de Benjamín Vicuña Mackenna (1872-1875)", *Dynamis*, vol. 32, n° 1, 2012, pp. 22-44.

actores interesados en abordar la relación género e higiene y en reforzar los discursos modeladores del comportamiento femenino.

Desde la segunda mitad del siglo XIX mutuales y sociedades de socorros mutuos, y luego, a inicios del XX, médicos anarquistas y organizaciones obreras contribuyeron a proyectar un discurso médico fundado en la higiene social, en la que las mujeres jugaron un rol central como parte de los entes moralizadores destinados a vigilar, guiar y educar a los trabajadores de la nación[147]. Estos nuevos actores si bien diferían de los anteriores grupos que habían pensado lo femenino, se acercaban en el reconocimiento del aporte de la función femenina a la sociedad. Su aproximación ya no surgía meramente de un rescate de su calidad de madres y reproductoras de la nación, sino del reconocimiento de una maternidad social que las pensó como sujetos más activos, como educadoras, maestras, enfermeras o visitadoras, entre otras. Esta aproximación fue compartida, con variantes, por otros grupos, entre ellos, señoras de las élites y profesionales impulsoras de las primeras oleadas de feminismo, interesadas en la ampliación de los derechos y responsabilidades civiles de las mujeres.

Lo interesante de este periodo es que, si bien la apreciación de las mujeres desde su biología persistió, comenzaron a ser consideradas, bajo el paradigma enunciado, como protagonistas de su propio desarrollo. El discurso higienista de inicios del siglo XX insistió en la importancia de la instrucción femenina, no solo por los problemas que su ausencia generaba, sino porque se perdía la oportunidad de que las mujeres jugaran un papel relevante en el desarrollo de la higiene de la nación. El reconocimiento de las mujeres como sostenedoras de la salud del hogar, más su gradual conceptualización como sujetos de derecho, colaboró en la construcción de un modelo de domesticidad asociado a las necesidades de la sociedad liberal y burguesa, urbana e industrial, en el que las mujeres sumaron nuevos desafíos, pero continuaron siendo custodiadas y definidas desde los preceptos heredados del XIX[148]. Estas últimas se transformaron en portadoras de la higiene, no solo encarnadas en figuras icónicas

[147] "El 'entre' de la diferenciación sexual y la division del trabajo: el programa medico de la hoja sanitaria de la IWW en Chile. 1924-1927" en Óscar Gallo y Eugenio Castaño, *La salud laboral en el siglo XX y el XXI. De la negación al derecho a la salud y a la enfermedad*, Escuela Nacional Sindical, Medellín, 2016, pp. 101-140. Véase también Andrea Kottow, "Cuerpo, espacio y deseo en la Hoja Sanitaria: una lectura desde la domesticación de la libido", *Revista de Humanidades,* núm. 33, enero-junio, 2016, pp. 257-265.

[148] Manuel Durán, "Medicalización y disciplinamiento. La construcción higienista del espacio femenino, 1850-1920", *Nomadías*, 2009. Sobre domesticidad véase de los trabajos Mary Nash para el contexto español, entre otras, "Identidad cultural de género, discurso de la domesticidad y la definición del trabajo de las mujeres en la España del siglo XIX", Georges Duby y Michelle Perrot (dir.), *Historia de las mujeres en Occidente*, vol. 4, 1993, pp. 585-598.

como la doctora Eloísa Díaz, que se desempeñó activamente aportando a la circulación de la retórica higiénica –orientada tanto a las mujeres como a los hombres–, sino también como rectoras del hogar. La feminización del oficio de enfermería y el surgimiento de las primeras médicas reforzarían esta visión, en tanto la profesionalización de las mujeres se levantaría desde su vinculación con la asistencia y el cuidado, responsabilidad que se mantendría a lo largo del siglo y que las definía en su espacio privado[149].

Para inicios del siglo XX la higiene pasó de ser un arte orientado a la conservación de la salud, a un área de la medicina enfocada en la salud pública y en el cuidado del ciudadano bajo el empuje estatal que alcanzó una amplia presencia en la sociedad. En este proceso la higiene, como idea y práctica, persistió en los hogares urbanos, pese a su profesionalización y academización, contribuyendo a la transformación del espacio doméstico y a la promoción de la familia. La conceptualización de las mujeres desde su biología "impresionable" empujó su educación higiénica, transformándolas en una pieza clave para la difusión de estos principios profilácticos dentro y fuera del hogar, pero siempre desde su conexión con lo doméstico. Este reconocimiento apoyó posteriormente la conformación de nuevas identidades urbanas, modernas y profesionales, vinculadas al cuidado y a la asistencia, en coherencia con el rol que la higiene le entregó desde mediados del siglo XIX.

Fuentes primarias

ALLENDE PADÍN RAFAEL. *De la hijiene en jeneral,* Valparaíso, Imp. de la Patria, 1873/1874.

BERMÚDEZ GODOFREDO. *Cartilla de higiene y profilaxis de las enfermedades contagiosas*, Valparaíso, Imprenta y litografía central de Antonio J. Escobar, 1897.

BRUNER JUAN. "Fragmentos de una higiene pública de Santiago", *Anales Universidad de Chile*, 1857, pp. 291-345.

CASANOVA DE POLANCO EDUVIJIS. *Elementos de Economia Doméstica e Hijiene Casera*, Santiago, Imprenta de la Libreria del Mercurio, 1876.

DÁVILA RICARDO. *Hijiene Pública en Chile,* Santiago: Imprenta Cervantes, 1908, s/p.

DEL RÍO ALEJANDRO. *Lecciones de higiene pública i privada (apuntes tomados por los alumnos)*, Santiago, Imprenta de El Consejo de Temperancia, 1901.

DR. MILLER, *Tratado homeopático de las enfermedades de los niños y de las mujeres en cinta del parto y el puerperio: escrito espresamente para uso de las madres de familia*, Valparaíso, Impr. y Libr. Americana de Federico T. Lathrop, 1883.

149 "Al cuidado femenino. Mujeres y profesiones sanitarias, Chile, 1889-1950", Ana María Stuven y Joaquín Fermandois, *Historia de las Mujeres en Chile, tomo 2*, pp. 119-155.

HIDALGO WENCESLAO. *Medicina domestica de la infancia o sea consejos a las madres sobre el modo de criar, educar y curar a sus hijos por si mismas*, Santiago, Imprenta El Progreso, 1885.

HIDALGO WENCESLAO. *Medicina Doméstica de la Infancia o sea consejo a las madres*, Santiago, Imprenta de la librería del Mercurio, 1877.

MANUAL de la Salud, Valparaíso, Librerías del Mercurio, 1876.

MENDIBURU A.M. "Memoria sobre el Sistema Nervioso-Ganglionar", *Anales Universidad de Chile*, Santiago, 1848.

MIQUEL JUAN. *Catecismo Hijiénico o Arte de Conservar la Salud, Prolongar la vida I prevenir las enfermedades. Adaptado al clima, temperamento, usos I costumbres de Chile*, Santiago, Imprenta del Ferrocarril, 1859.

NOGUERA J. "Del elemento nervioso de que se sirve la naturaleza como de una condicion primera para la produccion de la vida en todos los seres", AUCh, Santiago, 1849.

OLBY R. "Constitutional and Hereditary Disorders", en W. Bynum y Roy Porter (eds). *Companion Encyclopedia of the History of Medicine I*, Routledge, London, 1993, pp. 412-437.

SEMIR MIGUEL. "Apuntes para la historia de la enseñanza médica en Chile, AUCh, núm. 8, Agosto 1860.

SIN AUTOR, "Hijiene. Articulo Cuarto. Preceptos relativos a las habitaciones y al aire", El Museo de Ambas Américas, Tomo II, Num. 17, Valparaíso, Imprenta de M. Rivadeneira, 1842.

TOCORNAL FRANCISCO JAVIER. "Medicina. Relacion médica de lo sucedido en el templo de la Compañía el 8 de diciembre de 1863", AUCh, tomo II 1864.

UGARTE JACINTO. *Hijiene de la Infancia*, Santiago, Imprenta Gutemberg, 1887.

Bibliografía

AGUILERA JOSÉ MARÍA, "Limpieza y poder en la Habana colonial", *European Review of Latin American and Caribbean Studies* 87, October 2009, pp. 47-62.

ARAYA CLAUDIA, "Mujeres, médicos y enfermedad mental en la segunda mitad del siglo XIX", en Ana María Stuven y Joaquín Fermandois, *Historia de las Mujeres en Chile*, tomo I, Santiago, Taurus, 2010, pp. 427-454.

ARMUS DIEGO, *La ciudad impura. Salud, tuberculosis y cultura en Buenos Aires, 1870-1950*, Buenos Aires, Edhasa, 2007, p. 33.

BOWLER PETER J. y MORUS IWAN RHYS, *Making Modern Science. A Historical Survey*, Chicago, The University of Chicago Press, 2005, 487-509.

CHAKRABARTI PRATIK, *Medicine and Empire, 1600-1960* (Basingstoke, 2014).

CORREA MARÍA JOSÉ, "Ancianas y decrépitas, pero no locas. Relatos de la vejez ante la justicia civil. Chile, 1857-1900", Dossier "Ficción, archivo y narrativas judiciales", *Revista Historia y Justicia*, Número 1, 2013.

Correa María José, "Exceso Nervioso, Locura y Ciencia Médica en Chile urbano (1840-1860)", *Anales de Historia de la Medicina*, Vol. 18 (2) noviembre, 2008, pp. 151-167.

Costa Claudio, "Antecedentes de la prensa médica chilena", *Anales Chilenos de Historia de la Medicina*, año 3, 1961, pp. 19-206.

Cruz Nicolás, "Los Anales de la Universidad de Chile y la salud de los chilenos en el siglo xix", en Rafael Sagredo (ed.), *Anales de la Universidad de Chile. Selección de textos medicos 1857-1887*, Santiago, dibam, 2011, pp. 8-52.

Di Liscia Maria Silvia, "Mujeres, familia y salud en Argentina y Chile", en Isabel Morat (dir.), *Historia de las Mujeres en España y América Latina III*, Madrid, Cátedra, 2006, pp. 765- 795.

Duprey Marlene, "Los discursos de higiene y el cuerpo femenino como metáfora de ingobernabilidad (Puerto Rico, finales del siglo xix), *Arenal*, 14:1, enero-junio 2007, 59-78.

Durán Manuel, "Género, poder y representaciones culturales: Discursos e imágenes sobre el cuerpo femenino en las teorías científicas e higienistas: Chile siglos xix-xx" en Germán Cossio (ed.), *Prácticas culturales, discursos y poder en América Latina,* Santiago, Universidad de Chile, 2009.

Durán Manuel, "Medicalización y disciplinamiento. La construcción higienista del espacio femenino, 1850-1920", *Nomadías*, 2009.

Fuster Nicolás, *El cuerpo como máquina: La medicalización de la fuerza de trabajo en Chile*, Ceibo Ediciones, 2013.

Golinski Jan, "The Care of the Self and the Masculine Birth of Science", *History of Science,* 40 (2002), pp. 125-145.

Gould Stephen Jay, *La falsa medida del hombre*, Barcelona, Crítica, 1997.

Kottow Andrea, "Cuerpo, espacio y deseo en la Hoja Sanitaria: una lectura desde la domesticación de la libido", *Revista de Humanidades,* núm. 33, enero-junio, 2016, pp. 257-265.

Leyton César y Huertas Rafael, "Reforma urbana e higiene social en Santiago de Chile. La tecnoutopía liberal de Benjamín Vicuña Mackenna (1872-1875)", *Dynamis*, vol. 32, nº 1, 2012, pp. 22-44.

Livingstone David, Tropical Climate and Moral Hygiene: The Anatomy of a Victorian Debate, *The British Journal for the History of Science*, vol. 32, nº 1 (Mar. 1999) pp. 93-110.

Micale Mark, "On the 'Disappearance' of Hysteria. A study in the Clinical Deconstruction of a Diagnosis", *Isis*, vol. 84, num. 3 (Sep., 1993), 496-526.

Moscoso Pedro, "El 'entre' de la diferenciación sexual y la division del trabajo: el programa medico de la hoja sanitaria de la iww en Chile. 1924-1927" en Óscar Gallo y Eugenio Castaño, *La salud laboral en el siglo XX y el XXI. De la negación al derecho a la salud y a la enfermedad*, Escuela Nacional Sindical, Medellín, 2016, pp. 101-140.

Palmer Steven y Agostini Claudia, "Introduction: Landscapes of Latin American Health, 1870-1970", *Canadian Journal of Latin American and Caribbean Studies*, Vol. 35, N° 69, pp. 5-18.

Ponce de León Macarena, *Gobernar la pobreza. Prácticas de Caridad y beneficencia en la ciudad de Santiago, 1830-1890*, Santiago, dibam, 2011.

Romero José Luis, *Latinoamérica: las ciudades y las ideas*, Buenos Aires, Editorial Siglo xxi, 2001.

Smith-Rosenberg Carroll, "The Hysterical Woman: Sex Roles and Role Conflict in Nineteenth-Century America," *Social Research 39* (1972), pp. 652-678.

Smith-Rosenberg Carroll, *The Female Malady: Women, Madness, and English Culture, 1830-1980* (New York, 1987).

Veneros Diana, "Aspectos médicos, legales y culturales tras el trabajo industrial de obreros y obreras en un contexto de modernización. Chile (1900-1930)", *Historia Crítica*, enero-abril 2012, n° 46, pp. 132-153.

Vigarello Georges, *Lo sano y lo malsano. Historia de las prácticas de la salud desde la Edad Media hasta nuestros días,* Madrid: Abada Editores, 2006.

Wakild Emily, "Naturalizing Modernity: Urban Parks, Public Gardens and Drainage Projects in Porfirian Mexico City", *Mexican Studies/Estudios Mexicanos*, Vol. 23, No. 1 (Winter 2007), pp. 101-123.

Zárate María Soledad y Godoy Lorena, "Madres y niños en las políticas del Servicio Nacional de Salud de Chile (1952-1964)", *História, Ciências, Saúde-Manguinhos,* 2011, v.18, p. 131-151.

Zárate María Soledad, "Al cuidado femenino. Mujeres y profesiones sanitarias, Chile, 1889-1950", Ana María Stuven y Joaquín Fermandois, *Historia de las Mujeres en Chile, tomo 2*, pp. 119-155.

Zárate Soledad (Ed.), *Por la salud del cuerpo: historia y políticas sanitarias en Chile*, Santiago, Universidad Alberto Hurtado, 2011.

4. Irrumpir en la prensa y pronunciarse sobre temas científicos: El doble desafío de las primeras difusoras de la ciencia en Chile (1870-1900)[150]

Verónica Ramírez Errázuriz

Introducción

A partir de la década de los años 1870 un grupo de mujeres comenzó a desempeñar un rol destacado en la prensa chilena. Durante esos años algunas intelectuales se convirtieron en gestoras de proyectos periodísticos de importancia, como fueron los casos de Rosario Orrego[151], quien dirigió la *Revista de Valparaíso* entre 1873 y 1874, y de Lucrecia Undurraga,[152] fundadora de *La Mujer* en 1877. Desde entonces se conformó una red de mujeres ilustradas de diversas regiones del país y tendencias políticas, que participaron activamente en medios escritos, ejerciendo como traductoras, redactoras y editoras. Fue en esta misma época y contexto que algunas de ellas comenzaron a pronunciarse sobre asuntos científicos,[153] especialmente en revistas culturales y en periódicos liderados por mujeres.

Antes de este periodo, las mujeres que participaron en la prensa chilena lo hicieron publicando principalmente obras literarias, sobre todo poemas, como fue el caso de Mercedes Marín y Carmen Arriagada. Los textos de opinión,

150 Este capítulo fue desarrollado en el marco del proyecto FONDECYT Iniciación N° 11220008. "Leer y escribir la ciencia: traductoras, redactoras, editoras y lectoras del saber científico en la prensa chilena (1865-1929)".

151 Rosario Orrego fue la primera novelista y académica chilena. Además se le reconoce como la primera mujer en dirigir un periódico en nuestro país (*Revista de Valparaíso*, 1873-1874). Verónica Ramírez, Manuel Romo y Carla Ulloa, *Antología crítica de mujeres en la prensa del siglo XIX*. Santiago: Cuarto Propio, 2017, 112; Véase más información sobre su vida en: Joyce Contreras, Damaris Landeros y Carla Ulloa, *Escritoras chilenas del siglo XIX: su incursión pionera en la esfera pública y el campo cultural*. Santiago: RIL Editores, 2017.

152 Lucrecia Undurraga del Solar (1841-1901) ensayista y editora. Luego de residir en Illapel y enviudar se estableció en Santiago, donde fundó y dirigió el periódico *La Mujer* durante el año 1877. De tendencia liberal, fue partidaria de José Manuel Balmaceda. Fue miembro, junto a Rosario Orrego, de la Academia de Bellas Letras. Ramírez, Romo y Ulloa, *Antología crítica de mujeres*, 173. Véase más detalles sobre su biografía en: Verónica Ramírez y Carla Ulloa, *La Mujer (1877): el primer periódico de mujeres en Chile*. Santiago: Cuarto Propio, 2018.

153 Ramírez, Romo y Ulloa, *Antología crítica de mujeres*, 59; Verónica Ramírez, "Ciencia y mujer: aproximación a un estudio del rol de las primeras divulgadoras de la ciencia en Chile", *Cuadernos de Historia Cultural 5* (2016): 77-106.

tales como columnas o ensayos, son prácticamente nulos antes de 1870. Desde dicha década, en cambio, las mujeres comenzaron a publicar con su nombre de manera sostenida, expresándose en distintos géneros y sobre diferentes temas. Esta irrupción en la prensa, en particular, así como la apertura hacia el espacio público, en general, fueron procesos propiciados por las mismas mujeres a partir de esos años, los cuales se vincularon a su exigencia de educación científica y profesional para las mujeres. Esto último nos permite sostener la tesis de que el ingreso de las chilenas al campo periodístico trazó el camino de ellas hacia el mundo científico[154].

El periodo descrito coincide, como decíamos, con el inicio del proceso de exigencia y adquisición de derechos educacionales para las mujeres en Chile, tales como la aprobación de su ingreso a la universidad en 1877, la graduación de las primeras profesionales en áreas científicas en 1886 y la fundación de liceos públicos para niñas en la última década del siglo XIX[155]. Para conseguir estos avances en materia educativa las mujeres en nuestro país se manifestaron persistentemente en la prensa, apelando a las autoridades, haciendo reflexionar a la sociedad y comunicando asuntos científicos, rol este último que las ayudó a demostrar que ellas sí podían ejercer en esta área.

Las chilenas, en consecuencia, accedieron al mundo científico gracias a la prensa, y viceversa, irrumpieron en la prensa debido a la ciencia. Dicho en otros términos, accedieron al campo científico en Chile a través del despliegue comunicacional protagonizado por ellas en la prensa; y a su vez, irrumpieron en el periodismo motivadas por su convicción de que debían participar en el campo científico. Estos dos fenómenos se producen de manera simultánea, siendo uno el aliciente del otro.

La participación de las chilenas en el espacio público fue propuesta en la década de 1840 por Juan Nepomuceno Espejo, quien defendió en *El Siglo* que las mujeres eran útiles en la comunidad civil, por lo que ellas deberían participar en la esfera pública de acuerdo con sus roles de hija, esposa y madre[156]. En su propuesta incluía como elemento central la educación femenina, pero comprendiendo a las mujeres solo como transmisoras de valores, tal como en-

[154] Ramírez, Romo y Ulloa, *Antología crítica de mujeres*, 59.

[155] En 1877 el Ministro de Instrucción Pública, Miguel Luis Amunátegui, firmó el decreto que autorizaba la validación de exámenes de alumnas de enseñanza secundaria. En 1886 se graduó la primera mujer de la Universidad de Chile, doña Eloísa Díaz, obteniendo el título de Médico-Cirujano. En 1891 se fundó el primer liceo femenino estatal en Valparaíso.

[156] Juan Nepomuceno Espejo: «Contestación al corresponsal de la *Revista Católica*». En *El Siglo*, N° 26, Santiago, 5 de mayo de 1844.

fatiza Stuven[157]. La perspectiva laica y liberal que Espejo y otros intelectuales defendieron, apoyaba la educación científica de las mujeres oponiéndose a la visión de la Iglesia, que la desaprobaba, pero ambas perspectivas compartían el hecho de relegar a las mujeres y sus derechos civiles a un segundo plano, para centrarse en la discusión de las incompatibilidades entre religión y filosofía. En este contexto se fundaron algunas instituciones educacionales femeninas, dirigidas tanto por la Iglesia como por el Estado, tales como los colegios del Sagrado Corazón en la década de los años 1850 y la Escuela Normal de Preceptoras, fundada en 1854; asimismo, en 1860 se dictó la Ley Orgánica de Instrucción Primaria, que posibilitó la educación gratuita para ambos sexos. En la década siguiente se fundaron establecimientos secundarios femeninos privados[158] y en 1877 se les abrió las puertas de la Universidad de Chile. Estos pasos fueron contribuyendo paulatinamente a la alfabetización de las mujeres, aunque es evidente que este proceso no se produjo de manera transversal en la sociedad, y que en un comienzo solo se materializó en sectores privilegiados, situación que se fundamenta en hechos tales como que recién en la última década del siglo XIX se fundaron liceos públicos femeninos. En el censo de 1875 se registró que en una población de dos millones de personas, solo 176.162 mujeres –es decir, una de cada cinco aproximadamente– sabía leer y escribir[159]. Es probable que la lectura y escritura en la prensa de parte de ellas, problema que nos interesa en este trabajo, fuese en aumento en esos años en la medida en que fue creciendo el número de mujeres instruidas, pero es muy complejo determinar cuántas efectivamente leían prensa en la década de los años 1870. La dificultad para precisar lo anterior se debe a muchos factores; entre ellos, que las prácticas de lectura, como expone Graciela Batticuore, pudieron ser muy variadas. Hay fuentes que revelan que mujeres y hombres letrados leían y comentaban periódicos a otros, lo que complejiza el análisis[160]. Posiblemente son los mismos periódicos los que entregan información más concreta al respecto. Su revisión permite registrar, por ejemplo, las firmas de mujeres en sus páginas, demostrando que durante los primeros años de la República fue totalmente excepcional la colaboración de escritoras en periódicos, los que eran siempre editados y dirigidos por varones, pero que irá cambiando a partir de

157 Ana María Stuven, *Historia de las mujeres en Chile*, Tomo 1. Santiago: Taurus, 2010, p. 267.

158 Los colegios privados de educación primaria femenina, en cambio, ya existían desde los primeros años de la República.

159 Quinto Censo General de la Población de Chile: levantado el 19 de abril de 1875, Valparaíso, Imprenta del Mercurio, 1876, p. 43.

160 Gabriela Batticuore, *Lectoras del siglo XIX: Imaginarios y prácticas en la Argentina*. Buenos Aires, Ampersand, 2017, p. 19.

la década de los años 1860 en adelante, cuando la participación femenina en la prensa se irá ampliando, llegando ellas incluso a fundar y dirigir periódicos y revistas. La lectura de parte de mujeres es evidente en proyectos periodísticos liderados por ellas, y estos no fueron pocos. Tal como expone Claudia Montero, entre 1865 y 1899 se ha podido rastrear diecisiete proyectos periodísticos de mujeres en el país,[161] aumentando el número de ellos en cada década del periodo, por lo que podríamos inferir que el número de lectoras, tanto de estos proyectos como de otras publicaciones, también fue en aumento. El hecho de que comenzaran a tener sus propios periódicos no significó que algunas de ellas dejaran de colaborar en ciertas publicaciones dirigidas por varones, ya que su participación en estos también fue en aumento desde de la década de los años 1870. Fue dentro de este proceso que las mujeres comenzaron a leer y escribir sobre asuntos científicos en la prensa chilena.

Como ya hemos precisado, las mujeres a que aludimos fueron de la clase más acomodada, por lo que pudieron acceder a círculos culturales, intelectuales y políticos con mayor facilidad. Su rango etario, sin embargo, es variado, ya que escriben y publican mujeres de edad madura –como Rosario Orrego y Lucrecia Undurraga–, así como jóvenes que recién se inician en el campo cultural –como las hijas de Orrego, Ángela y Regina Uribe–. La ubicación geográfica de estas mujeres también fue diversa, sus firmas señalan múltiples regiones del país, concentrándose en Santiago, Valparaíso y Copiapó, localidades que contaban con élites liberales de mayor número.

La escritura de las primeras mujeres que escribieron sobre ciencia dialogaba con discursos científicos y extracientíficos del contexto nacional e internacional. Por una parte, la convicción de que el progreso se conseguiría mediante la instrucción y difusión del saber científico era un pensamiento sumamente posicionado y arraigado al positivismo, que se instaló con fuerza en nuestro país durante el periodo finisecular y las celebraciones del Centenario[162]. Esta manera de pensar justificaba, por una parte, la necesidad de traducir y difundir trabajos de científicos destacados con un lenguaje más sencillo y cercano al público lego; y por otra, alimentaba la discusión sobre la educación científica de la mujer para ampliar de este modo la ilustración y alfabetismo de la sociedad. La educación científica de las mujeres venía presentándose como temática recurrente en la prensa nacional desde la fundación de la Universidad de

[161] Claudia Montero, "Y también hicieron periódicos: Cien años de prensa de mujeres en Chile 1850-1950". Santiago: Hueders, 2018, p. 32.

[162] Bernardo Subercaseaux, y de la cultura en Chile. Santiago: Universitaria, 2004, p. 104; Bárbara Silva, *Identidad y nación entre dos siglos. Patria Vieja, Centenario y Bicentenario.* Santiago: LOM, 2008.

Chile en 1842[163], pero desde la década de los años 1870 sus portavoces principales fueron las mismas mujeres. Debe añadirse a lo anterior la existencia de una tendencia general, de parte de la sociedad, a cuestionar y exigir respuestas sobre temas científicos a través de la prensa desde las últimas décadas del siglo XIX, lo que puede relacionarse tanto con la fuerte esperanza depositada en los avances científicos y tecnológicos para lograr el anhelado progreso, como con la popularidad y éxito de prácticas pseudocientíficas o de ciencias ocultas que se habían instalado durante la época, viniendo a desafiar al conocimiento científico institucional y "oficial"[164]. Que las mujeres comenzaran a comunicar el conocimiento en Chile, por lo demás, puede relacionarse con las ideas de Arago y Comte, entre otros científicos europeos, que creyeron que a través de la popularización de la ciencia se conseguiría una mayor emancipación política y una progresiva democratización de la sociedad[165].

Revista de Valparaíso (1873-1874) fue el primer proyecto periodístico chileno dirigido por una mujer. Este primer caso no fue una publicación dedicada solo a mujeres, sino que apuntaba a lectores heterogéneos, incorporando colaboraciones de ambos sexos. Entre sus objetivos contempló la difusión científica. La publicación se subtituló: "Periódico quincenal de Literatura, Artes y Ciencias", y nació "con la intención explícita de hacer periodismo, de recibir material con una visión más amplia, seleccionando con cierto criterio, pero sin perder el objetivo de comunicar y contribuir con la transmisión fidedigna del conocimiento"[166]. En el prospecto del primer número su directora (Rosario Orrego) señaló que sus páginas se mantendrían en el plano "donde el estudio presenta el fruto de sus investigaciones"[167]. Esta información, tal como señala Claudia Montero, permite clasificar a esta publicación dentro del grupo de las revistas de la segunda mitad del siglo XIX en nuestro país, que "asumieron la tarea de instruir y difundir conocimientos científicos, en una opción por cultivar lectores modernos y civilizados"[168].

[163] Stuven, *Historia de las mujeres*, p. 344.

[164] Yerko Muñoz, ¡Vuelven los muertos!: espiritismo y espiritistas en Chile (1880-1920), Tesis de grado. Santiago: Universidad de Chile, Facultad de Filosofía y Humanidades, Departamento de Ciencias Históricas, 2012, p. 82.

[165] Agustí Nieto-Galan, *Los públicos de la ciencia. Expertos y profanos a través de la historia*. Madrid: Marcial Pons Ediciones, 2011, p. 149.

[166] Ramírez, "Ciencia y mujer", p. 78.

[167] *Revista de Valparaíso*, 1873, p. 3.

[168] Claudia Montero, "Trocar agujas por la pluma: las pioneras de la prensa de y para mujeres en Chile, 1860-1890", *Revista Meridional* 7 (2016): pp. 55-81.

La difusión científica realizada en *Revista de Valparaíso* consistió no solo en la transmisión de conocimiento hacia un público lego mediante la traducción de trabajos de expertos, sino que este proyecto también se enfocó en poner en entredicho el discurso del *establishment* científico, sobre todo desde la perspectiva que defiende la inclusión de las mujeres en el campo de la ciencia. Este cuestionamiento presente en *Revista de Valparaíso* se mantuvo durante las siguientes décadas del siglo XIX en otros proyectos periodísticos, siendo algunos de ellos liderados y destinados por y para mujeres, tales como *La Mujer* (1877) y *La Mujer* de Curicó (1897), y otros no necesariamente clasificables dentro de ese grupo, tales como *La Brisa de Chile* (1875-1876), *La Revista del Progreso* (1888 y 1889), *Biblioteca Republicana* (1894) y *La Revista de Chile* (1898-1899), que estuvieron dedicadas a un público más heterogéneo. En este capítulo se revisarán las principales características del proceso recién descrito, centrándonos especialmente en el rol de las primeras comunicadoras de la ciencia en Chile en periódicos y revistas de las últimas tres décadas del siglo XIX. Se profundizará en las estrategias que emplearon para escribir sobre asuntos científicos en un contexto sociocultural que las vetaba a manifestarse sobre ello. También se analizará su rol mediador en la circulación del saber científico a través de su participación en la prensa. Finalmente se revisará la actitud desafiante de aquellas hacia el *establishment* científico.

Ser mujer y escribir ciencia en el siglo XIX: más allá del romanticismo y positivismo

Quienes ejercían el rol de difundir la ciencia en el siglo XIX, en términos generales, tendieron a ubicarse en una posición de denuncia respecto a la élite científica. Tal como señala Nieto-Galan:

En Francia, la creación del *Cercle de la presse scientifique*, en 1856, marcó un punto de inflexión. Considerada como una institución profesional pionera del periodismo científico, denunciaba en el núcleo de su discurso fundacional a la supuesta aristocracia intelectual de la ciencia académica, mientras proclamaba el deseo de esos nuevos divulgadores profesionales de actuar con independencia de la misma[169].

Años antes, el astrónomo francés Francois Arago abrió el Observatorio Astronómico de París a toda la comunidad y especialmente a la prensa; luego,

[169] Nieto-Galan, *Los públicos de la ciencia*, p. 148.

como director de la Academia de la Ciencia, se negó a cerrar sus puertas durante las sesiones, permitiendo la entrada a todo público. Esta actitud le trajo no pocos enfrentamientos con sus colegas más ortodoxos, que veían peligrosa la simplificación del conocimiento en la que podían caer los difusores. Comte es otro ejemplo similar, tanto este último, como Arago, ejercieron una *ciencia militante*, que buscaba promover la democratización de la sociedad[170].

A lo largo del siglo XIX surgieron en Latinoamérica "mensajeros de la ciencia que, con sus actividades comunicativas, favorecieron la creación y consolidación de un espacio público para la ciencia en esa región cultural".[171] Entre los instrumentos que utilizaron esos "mensajeros" se encontraron la prensa, el asociacionismo científico, creación de instituciones educativas, fundación de museos de historia natural y la participación de exposiciones universales, pero de todos ellos debería considerarse a los medios impresos –por su carácter portátil y fácil desplazamiento por el espacio– como los que tuvieron mayor impacto en la generación de un interés social por el desenvolvimiento científico-técnico[172]. A principios del siglo XIX un puñado de intelectuales de distintas regiones de América Latina comenzó a utilizar la prensa, e incluso fundaron medios escritos, para aculturar científicamente a las sociedades locales. Francisco José de Caldas (Colombia), Andrés Bello (Venezuela/Chile), Hipólito Unanue (Perú) y Manuel Belgrano (Argentina) se preocuparon de transmitir contenido científico útil y posible de aplicar en las realidades locales, a través de las páginas de los proyectos periodísticos que lideraron, conformando entre ellos una red que propició el intercambio de conocimientos científicos.

En Chile, desde los primeros años de la república, distintos intelectuales propusieron la importancia de acercar el conocimiento a los públicos legos y la necesidad de encontrar una manera apropiada y efectiva para difundir la ciencia a la sociedad naciente. Andrés Bello, José Victorino Lastarria y Benjamín Vicuña Mackenna, entre otros intelectuales del siglo XIX, contribuyeron con la difusión del conocimiento científico, traduciendo y escribiendo obras especialmente pensadas para transmitir en un lenguaje familiar los conceptos técnicos y científicos[173]. Durante la segunda mitad del siglo, apareció un

[170] Nieto-Galan, *Los públicos de la ciencia*, 149.

[171] Leoncio López-Ocón, "La formación de un espacio público para la ciencia en América Latina durante el siglo XIX", *Asclepio 50, 2* (1998): 205-225, 207.

[172] López-Ocón, "La formación de un espacio público", 207-208.

[173] Véanse: Verónica Ramírez y Patricio Leyton, "Andrés Bello y la difusión de la astronomía: educación y retórica científica", *Asclepio. Revista de Historia de la Medicina y de la Ciencia 69* (2017): 198-212; Verónica Ramírez, "Retórica científica de Andrés Bello: Hacia una 'nacionalización' de la ciencia en su *Cosmografía* de 1848", *Llull Revista de la Sociedad Española de las Ciencias y de las Técnicas 85*

sinnúmero de proyectos periodísticos que incluyeron dentro de su quehacer editorial la traducción y difusión de artículos sobre asuntos científicos. Junto con esto, poco a poco empezó a generarse una situación más propicia para la circulación y adquisición de libros provenientes del extranjero, especialmente desde Europa. Durante este periodo surgieron también las publicaciones que comunicaban los trabajos asociados a instituciones científicas conformadas dentro de Chile, tales como el Instituto de Ingenieros (1888) y la Sociedad Científica de Chile (1891), a los que debe sumarse los *Anales de la Universidad de Chile*. No obstante, tal como afirma Rafael Benguria, "a pesar que hacia fines del siglo XIX el interés por la ciencia había crecido y Chile se interesaba cada vez más por lo que acontecía en distintas disciplinas en Europa y EE.UU., las universidades chilenas de esa época eran principalmente instituciones docentes"[174], y por consiguiente, no centraban sus energías en la difusión científica. Este mismo comportamiento puede extenderse a otras instituciones del país, cuyo programa divulgativo también era deficiente, como fue el caso del Observatorio Astronómico Nacional durante la segunda mitad del siglo XIX.[175]

Basándonos en este contexto, se podría inferir que las mujeres afectadas por la exclusión al conocimiento congeniarían con una imagen de la ciencia más heterodoxa. Así, su escritura sobre asuntos científicos solidarizó con la de aquellos escritores que también fusionaron en aquella época elementos científicos con ideas esotéricas o datos empíricos con mitos populares. En la prensa del periodo puede observarse que diversos escritores varones, legos en el campo científico, practicaron estos cruces de saberes constantemente. Las mujeres chilenas al comenzar a pronunciarse sobre ciencia, también fluctuaron entre ambas concepciones, es decir, entre una ciencia más ortodoxa y otra más heterodoxa o entre la llamada ciencia material y las ciencias ocultas, que, por lo demás, responde a la definición con la que se concebía a la ciencia en aquel periodo, como lo ha explicado Soledad Quereilhac[176].

Lo anterior puede revisarse a través de algunas publicaciones de *Revista de Valparaíso* de 1873 y 1874 que, como ya decíamos, fue el primer proyecto periodístico chileno en ser dirigido por una mujer. Su directora, Rosario Orrego,

---

(2018): 95-112; Verónica Ramírez y Patricio Leyton, "José Victorino Lastarria: astronomía científica, literaria y social", *Revista Dynamis 38* (2019).

174 Rafael Benguria, "Ciencia en Chile en cinco momentos", *Revista Anales 8* (2015): 15-22, 19.

175 Para informarse de la deficiente divulgación científica desarrollada por el OAN en esos años, véanse: Verónica Ramírez y Patricio Leyton, "Benjamín Vicuña Mackenna y la ciencia: Defensor de la astronomía popular en Chile", en prensa.

176 Soledad Quereilhac, *Cuando la ciencia despertaba fantasías: Prensa, literatura y ocultismo en la Argentina de entresiglos*. Buenos Aires: Siglo XXI, 2016, 10.

recibió una instrucción formal, cursando "sus primeros estudios en colegios particulares, en su hogar, y más tarde en los establecimientos de la familia Cabezón, en Santiago"[177]. Este último dato es relevante, ya que los colegios de las hermanas Dámasa, Manuela y María Josefa Cabezón fueron parte de la primera generación de establecimientos femeninos laicos en el país[178], en los que suponemos se impartió un currículum semejante al de otras instituciones laicas del periodo, tales como el de Fanny Delauneux, esposa de José Joaquín Mora, que contenía clases de aritmética y geografía entre otras disciplinas[179]. Se debe añadir que Rosario Orrego participó en múltiples espacios de sociabilidad cultural e intelectual y presidió su propia tertulia literaria en Valparaíso. Asimismo, adscribió a la Sociedad de Amigos de las Letras de Valparaíso y fue nombrada Socia Honoraria de la Academia de Bellas Letras en 1874, una de las instituciones culturales más prestigiosas del momento, junto con la Universidad de Chile[180]. Finalmente, la escritora y su esposo, el intelectual Jacinto Chacón, oficiaron como médium en círculos de práctica espiritista[181], disciplina que, como ya hemos aclarado, era considerada una ciencia dentro de la concepción heterogénea del término en dicho contexto. En todos estos espacios la escritora con vocación hiperdiscursiva, pudo compartir lecturas y adquirir conocimientos que para la época pudieron ser considerados como científicos.

En 1873 publicó en su revista dos colaboraciones de su hija Regina Uribe Orrego[182], una titulada "Idea del cosmos" y la otra "La elevación del pensamiento en el estudio de la naturaleza". En estos textos se manifiesta una definición amplia y heterogénea de lo científico, que como ya hemos hecho referencia, es compartida por otros escritores de la época, y que apoya y rechaza simultáneamente la fidelidad hacia el saber empírico y hacia el reconocimiento de este como la única vía válida de conocimiento. El primer artículo cumple plenamente con la tarea de difundir una visión de la ciencia acorde a su versión material, es decir, como aquella que permite "comprender a la naturaleza, descorrer el velo que oculta sus fenómenos y aun someter el resultado de

177 Isaac Grez, *Diccionario biográfico de las mujeres de Chile* (1931), 12.

178 Joyce Contreras, "Las transformaciones del campo cultural a mediados del siglo XIX y el surgimiento de una escritora moderna: Rosario Orrego de Uribe", en *Escritoras chilenas del siglo XIX: su incursión pionera en la esfera pública y el campo cultural.* Santiago: RIL Editores, 2017, 71.

179 María Ester Ojeda, La fundación de los primeros liceos fiscales femeninos en Chile, Tesis para optar al grado de Magíster en Historia, Pontificia Universidad Católica de Chile (1993), 14.

180 Joyce Contreras, "Las transformaciones del campo cultural", 70-71.

181 Gonzalo Vial, Arturo Prat. Santiago: Andrés Bello, 1995, 112.

182 Hija de Rosario Orrego de Uribe, directora de la revista.

las observaciones al crisol de la razón y del juicio"[183]. Su segundo texto, en cambio, se refiere a las sensaciones y placeres misteriosos que despierta en el ser humano la observación de la naturaleza, al pronunciar que: "contemplar la magnificencia y vasta expansión de la naturaleza, revela, al alma, una misteriosa inspiración"[184]. Regina está obedeciendo a las dos corrientes principales con las que se concebía la naturaleza en el siglo XIX: la positivista y la romántica. Por un lado, su escritura contiene el discurso cientificista, que dictamina la racionalización y sobrevaloración del método empírico como la parte más valiosa del conocimiento humano y, por otro, Regina permite la posibilidad de vincular el estudio de la naturaleza a inspiraciones y experiencias misteriosas difíciles de delimitar, acordes a la perspectiva romántica. Las primeras mujeres que se pronunciaron sobre ciencia en Chile se enfrentaron a este contexto, en que el positivismo y romanticismo se fundieron bajo relaciones paradójicas, y en donde distintos escritores y científicos manifestaron este tipo de cruces.

El primer número de *Revista de Valparaíso* del año 1874 se abrió con un artículo titulado "Magnetismo animal", que fue publicado por entregas en distintas ediciones de ese año. El primer occidental en creer en la capacidad de toda persona para curar la enfermedad de su prójimo mediante la sugestión y la transmisión de fuerza adicional, fue el médico alemán Franz Mesmer (1733-1815), quien proponía que todo el Universo se habría desarrollado de una sustancia homogénea primordial, que más tarde se habría diferenciado. Basado en ello, Mesmer utilizaba materiales (metales, piedras, plantas, etc.) que consideraba afines al cuerpo enfermo (afines entre los átomos), para que actuasen como agentes de transmisión de fuerza adicional hacia el cuerpo del paciente, de modo que este pudiese combatir la enfermedad. A fines del siglo XVIII esta disciplina era practicada en toda Europa por múltiples seguidores, manifestándose una gran adhesión por parte del público común, a pesar de los detractores que quisieron erradicarla. La doctrina alcanzó tales niveles de popularismo, que, por solo nombrar algunos ejemplos, Schopenhauer escribió un libro titulado *Ciencias ocultas y magnetismo animal*; Mozart incluyó una escena cómica en su ópera *Cosi fan tutte* de un falso doctor curando a dos fingidos envenenados con la ayuda de una "piedra mesmérica", y Edgar Allan Poe la consideró en su cuento "Revelación mesmérica". El historiador Robert Darnton, como explica Nieto-Galan: "Llegó a considerar este episodio como un ejemplo emblemático de la crisis de la supuestamente homogénea

183 *Revista de Valparaíso*, tomo 1, 1873.
184 *Revista de Valparaíso*, tomo 1, 1873.

racionalidad ilustrada, al relacionar precisamente el mesmerismo con el final de la Ilustración en Francia"[185], volviéndose un caso, además, que nos permite reflexionar sobre la fluidez y plasticidad del conocimiento en aquella época, que circulaba entre expertos, divulgadores y profanos.[186] Las críticas de ciertos científicos ortodoxos fueron insuficientes para opacar el éxito de este tipo de doctrinas, puesto que igual popularidad hubo de cobrar la frenología a mediados del siglo XIX[187], y vemos que en 1874 todavía se mantenía vigente la discusión sobre la idoneidad del magnetismo animal, manifestado a través de la aparición del artículo al que nos referimos en el número inicial de *Revista de Valparaíso* de ese año. El texto aludido corresponde a una traducción de las ideas del doctor Darling, que se acababan de publicar en el extranjero. La encargada de la traducción dice así: "Su autor es un verdadero creyente, a quien indigna la incredulidad de los profanos, y sorprende la poca fe que en el magnetismo animal tienen muchos sabios"[188]. La traductora reconoce saber que esta doctrina ha sido criticada por algunos, pero llama a darle una oportunidad y a escuchar sus argumentos: "Sin perjuicio de examinar a su tiempo las razones científicas en que se funda el doctor Darling para asegurar como una verdad matemática la existencia de cuantos fenómenos magnéticos enumera, vamos a dejarle exponer su teoría".[189] De esta manera, quien traduce, así como la encargada del periódico, se muestran abiertas a recibir y considerar este tipo de teorías que, por lo demás, eran ampliamente consideradas, incluso en circuitos "oficiales".

Regina Uribe tradujo otro texto que se publicó en *Revista de Valparaíso* el año 1874. Se trata de un artículo de Guyot titulado "Vida de la Naturaleza", que manifiesta la posibilidad de que la naturaleza inorgánica también goce de un cierto tipo de vida, fundamentado en que las uniones químicas que los compuestos inorgánicos presentan son importantes para el desarrollo de la

[185] Nieto-Galan, *Los públicos de la ciencia*, 49.

[186] Nieto-Galan, *Los públicos de la ciencia*, 49.

[187] "Asimismo, la frenología adquirió una notable autoridad al ser utilizada como una nueva estrategia de racionalidad y orden social asequible para un público amplio. Para unos se trataba de una doctrina al servicio de un orden social burgués, urbano, secular y liberal, a menudo por oposición a la autoridad religiosa o a la autoridad científica o filosófica de otras doctrinas coetáneas. Si el tratado de Combe se convirtió en un *best seller*, parece evidente que esa nueva ciencia había penetrado en la cultura popular y eran precisamente los miles y miles de lectores de libros de frenología, a menudo también asistentes a las numerosas demostraciones públicas, los que le conferían una gran autoridad a esa controvertida medicina de las décadas centrales del siglo XIX" (Nieto-Galan, *Los públicos de la ciencia*, 48).

[188] *Revista de Valparaíso*, 1874, 3.

[189] *Revista de Valparaíso*, 1874, 3.

vida. La eventualidad planteada desafía una de las leyes básicas de la biología que estipula que solo la materia orgánica, cuyas moléculas estan basadas en carbono, puede considerarse materia viva. El texto versa así:

> Todo en ella [en la naturaleza inorgánica] es movimiento, todo está cambiando y en una continua transformación. Indudablemente esa no es la vida de los seres organizados, la vida del animal; pero este conjunto de fenómenos, ¿no es también una vida? Si, tomando la vida en su más simple expresión la definimos un cambio mutuo de relaciones, no podemos negar este nombre a esas acciones y reacciones llenas de vida, a ese juego perpetuo de las fuerzas de la materia de que somos espectadores todos los días[190].

Un aspecto relevante a destacar es que la mayoría de las mujeres que se pronunciaron sobre temas científicos en la prensa chilena en el siglo XIX, ya sea en periódicos o en revistas, fueron a su vez escritoras literarias. Rosario Orrego, por ejemplo, fue reconocida como la primera novelista chilena y la primera mujer en incorporarse como miembro de la Academia de Bellas Letras; sus hijas Regina y Ángela fueron traductoras de textos científicos y también colaboradoras de creaciones literarias en distintos proyectos periodísticos; Lucrecia Undurraga, quien siguió los pasos de Orrego y fundó el periódico *La Mujer* (1877), también fue una reconocida novelista y formó parte de la misma Academia. Esta actitud polidiscursiva, sin embargo, al igual que la fusión entre la corriente positivista y romántica, tampoco fue exclusiva de las mujeres, sino que fue una tendencia propia de los intelectuales de la época. En los escritores chilenos más destacados de aquel entonces, tales como Benjamín Vicuña Mackenna, José Victorino Lastarria y Andrés Bello, siempre encontramos la polimatía, es decir, esa tendencia a pronunciarse sobre distintas disciplinas[191]. El ejercicio inverso también era común, es decir, que los mismos científicos crearan obras literarias inspiradas en conocimientos científicos, como fue el caso del famoso astrónomo francés Camille Flammarion. Se debe tener en cuenta además que hasta principios del siglo XX no existían límites claros entre la divulgación científica, la ciencia-ficción y la pura ficción literaria, favoreciendo que la escritura de los difusores de la ciencia se mantuviera a menudo entre la novela y la divulgación[192]. Por lo tanto, conforme al contexto, no es

190 *Revista de Valparaíso*, 1874, 373.

191 Véase nota al pie n° 13 de este capítulo.

192 Agustí Nieto-Galan, "La ciencia en la esfera pública del siglo XIX: géneros, discursos y apropiaciones", *Cultura Escrita & Sociedad 10* (2010): 53-80, 74.

raro que las escritoras literarias también hayan publicado sobre temas científicos, y tampoco es extraño, según lo expuesto en los párrafos anteriores, que ellas hayan considerado un concepto más amplio y heterogéneo de lo que se define como "científico".

Lo interesante y distintivo en la escritura de las mujeres es que, si bien se puede inferir que la inclinación de ellas a manifestarse sobre fenómenos científicos podría asociarse a las tendencias anteriores, tales como la fusión romántica-positivista, lo cierto es que también se vincula a una necesidad ligada a su condición de género, que dialoga más de cerca con la búsqueda de la democratización del saber explicada al inicio de este apartado. Las mujeres no podían tomarse abruptamente el espacio científico culturalmente vetado para ellas. En primer lugar debían ser cautelosas con la censura social y, en segundo lugar, tenían que construir una voz que les permitiera pronunciarse sobre lo antes prohibido (la ciencia) desde una perspectiva propia. En ese sentido, el texto y el discurso literario fueron un dispositivo que las dejó entrar cautelosamente en dicho espacio, haciéndole el quite a la censura moral y expresándose desde los enfoques que desearan[193]. La literatura fue utilizada como plataforma para que estas mujeres pudiesen manifestar –sin impedimentos– lo que pensaban respecto a la práctica científica y sobre cómo comprendían que tenía que estudiarse y difundirse el conocimiento de la naturaleza, la sociedad y los individuos. Siguiendo esta lógica y amparadas por las múltiples posibilidades que ofrecía el mundo literario, las mujeres fueron generando un tipo de escritura que no confrontaba necesariamente lo empírico con lo mítico, lo científico con lo pseudocientífico, lo positivo con lo religioso, ni lo institucional con lo popular. Desarrollaron, por el contrario, una escritura que conciliaba estos polos. Por lo que el hecho de que fuesen las escritoras literarias las primeras mujeres en expresarse sobre ciencia en nuestro país (incluso utilizando versos algunas veces), parece responder más a una estrategia y no tanto a la inspiración literaria o a la fusión de corrientes, como sus pares varones. Fueron ellas, además, gracias a su talento en la escritura, las que pudieron irrumpir en el ejercicio periodístico y, por ende, en el espacio público. De esta manera, su manejo del lenguaje y su consolidación con la pluma les abrieron las puertas a las escritoras para poder expresarse públicamente sobre diversas materias, entre ellas, las científicas.

[193] Andrea Kottow, "Feminismo y femineidad: Escritura y género en las primeras escritoras feministas en Chile", *Atenea 508* (2013): 151-169; 153.

Rosario Orrego, a quien ya se ha nombrado, se expresó sobre teoría sísmica a través de un poema titulado "El temblor" e inspirado en un terremoto que ella experimentó en nuestro territorio. La autora describe este fenómeno natural a través de la voz lírica, como si fuese el mismo sismo el que se estuviera expresando: "Yo abriendo la tierra vomito candente/ La lava que al cielo quisiera escupir; / Mi aliento iracundo, mi grito estridente/ Anuncian que quiero volcanes abrir"[194]. Esta estrofa enuncia mediante una bella imagen una de las teorías sísmicas que prevalecía en ese entonces: que las actividades volcánicas se relacionaban con los movimientos telúricos[195]. "Desde la segunda mitad del siglo XIX la observación y el estudio de los terremotos había despertado el interés de los gobiernos, creando comités de expertos, comisiones de estudio e instituciones específicas que se dedicaran a su estudio"[196]. Ya para la segunda mitad del siglo, como señala Lorena Valderrama, se había comenzado a registrar algunos terremotos en distintas ciudades mediante instrumentos diseñados por los mismos locales, y también durante esta segunda mitad de siglo "en el caso de Chile, las observaciones de la lluvia, la temperatura, los vientos y los terremotos eran parte de la construcción del conocimiento geográfico del país"[197]. Este contexto hubo de conocerlo sobradamente la intelectual chilena, quien al sentir el terremoto de 1873 con epicentro en La Ligua, se propuso contribuir desde el lenguaje que tenía a su alcance (el poético), con la reflexión sobre este fenómeno natural que tanto trabajo estaba dando a las autoridades políticas y científicas[198]. Las mujeres que se pronunciaron sobre ciencia en aquel entonces, por consiguiente, tuvieron que considerar métodos alternativos y utilizar lenguajes no necesariamente empíricos y positivos para referirse sobre fenómenos científicos. Si bien algunos varones también lo hicieron, en ellas se sostuvo esta práctica como un recurso estratégico para poder manifestarse sobre lo que les era vedado (la ciencia). En ese sentido, entre ellas existió una conciencia de grupo evidente, que impulsaba y amparaba sus colaboraciones científicas bajo este procedimiento.

En consecuencia, el reconocimiento en el mundo literario, así como el despliegue de talentos lingüísticos y habilidades idiomáticas en estas mujeres, fue el umbral de acceso para que ellas comenzaran a expresarse públicamen-

194 *Revista de Valparaíso*, 1873, 58.

195 Ramírez, "Ciencia y mujer", 85-86.

196 Lorena Valderrama, "La historia de la sismología en Chile a inicios del siglo XX. Una mirada desde los actores", en *Socializar conocimientos: Observando Chile desde la distancia*. Santiago: Redinche Ediciones, 2014, 542.

197 Valderrama, "La historia de la sismología", 543.

198 Ramírez, "Ciencia y mujer", 86.

te sobre asuntos científicos. Junto con ello, podemos inferir que aquellas que transmitieron contenidos científicos en el contexto estudiado, si bien compartieron la misma convicción que sus pares varones (difundir el saber para contribuir con el progreso social), instalaron una voz distinta dentro de dicho paradigma, supeditada a que estas comunicadoras no pudieran negar su condición de sujetos excluidos del discurso científico. Así, incluso teniendo la intensión de apoyar este modelo, ellas hablaron desde una posición diferente, que no respetaba necesariamente la dinámica de transmisión unidireccional del saber desde un espacio experto hacia uno lego (modelo del déficit). De este modo, el acto difusor establecido y pensado desde arriba hacia abajo, desde los expertos hacia los profanos, se quebraría sobre todo con estas difusoras, puesto que ellas transmitieron el conocimiento científico desde una posición indeterminada, según la perspectiva dominante.

Una mediación "peculiar" entre expertos y profanos de la ciencia

Con la irrupción de las mujeres en un espacio que les había sido vetado surgieron nuevos mediadores (en este caso, mediadoras) del saber científico entre expertos y legos. Su mediación, sin embargo, en vez de mantenerse en una zona intermedia, como la de los divulgadores varones, se balanceó dentro de una zona indeterminada. De allí que su rol en el campo pueda ofrecer movimientos contradictorios desde la perspectiva normalizada. Como reflexiona Nancy Fraser sobre el papel de los excluidos en el espacio público, los grupos subordinados construirían un espacio propio a modo de contra-públicos[199]. La mediación que comenzaron a ejercer las escritoras dentro del proceso de circulación del saber científico sería, en este sentido, peculiar. Afirmar esta peculiaridad, no obstante, asumiría que existe una manera común y principal de comunicar la ciencia y de mediar entre el saber de los expertos y los legos, cuando en realidad existen múltiples y diversos modos para ello. Las mujeres, por lo demás, siempre han sido parte de la práctica científica y desde luego también de su comunicación, el problema es que su participación en el área ha sido históricamente invisibilizada. Debido a esta misma situación, las mujeres han tenido que desarrollar sistemas de expresión y escritura particulares o especiales para poder introducirse en los ámbitos en los que han permanecido

[199] Nancy Fraser, "Repensando la esfera pública. Una contribución a la crítica de la democracia actualmente existente", en *Habermas and the Public Sphere*, ed. Craig Calhoun. London: The MIT Press, 1992, 4-9.

excluidas a lo largo de la historia. Es en este sentido que calificaremos como "peculiar" la labor difusora de las chilenas del siglo XIX.

Un aspecto que sale a la luz a través de las fuentes citadas en el apartado anterior es la encrucijada en la que se encuentra la mujer al introducirse en un nuevo espacio. La escritora debe adherirse a modelos ortodoxos de transmisión del saber científico ya instalados, pero, al mismo tiempo, no puede ni desea respetar plenamente estos. Ser parte de la esfera pública negada socialmente a las mujeres requirió, sin duda, de mucha cautela y del uso de estrategias especialmente supeditadas a la manera de escribir. Se debe considerar que las mujeres al publicar sobre cualquier asunto se enfrentaban a diversos prejuicios, podían sufrir condena moral y ser denominadas como ridículas y sabihondas, como explica Graciela Batticuore[200]. Esta es la razón por la cual las primeras chilenas que divulgaron ciencia en la prensa tuvieron que recurrir, al igual que en otras áreas del saber, a las denominadas "tretas del débil", como las definió Josefina Ludmer en su ensayo de 1985[201]. La habilidad comunicacional y la preparación autodidacta en materia científica, política, legislativa, etc., de estas mujeres fue destacable, ya que debemos considerar que la mayoría de ellas solo recibió una instrucción cacera, algunas tuvieron institutrices y tan solo las más afortunadas pudieron educarse en colegios particulares femeninos[202] o en la Escuela de Preceptoras fundada a mediados del siglo XIX, cuyos planes de estudio apenas incluían asignaturas científicas. A pesar de este panorama, sus estrategias argumentativas dan cuenta de un gran manejo comunicacional, amparado en el dominio del lenguaje, del conocimiento de otros idiomas y en la preparación autodidacta en las materias sobre las que se pronunciaban. Estaban enteradas, por ejemplo, de los vacíos legales sobre la educación científica y profesional para las mujeres en Chile y en el extranjero, lo que les dio gran ventaja para ganar el debate que les permitiría acceder a la universidad a partir de 1877.

Publicar y comunicar asuntos científicos en el contexto del debate de la exigencia de una educación científica para las mujeres en Chile, fue una de las acciones claves para lograr los objetivos de esta causa, puesto que así demostraron que sí eran aptas para incorporarse al campo científico. De este modo, comenzar a comunicar ciencia en este mismo periodo puede entenderse como

200 Graciela Baticuore, *La mujer romántica: lectoras, autoras y escritores en la Argentina 1830-1870*. Buenos Aires: Edhasa, 2005, 14.

201 Josefina Ludmer, "Las tretas del débil", en *La sartén por el mango*. Puerto Rico: Ediciones El Huracán, 1985.

202 Los primeros liceos públicos femeninos en Chile se fundaron en la década de los años 1890.

una estrategia para justificar sus reclamos al gobierno y a la sociedad de que las mujeres sí debían ejercer en dicha área, puesto que en la práctica ya lo estaban haciendo. La actitud de estas mujeres puede comprenderse a la luz de las ideas de James Secord, quien plantea que el acto científico es un acto comunicativo *per se* y que, por ende, comunicar la ciencia es precisamente hacer ciencia. Esto a su vez se sustenta en entender a esta última como un proceso y no como un producto acabado, tal como lo han planteado Bruno Latour, y Lipphardt y Ludwig, y en el que además interactúan varios grupos y espacios de la sociedad, como explican Jürgen Renn y Agustí Nieto-Galan, entre otros[203]. Al mismo tiempo, la actitud de estas escritoras puede leerse como parte del cumplimiento de los roles de género asignados socialmente, tales como los orientados al cuidado, a la instrucción, etc., mediante canales no profesionales en los que también se toparon con la responsabilidad de transmitir el conocimiento.

Las difusoras de la ciencia, por consiguiente, tomaron ciertos resguardos para expresarse y, al hacerlo, generaron una manera distinta de transmitir la ciencia. Que ellas comenzasen a comunicar y hacer ciencia conllevaría a preguntarse, en definitiva, qué es ciencia, cómo se hace ciencia y quiénes pueden hacerla. Tan solo el hecho de que ellas se manifestasen sobre asuntos científicos produjo un cuestionamiento del modo en que "normalmente" se hablaba sobre asuntos científicos. Este pronunciamiento además contribuyó a extender la apertura a considerar que el público de la ciencia, es decir, los no expertos, también pueden transmitir y generar saber científico. En este sentido, las mujeres en Chile impulsaron nuevos temas de difusión científica en la cultura impresa, siendo especialmente atendidas por ellas las problemáticas de ciencia y género. Se podría afirmar que el rol que las intelectuales chilenas desempeñaron como comunicadoras de la ciencia a través de medios escritos durante las últimas tres décadas del siglo XIX se concentró sobre todo en la instalación de asuntos científicos con perspectiva de género.

Es importante considerar que nuestro trabajo se enfoca en la labor de las mujeres en la prensa, pero no por ello se debe desconocer la relevancia que estas intelectuales pudieron ejercer en salones y en instancias de experiencias científicas privadas, así como en conferencias y otros espacios de comunicación.

203 James Secord, "Knowledge in Transit", *Isis 95* (2004): 654-672; Bruno Latour, *Science in Action. How to Follow Scientists and Engineers through Society.* Harvard University Press, 1987; Veronika Lipphardt y David Ludwig, "Knowledge Transfer and Science Transfer", en *European History Online (EGO)* Mainz: Institute of European History (IEG), 2011. URL: http://ieg-ego.eu/en/threads/theories-and-methods/knowledge-transfer/veronika-lipphardt-david-ludwig-knowledge-transfer-and-science-transfer [02-03-2018]; Jürgen Renn, "From the History of Science to the History of Knowledge – and Back", *Centaurus 57* (2015): 37-53; Agustí Nieto-Galan, *Los públicos de la ciencia*, 2011.

Sobre temáticas de ciencia y género, por ejemplo, se destaca la charla dictada por Matilde Brandau –abogada por la Universidad de Chile y directora de liceos femeninos– en el Ateneo de Santiago en 1898, o bien la conferencia de Maipina de la Barra –escritora, intelectual y corresponsal de prensa– en el Cuarto Congreso Científico General Chileno en el Teatro Municipal de Talca en 1897, entre otras experiencias de este tipo.

Ciencia y género: un tema preponderante.

En 1871 el texto de la pedagoga Eduvigis Casanova, titulado *Educación de la mujer*, inaugura en Chile la discusión pública sobre materia educativa y científica protagonizada por mujeres, e inicia a su vez el rol difusor de ellas sobre problemáticas que vinculaban ciencia y género. Esta publicación criticaba el currículum de las escuelas públicas femeninas, preguntándose: "¿Por qué no estudiarán cosmografía y astronomía, historias, idiomas extranjeros, literatura, filosofía, pintura, música, etc.?"[204]. La pregunta de Casanova se oponía al supuesto predominante de aquel entonces de que las mujeres no debían estudiar disciplinas científicas, porque no las necesitarían ni utilizarían durante sus vidas. La dificultad para hallar fuentes legítimas que verifiquen qué tipo de instrucción recibió Casanova no nos impide asegurar que debió haber tenido una formación amplia, debido a que alcanzó altos puestos como pedagoga (fue directora de la Escuela Superior de Valparaíso) y tras la publicación de sus estudios y de su colaboraciones en la prensa fue reconocida como autoridad en el ámbito de la educación.

Una segunda publicación que marcó un hito en este proceso fue la traducción de *Subjection of Women* de John Stuart Mill realizada por Martina Barros Borgoño en 1872. En su prólogo, que fue publicado en la prensa ese mismo año, la instruida sobrina de Diego Barros Arana, con tan solo 22 años, realizó una crítica a la educación femenina centrada en la carencia de asignaturas científicas, reconociéndola como la causa de la distinción arbitraria que se hacía entre los dos sexos. Así, la editora exigía: "Darle a la mujer la misma libertad que tiene el hombre para emplear sus facultades en el sentido que mejor le cuadre, es decir, darle la libertad de instrucción y la libertad para hacer uso de sus conocimientos"[205]. Martina Barros, así como otros niños privilegiados de la capital, acudió a las clases que brindaba la institutriz inglesa Miss Whitelock a mediados del siglo XIX, con la que pudo aprender correctamente el inglés,

[204] Eduvigis Casanova, *Educación de la mujer.* Valparaíso: Imprenta de La Patria, 1871.
[205] Martina Barros, "Prólogo de La Esclavitud de la mujer", *Revista de Santiago*, tomo 2, 1872.

lo que a su vez le posibilitó leer directamente en dicho idioma. Su formación cultural en diversas materias fue muy enriquecida además por el ambiente familiar liderado por su tío, uno de los más destacados educadores del siglo XIX. Como señala Martina en sus memorias, ella siempre tuvo acceso pleno a todas las tertulias y reuniones que se llevaron a cabo en su hogar, donde pudo instruirse de los más variados temas. Asimismo, después de contraer matrimonio, su esposo, el médico Augusto Orrego, quien dirigía la *Revista de Santiago* (1872-1873), apoyó el desenvolvimiento intelectual de Martina, la consideró en proyectos en conjunto y compartió con ella sus conocimientos en medicina.

Antonia Tarragó fue, sin duda, una de las intelectuales del periodo que sería mayormente recordada en la posteridad. Siendo directora de un colegio privado para niñas, en 1872 elevó la primera solicitud a la Comisión Universitaria para que sus alumnas pudieran rendir exámenes secundarios válidos para postular a la universidad. Su petición no consiguió una respuesta favorable por parte de las autoridades, pero logró captar el interés de la prensa sobre la situación, lo que se convirtió en un elemento trascendental para conseguir este objetivo más tarde. Lo que no obtuvo Tarragó en 1872, lo concretó Isabel Le Brun, quien realizó una nueva solicitud en 1876. Su petición, al igual que la anterior, fue ampliamente cubierta por la prensa durante el verano de 1877, momento en que finalmente fue acogida por las autoridades. El 6 de febrero de ese año el Ministro de Instrucción Pública Miguel Luis Amunátegui firmó el Decreto que validaba los exámenes secundarios de las mujeres para acceder a la Universidad. Ambas solicitudes circularon en medios de comunicación y se manifestaron sobre un problema que abordaba aspectos científicos desde una perspectiva de género, de allí que estas peticiones puedan ser consideradas como textos de difusión científica. Tanto Tarragó como Le Brun gozaron de ambientes familiares propicios para instruirse y desarrollarse intelectualmente de manera sólida pero informal. Isabel Le Brun, por ejemplo, era hija de un emigrante francés, ex oficial del Ejército de Napoleón, y de una chilena que se dedicó a la pedagogía en San Felipe. El idioma francés, aprendido de su padre, y la vocación docente, heredada de su madre, alimentó la curiosidad y el deseo de seguir los pasos de esta última. Su formación debió haber sido sólida, lo que no solo puede respaldarse en sus logros en la pedagogía y en su escritura argumentativa sobresaliente, sino también en la influencia que tuvo en sus propios hijos, quienes siguieron los pasos de Isabel. Su hijo José Pinochet Le Brun fue profesor de ciencias naturales y gimnasia, Héctor dirigió establecimientos educacionales fundados por la familia, así como el periódico *La Opinión*, Tancredo fue escritor, político y, al igual que los demás, un destacado pedagogo que enseñó, entre otras materias, tecnologías agrícolas prácticas, tales como la apicultura, para garantizar la solvencia económica de sus alumnos y alumnas; las hijas no se quedaron atrás: Eurídice y Noemí obtuvieron la aprobación de su bachillerato por la Universidad de Chile y se desempeñaron en los colegios de la familia, dirigiendo y enseñando castellano y música, respectivamente[206].

Con el afán de profundizar en la estrategia retórica que empleaban estas escritoras, nos detendremos en el texto de la solicitud de Le Brun. Siendo también directora de un colegio femenino particular, en vez de imponerse con tono pertinaz para exigir su causa, argumentó que la razón por la cual se dirigía a las autoridades era porque desconocía "de alguna disposición universitaria que reglamente los exámenes de las señoritas que aspiren a garantizar con certificados legales sus aptitudes para optar a grados superiores"[207]. La pedagoga pide con fingida ingenuidad que se le notifique de la existencia de dicha resolución, sabiendo, por supuesto, que no la hay. Luego propone que en el caso de que hubiese un "vacío" legal al respecto, se apliquen las mismas normativas que rigen a los colegios particulares, sin especificar que se refiere a los masculinos y dando a entender que el suyo –uno femenino- no era distinto a estos últimos. Por consiguiente, de manera muy astuta, Le Brun se sirve de la apertura que las mismas leyes le proporcionan para lograr su propósito, dando cuenta de su preparación en materia legislativa y de un efectivo manejo político y comunicacional. Ella insiste en exponer a las autoridades que su trabajo sería más sencillo si estas se manifestasen "sobre algún nuevo plan de estudios dictado para la instrucción sólida de la mujer, el que sería seguido en mi colegio llenando puntualmente todas las exigencias"[208]. Finalmente, añade en el siguiente reglón que al no existir dicho programa hasta la fecha, ella había dirigido su establecimiento de acuerdo con el plan del Instituto Nacional (liceo estatal masculino emblemático). Esto último corrobora que Le Brun tenía pleno conocimiento de las arremetidas que podría sufrir su solicitud, alistándose con anticipación para derrotar estas.

Tras la firma del Decreto Amunátegui el clamor en la prensa amainó, pero en ningún caso desapareció. El debate sobre la instrucción científica y profesional de las mujeres se desvió hacia la preparación de las alumnas, es decir, en otorgarles a estas las condiciones necesarias para que pudieran ser aceptadas en la universidad y que desempeñaran con éxito sus estudios. El periódico *La Mujer*,

[206] Adriana Biotti, "Trece mujeres bachilleres en Humanidades en el siglo XIX: pioneras o entrometidas en la Universidad de Chile", *Revista Anales 14* (2018):151-185, 157.

[207] Isabel Le Brun, *La República*, enero de 1877.

[208] Isabel Le Brun, *La República*, enero de 1877.

fundado por Lucrecia Undurraga en mayo de 1877, es una fuente primordial para enterarnos de que la acción de este grupo de intelectuales no cesó tras el famoso Decreto. El prospecto de este periódico señalaba que deseaba: "extender su esfera de acción [el de la mujer], ilustrar su inteligencia con todos los conocimientos de la ciencia, emanciparla, en fin, de los errores de la ignorancia y del yugo de las preocupaciones"[209]. La exigencia de políticas públicas que otorgaran mayores derechos educativos y sociales para las mujeres, tales como la creación de liceos públicos femeninos o la implementación de nuevos planes de estudio que incluyeran materias científicas, sería acompañada de la publicación de textos que respaldaban estas necesidades a través de conocimientos y metodologías científicas, tales como los firmados por las ya nombradas Eduvigis Casanova, Antonia Tarragó y Lucrecia Undurraga,[210] así como también por escritoras tales como Isabel Randolph, Elena Salazar, Emilia Lisboa, Elvira Meneses, Micaela Ruiz y Ema Grain, todas colaboradoras de este y otros periódicos.

Una fuente relevante es el artículo de Margarita Práxedes Muñoz titulado: "Diferencias en el volumen craneoscópico de los dos sexos", que fue publicado en 1894 en *Biblioteca Republicana*. La escritora expuso, primero, el estado de los trabajos acerca de la relación que habría entre el tamaño de los cráneos y el nivel intelectual de las razas y sexos, que antaño habrían defendido que las mujeres eran inferiores intelectualmente a los hombres debido a que el tamaño de su cráneo era menor. Tras ello, la autora citó los últimos resultados arrojados por expertos que verificaban que dicha relación no era correcta:

> Si se clasifican los cráneos, dice Welker, por el ángulo facial, el recién nacido está sobre el adulto; siguiendo el ángulo esfenoidal, se obtiene esta serie descendente: hombre, mujer, niño, animal. Además de esto, dicho ángulo facilita un carácter distintivo entre el hombre y el mono, a saber, mientras disminuye en el hombre con su desarrollo, en el mono aumenta, llegando en el mono adulto a ser igual a dos ángulos rectos[211].

209 Lucrecia Undurraga, *La Mujer*, mayo de 1877.

210 Lucrecia Undurraga, al igual que Rosario Orrego, fue educada en la década de los años 1850 en los colegios de las hermanas Cabezón. En su caso, asistió al establecimiento que dirigían en Valparaíso María Josefa Cabezón y su esposo, también pedagogo, Francisco Villarino. Estuvo ligada gran parte de su vida a la minería, ya que su esposo, José Manuel Somarriva, se dedicó en Illapel a dicho negocio. Su formación, al igual que Orrego, debió ser en gran medida autodidacta, y como aquella, llegó a ser miembro de la Academia Chilena de Bellas Letras. Su destacada preparación e intelecto fueron elogiados por el chileno José Victorino Lastarria, el portorriqueño Eugenio María de Hostos y la colombiana Soledad Acosta de Samper, todos renombrados intelectuales del contexto latinoamericano.

211 *Biblioteca Republicana*, mayo de 1894.

De esta manera, a través de la referencia actualizada de conocimientos científicos, la escritora justificaba que la inferioridad del intelecto de las mujeres con respecto a la de los varones no tenía asidero, afirmando, por el contrario, que el hombre y la mujer tendrían naturalmente niveles intelectuales semejantes, y que las diferencias constatadas al respecto solo se debían a la situación injusta a la que se habrían visto enfrentadas las mujeres social y culturalmente:

> La actividad es indispensable del incremento de estos [los órganos], de tal manera que cualquiera parte del organismo individual privada de ejercicio se entorpece, se atrofia y concluye a veces por quedar incapacitada completamente para llevar su función. No nos admira, pues, según esto, que el sexo masculino supere al femenino en las altas concepciones de la inteligencia, pues la verdad científica y las consiguientes luchas para alcanzarla, que constituyen la gimnástica cerebral, han sido siempre hasta aquí de su exclusivo patrimonio[212].

Margarita Práxedes Muñoz era Bachiller en Ciencias Naturales por la Universidad de San Marcos de Perú, y en 1885 inició sus estudios de medicina en la Universidad de Chile, lo que da cuenta de que la profesionalización de algunas mujeres en áreas científicas comenzaría a afectar en la forma en que estas se pronunciarían sobre asuntos de ciencia y género.

Este último texto, así como los que se han citado anteriormente en este apartado, deben ser considerados como publicaciones de difusión científica. Todos ellos son ejemplos del tipo de comunicación que ejerció un sinnúmero de intelectuales durante el siglo XIX en nuestro país, que además de las ya nombradas, también se encuentran María Luisa Cerna, Enriqueta Courbis, Enriqueta Solar, María Luisa Acevedo, Eurídice Pinochet, entre otras, que también realizaron una labor semejante a la de sus congéneres anteriormente referidas. Los inicios de la difusión científica realizada por mujeres en Chile, por consiguiente, se centraron preferentemente en problemáticas de ciencia y género, lo que de alguna u otra manera suscitó una provocación al discurso científico dominante.

[212] *Biblioteca Republicana*, mayo de 1894.

Una actitud desafiante hacia el discurso científico ortodoxo

Que las mujeres comenzaran a pronunciarse sobre asuntos de ciencia y género generaría una cierta provocación al *establishment* científico, debido a que dentro de los discursos desarrollados por ellas se encuentra el rechazo directo hacia la exclusión de las mujeres en el campo, lo que había sido propiciado a lo largo de la historia por ese mismo sistema. En ese marco, el periódico *La Mujer* de 1877, fundado por Lucrecia Undurraga, fue un medio especialmente constituido para desafiar el discurso científico establecido, reflexionando y exigiendo la inclusión de las mujeres en el terreno científico. En el editorial del primer número se inscribe su firme propósito: "Empeñar todos nuestros esfuerzos en mejorar la situación actual de la mujer; abogar sin tregua ni descanso por sus intereses bien entendidos; levantar sus aspiraciones hasta las luminosas esferas del saber; tal es en resumen el fin de la presente publicación"[213]. Esta misión se mantendrá durante todos los números del proyecto. Por solo mencionar algunos textos de este, se encuentra el artículo "Ilustración superior de la mujer" firmado por Antonia Tarragó, en el que se expresa con estas palabras: "He aquí el blanco y objeto del tema que me propongo desenvolver. Todos los obstáculos y dificultades que han trabado la marcha intelectual y progresiva de la mujer nacen de no haber concretado las ideas del orden positivo y real vinculado en que debe considerarse a la mujer que aspira a seguir la carrera de la ciencia"[214]. La autora desafía en reiterados textos el orden establecido para las mujeres en materia de educación. Así, más adelante, en uno de los últimos números del periódico, insiste: "La mujer, siendo partícipe de los trabajos de la vida doméstica y social más penosos que los del hombre, no se concibe con qué derecho se la priva de las simpáticas tareas de la ciencia"[215].

El periódico de Undurraga, sin embargo, no fue el único en sostener dicho tono desafiante. En la *Revista del Progreso*, que funcionó como Órgano del Club del Progreso entre 1888 y 1889, se incluyó un artículo de María Luisa Acevedo,[216] titulado "Sobre los estudios que convienen a la mujer". Allí, la autora argumenta:

[213] *La Mujer 1*, mayo de 1877.

[214] *La Mujer I*, mayo de 1877.

[215] *La Mujer 22*, octubre de 1877.

[216] María Luisa Acevedo Lay (1873- ¿?) alumna del Liceo Isabel Le-Brun de Pinochet. Al egresar se dedicó a la teneduría de libros en la Escuela Profesional de Niñas N° 2 y luego fue profesora de contabilidad del establecimiento. En 1907 fue nombrada directora de la Escuela Profesional de Traiguén. Entre 1908 y 1919 fue directora de la Escuela Profesional de San Fernando. En 1919 fue nombrada directora de la Escuela Profesional N° 2, de Santiago. Se dedicó a la literatura, desde

> De todo lo cual resulta que siendo la ciencia, entendida en su sentido más lato, el fundamento de la actividad humana, el conjunto de todas nuestras acciones depende del conjunto de nuestros conocimientos. Siendo esto verdadero, es evidente que, si se quiere que la mujer progrese en sus actos, se debe principiar por instruirla, por aumentar y hacer razonada la escasa ciencia elemental y empírica que posee[217].

Siguiendo el mismo propósito, Matilde Brandau,[218] como ya hemos adelantado, publicó en *La Revista de Chile* en junio de 1899 su conferencia "La instrucción de la mujer", para reflexionar acerca de la problemática ciencia y mujer:

> En Chile, justo y necesario es decirlo, las leyes no ponen cortapisas ni trabas de ningún género a la instrucción de la mujer: ella está ampliamente facultada para ejercitar su inteligencia, ya sea explorando el campo árido y difícil de las matemáticas, ya sea adueñándose de los secretos más ocultos de la ciencia médica (...). Pero, si bien es cierto que las leyes no ponen trabas a la instrucción de la mujer, ¿cuántas y cuán poderosas no son las que pretende oponer la sociedad? Si, señoras y señores, nuestra sociedad, triste es decirlo, tiene censuras bien amargas, críticas harto desdeñosas e injustas para aquellas mujeres que, considerándose poseedoras de las aptitudes necesarias, procuran obtener un título profesional que, hasta hace poco, era del patriminio exclusivo de los hombres. Pero la verdad es que ni la hiel de aquellas censuras ni la severidad de aquellas críticas, ni el desdén de aquellas apreciaciones, son vallas suficientes para detener el empuje poderosísimo de la corriente emancipadora que empezó ya: la corriente es demasiado impetuosa y no le arredran esas vallas tan frágiles ni esos obstáculos tan débiles: pasa sobre ellos y sigue su curso más rápidamente aún. La mujer de carácter contempla en éxtasis supremo la cima dorada del saber; se arma de fuerzas, de energía y de valor para empezar; luego camina y camina sin detenerse ni ante las preocupaciones retrógradas, ni ante los

1887, con sus primeras colaboraciones en *El Progreso*. Ramírez, Romo y Ulloa, *Antología crítica de mujeres*, 373.

217 *Revista del Progreso*, Santiago 1889.

218 Matilde Brandau Galino (1870-1948). Hija de Valentín Brandau Lapp y de Emilia Galindo. En 1893 se incorporó a la Facultad de Leyes, de la Universidad de Chile, titulándose de abogada. Contrajo matrimonio en 1907 con José Luis Ross Mujica. No ejerció el derecho, sino que la pedagogía, siendo directora de los Liceos de Niñas de Linares, Constitución, Iquique y del Liceo N° 2 de Valparaíso. Defendió los derechos civiles de la mujer y abogó por la igualdad de género. (Ramírez, Romo y Ulloa, *Antología crítica de mujeres*, 408).

juicios hirientes de la multitud, hasta que su constancia y sus conocimientos la declaran poseedora del tesoro tan legítimamente ambicionado por ella: el título profesional[219].

Las divulgadoras desafiaron al *establishment* reclamando directamente la inclusión de las mujeres en el campo científico, pero también exigieron a los expertos un tratamiento más serio y un trabajo más exhaustivo a la hora de analizar científicamente a la mujer en sí. En las páginas iniciales del primer número de *Revista de Valparaíso* (1873) aparece un caso que responde a esta actitud recién descrita. El texto habla de una mano horriblemente mutilada encontrada en la basura el año 1843 en la calle del Estado en Santiago, y de que el municipio remitió a un médico para que la examinase e informara sobre el asunto[220]. El profesional informó que la mano era de mujer y que había sido amputada hacía unos cuatro días. Se pidió una segunda opinión al profesor de anatomía Francisco Lafargue, quien se había formado en París, y su informe fue el mismo que el del experto anterior. La ratificación animó a la opinión pública, llevando a algunos a suponer que un marido celoso había asesinado a su mujer adúltera, o que un amante había dado muerte a una mujer que se le resistía. Los avezados habían llegado incluso a afirmar que correspondía con plena exactitud a la mano izquierda de una mujer. Después de muchas suposiciones y no dar con el resultado irrefutable, se supo la esperada verdad: el dueño de una hacienda había cazado una leona, la había dado como comida a sus sirvientes, y uno de ellos, quedándose con una de sus patas, le quitó la piel y la carne, y posteriormente la lanzó a la basura. Tras dar la noticia, el periódico de Rosario Orrego se expresa así: "El tal negro [refiriéndose al sirviente] había puesto en conmoción a la capital de la república de Chile, dado bastante trabajo a las autoridades, y causado una mortificación amarga a profesores distinguidos"[221], juzgando de esta manera la poca efectividad de los entendidos y la falta de seriedad científica con la que fue tratado el asunto. La redactora criticó sobre todo el modo en que la mujer se veía convertida en un objeto de estudio científico. ¿Por qué la mano encontrada se adjudica desde el comienzo a una mujer? El veredicto de los científicos iba asociado a representaciones de la mujer como un ser sensual y seductor, de allí la vinculación de esta con una "leona" y con todo lo que esta última ha simbolizado en nuestro

[219] *La Revista de Chile 12*, junio de 1899.

[220] Este caso es analizado en uno de nuestros artículos ya citados: Ramírez, "Ciencia y mujer", 2016, 91-93.

[221] *Revista de Valparaíso*, 1873, 9.

imaginario cultural (sensualidad, fertilidad, etc.), lo que no es extraño cuando se sabe que "las expresiones de la sexualidad femenina como algo anormal fue [considerado] común durante mucho tiempo dentro del conocimiento médico"[222], Capuron[223], entre otros, estudiaron médica y biológicamente esta "anomalía" de la mujer, atribuyendo como causas de esta a variados elementos, tales como el clima, la permanencia en las grandes ciudades, la buena comida, los espectáculos, las pinturas o lecturas lascivas[224]. A pesar de que la atribución a las mujeres de un estado de hipersexualidad se remonta a épocas muy antiguas; en el siglo XIX alcanzó uno de los puntos de mayor intensidad, "cuando se le reconoce como entidad clínica claramente diferenciada y sistematizada"[225]. El texto aparecido en *Revista de Valparaíso* en 1873, en consecuencia, puede leerse como una burla hacia la ineptitud de los expertos y como una crítica a la enceguecida mirada de estos al dejarse llevar por imaginarios arbitrarios. Se protesta, a fin de cuentas, contra la forma en que el discurso científico ha comprendido a la mujer y a la sexualidad femenina.

El desafío a lo establecido por la autoridad científica será una actitud de las mujeres prolongada en el tiempo, que irá cobrando mayor fuerza con las científicas profesionales. Tal como afirma Norma Blázquez: "Entre las científicas, más que entre las estudiantes, existe una mirada más crítica respecto a la ciencia. Se percibe esta actividad en sus relaciones con la sociedad. Se hace una crítica de la subordinación de la ciencia a otros sectores, en especial su dependencia de un poder burocrático"[226]. Esto último es lo que logra constatarse hacia fines del siglo XIX en Chile, a través de artículos tales como el publicado por Margarita Práxedes Muñoz acerca del volumen craneoscópico de los dos sexos, sobre el que nos hemos referido en el apartado anterior.

Conclusiones

No es correcto afirmar que no existen o que casi no hubo textos de difusión científica escritos por mujeres chilenas durante el siglo XIX. El problema es que se debe cambiar la perspectiva de búsqueda y valoración de estos. La gran

222 Blázquez, *El retorno de las brujas. Incorporación, aportaciones y críticas de las mujeres a la ciencia*. México, Universidad Nacional Autónoma de México, 2011, 78.

223 J. Capuron, *Traité des maladies des femmes. Depuis la puberté jusqu'a l'age critique inclusivement*. Paris: Librairie de la Societé de Médecine, 1812, 75-83.

224 Ramírez, "Ciencia y mujer", 92-93.

225 Blázquez, *El retorno de las brujas*, 78.

226 Blázquez, *El retorno de las brujas*, 72.

cantidad de escritos sobre ciencia y género que ellas publicaron en la prensa durante las últimas tres décadas de ese siglo son y deben considerarse como textos de difusión científica. Hay que comprender que ellas implementaron una nueva forma de comunicar la ciencia, puesto que por una parte les interesaban otros y nuevos temas, y, por otra, no se les apoyaba para que se manifestaran sobre asuntos científicos de la manera que se había establecido, lo que las condujo a desarrollar una forma distinta de comunicar, que requirió la creación de nuevos conceptos y estrategias para expresarse, e involucró el desarrollo de nuevas temáticas tales como: ciencia y hogar, ciencia y familia, ciencia e higiene, etc.

Las primeras publicaciones de trabajos científicos académicos realizados por chilenas abordaron temas ligados a la realidad doméstica, tales como las tesis de grado y los estudios posteriores publicados durante las primeras décadas del siglo XX de las médicas Eloísa Díaz y Ernestina Pérez, que fueron subvalorados en comparación con los trabajos de sus colegas varones. Que ellas dedicaran sus estudios científicos a realidades ligadas al espacio educativo, familiar y doméstico, se debe a que ese era el ámbito al que seguían relegadas las mujeres, incluso después de haber sido aceptadas legalmente en el campo de las ciencias. Antes de 1919, año en que se graduó la primera ingeniera en nuestro país, las mujeres que se titularon de profesiones científicas en la Universidad de Chile se dedicaron sobre todo a la salud y, dentro de esta, a disciplinas tales como la pediatría, ginecología e higiene. Invisibilizar el valor de sus trabajos académicos y de su difusión científica significaría desatender un aporte de relevancia en dichas materias, que significó mejoras apreciables para problemáticas que aquejaban a la población en el periodo, como fue el caso de la labor de Ernestina Pérez sobre "higiene social", generando y aplicando conocimiento para contrarrestar el alcoholismo, la tuberculosis y el cólera, o el caso de Eloísa Díaz, reconocida internacionalmente por sus trabajos sobre higiene y alimentación escolar.

La participación de la mujer chilena en el campo científico es una materia que se ha desatendido desde el punto de vista histórico y con perspectiva de género, por lo que este capítulo ha pretendido revertir de alguna manera esa situación, revisando los inicios del ingreso de ellas en este ámbito, y enfatizando en la importancia que ejerció el oficio de la escritura y del periodismo para su incorporación en el mundo de la ciencia.

Fuentes primarias

Eduvigis Casanova, *Educación de la mujer*, Valparaíso: Imprenta de La Patria, 1871.
Martina Barros, "Prólogo de La Esclavitud de la mujer", *Revista de Santiago 2* (1872).
Revista de Valparaíso (1873 y 1874).
Isabel Le Brun, *La República* (enero de 1877).
Lucrecia Undurraga, *La Mujer* (mayo de 1877).
La Mujer 1 (1877).
La Mujer 22 (octubre de 1877).
Revista del Progreso (1889).
La República 2 (1889).
Biblioteca Republicana (mayo de 1894).
La Revista de Chile 12 (1899).

Bibliografía

Batticuore Graciela. 2005. *La mujer romántica: lectoras, autoras y escritores en la Argentina 1830-1870*. Buenos Aires: Edhasa.

Batticuore Graciela. 2017. *Lectoras del siglo XIX: Imaginarios y prácticas en la Argentina*. Buenos Aires, Ampersand.

Benguria Rafael. 2015. Ciencia en Chile en cinco momentos. *Revista Anales 8*:15-22.

Biotti Adriana. 2018. Trece mujeres bachilleres en Humanidades en el siglo XIX: pioneras o entrometidas en la Universidad de Chile. *Revista Anales 14*:151-185.

Blázquez Norma. 2011. El retorno de las brujas. Incorporación, aportaciones y críticas de las mujeres a la ciencia. México, Universidad Nacional Autónoma de México.

Capuron Jean. 1812. Traité des maladies des femmes. Depuis la puberté jusqu'a l'age critique inclusivement. Paris: Librairie de la Societé de Médecine.

Contreras Joyce, Landeros Damaris y Carla Ulloa. 2017. *Escritoras chilenas del siglo XIX: su incursión pionera en la esfera pública y el campo cultural*. Santiago: RIL Editores.

Espejo Juan Nepomuceno. «Contestación al corresponsal de la *Revista Católica*». En *El Siglo*, N° 26, Santiago, 5 de mayo de 1844.

Fraser Nancy. 1992. Repensando la esfera pública. Una contribución a la crítica de la democracia actualmente existente. En *Habermas and the Public Sphere*, ed. Craig Calhoun, 4-9. London: The MIT Press.

Grez Isaac. 1931. *Diccionario biográfico de las mujeres de Chile* (s/d): 12-19.

Kottow Andrea. 2013. Feminismo y femineidad: Escritura y género en las primeras escritoras feministas en Chile. *Atenea 508*: 151-169.

Latour Bruno. 1987. Science in Action. How to Follow Scientists and Engineers through Society. Harvard University Press.

Lipphardt Veronika y David Ludwig. "Knowledge Transfer and Science Transfer", en *European History Online (EGO)*. Mainz: Institute of European History (IEG), 2011.

URL: http://ieg-ego.eu/en/threads/theories-and-methods/knowledge-transfer/veronika-lipphardt-david-ludwig-knowledge-transfer-and-science-transfer [02-03-2018].

López-Ocón Leoncio. 1998. La formación de un espacio público para la ciencia en América Latina durante el siglo XIX. *Asclepio 50, 2*: 205-225.

Ludmer Josefina. 1985. Las tretas del débil, en *La sartén por el mango*. Puerto Rico: Ediciones El Huracán.

Montero Claudia. 2016. Trocar agujas por la pluma: las pioneras de la prensa de y para mujeres en Chile, 1860-1890. *Revista Meridional* 7: 55-81.

Montero Claudia, 2018. *Y también hicieron periódicos: Cien años de prensa de mujeres en Chile* (1850-1950). Santiago: Hueders.

Muñoz Yerko. 2012. ¡Vuelven los muertos!: espiritismo y espiritistas en Chile (1880-1920). Tesis de Licenciatura, Departamento de Ciencias Históricas, Universidad de Chile.

Nieto-Galan Agustí. 2011. *Los públicos de la ciencia. Expertos y profanos a través de la historia*. Madrid: Marcial Pons Ediciones.

Nieto-Galan Agustí. 2010. La ciencia en la esfera pública del siglo XIX: géneros, discursos y apropiaciones. *Cultura Escrita & Sociedad 10*: 53-80.

Ojeda María Ester. 1993. La fundación de los primeros liceos fiscales femeninos en Chile, Tesis para optar al grado de Magíster en Historia, Pontificia Universidad Católica de Chile, Santiago.

Quereilhac Soledad. 2016. Cuando la ciencia despertaba fantasías: Prensa, literatura y ocultismo en la Argentina de entresiglos. Buenos Aires: Siglo XXI, 2016.

Ramírez Verónica, Romo Manuel y Carla Ulloa. 2017. *Antología crítica de mujeres en la prensa del siglo XIX*. Santiago: Cuarto Propio.

Ramírez Verónica y Carla Ulloa. 2018. *La Mujer (1877): el primer periódico de mujeres en Chile*. Santiago: Cuarto Propio.

Ramírez Verónica y Patricio Leyton. 2017. Andrés Bello y la difusión de la astronomía: educación y retórica científica. *Asclepio. Revista de Historia de la Medicina y de la Ciencia 69*:198-212.

Ramírez Verónica y Patricio Leyton. 2019. "José Victorino Lastarria: astronomía científica, literaria y social". *Revista Dynamis 38*: 123-148.

Ramírez Verónica. 2018. Retórica científica de Andrés Bello: Hacia una 'nacionalización' de la ciencia en su *Cosmografía* de 1848. *Llull Revista de la Sociedad Española de las Ciencias y de las Técnicas 85*: 95-112.

Ramírez Verónica. 2017. Ciencia y literatura: Eduard Poeppig y su representación de la Araucanía (siglo XIX). *Cuadernos de Historia Cultural 6*: 40-69.

Renn Jürgen. 2015. From the History of Science to the History of Knowledge – and Back". *Centaurus 57*: 37-53.

Secord James. 2004. Knowledge in Transit". *Isis* 95: 654-672.

Silva Bárbara. 2008. *Identidad y nación entre dos siglos. Patria Vieja, Centenario y Bicentenario*. Santiago: LOM.

Stuven Ana María. 2010. *Historia de las mujeres en Chile*. Tomo 1. Santiago: Taurus.

SUBERCASEAUX BERNARDO. 2004. *Historia de las ideas y de la cultura en Chile.* Santiago: Universitaria, 2004.
VALDERRAMA LORENA. 2014. La historia de la sismología en Chile a inicios del siglo XX. Una mirada desde los actores. En *Socializar conocimientos: Observando Chile desde la distancia*, 542-562. Santiago: Redinche Ediciones.
VIAL GONZALO. 1995. *Arturo Prat.* Santiago: Andrés Bello.

5. Género y conocimiento: Enfermeras pediátricas del Servicio Nacional de Salud, Chile, 1960-1980[227]

María Soledad Zárate Campos

> En ese entonces cuando era alumna había muchas... muchas enfermedades contagiosas como el sarampión, por ejemplo, que los niños se morían, como la poliomielitis, los niños se morían de bronconeumonia, y se morían de diarrea, nosotros veíamos la desnutrición, era terrible, y cuando hacíamos salud pública, íbamos a práctica a terreno, íbamos con profesoras, en tercer año ya íbamos a prácticas de salud pública, ahí me fascinó.

Introducción

En palabras de Cecilia Moya[228], la atención sanitaria infantil cobró un significativo sentido de misión y de compromiso emocional en el marco de las acciones del Servicio Nacional de Salud (SNS) en la década de los años 1960 en Chile. Pero este compromiso también fue crecientemente técnico. Cecilia Moya, enfermera que se dedicó a la atención infantil, una de las primeras que hizo una especialización en neonatología en el extranjero, también es una de las enfermeras entrevistadas que ofrece abundante información sobre este aspecto.

Pasada la primera mitad del siglo XX las normas sanitarias para contener epidemias respiratorias, tratar diarreas u optimizar la higiene y la alimentación infantil se habían protocolizado, como lo indican las fuentes documentales y el repertorio de las profesionales entrevistadas.

Si bien el cuidado infantil estuvo profundamente asociado al que podían y debían prodigar las madres –en el marco de las políticas dirigidas al binomio madre-hijo– la salud de los recién nacidos, de los lactantes y de la primera infancia recibió una gradual atención de parte de profesionales sociosanitarios, de las redes caritativas y del Estado especialmente desde la década de los años 1920.

227 Este artículo se enmarca en el trabajo como investigadora principal en el Proyecto FONDECYT N° 1161204, 2016-2019, "Profesiones sanitarias femeninas en Chile 1950-1980. Prácticas, relaciones de género e identidades laborales" y el proyecto Anillo SOC 180039, CONICYT – PIA, 2019-2021, "Knowledge Production in Contemporary Chile: A Multidisciplinary Study of Science in the Making".

228 Entrevista realizada a Cecilia Moya, 2017.

La importancia de la comunidad médica en la cruzada contra la morbilidad y mortalidad infantil (en adelante MI) ha sido ampliamente relevada, pero hasta ahora se ha ignorado el papel clave que cumplieron otros profesionales como matronas, enfermeras y auxiliares de enfermería al contribuir estratégicamente a la concreción de una serie de políticas dirigidas a contener la MI, lideradas por el Estado Asistencial. Hoy sabemos que la enfermería jugó un papel clave en su calidad de implementadoras de programas y políticas[229].

Los objetivos de este capítulo son, primero, presentar antecedentes del trabajo realizado por las enfermeras en el campo de la salud infantil; segundo, describir algunas experiencias del trabajo de aquellas que se especializaron en pediatría, analizando la convivencia –tanto virtuosa como problemática– de aspectos asociados al conocimiento científico y al género que definían el trabajo realizado por estas profesionales, llamadas crecientemente "enfermeras pediátricas" desde la década de los años 1960 en adelante[230].

Como se ha estudiado para el caso chileno y argentino[231], la profesión lidió tempranamente con el hecho de que al tratarse de un oficio en rigor femenino, su buen desempeño era asociado a las virtudes naturales que esta condición imprimía a las actividades del cuidado. Pero también la enfermería se constituyó en una oferta laboral que brindó oportunidades a la población femenina que provenía de las emergentes clases medias[232].

Por medio de una revisión de fuentes clásicas –monografías, estadísticas, informes oficiales– y de entrevistas a un conjunto de estas profesionales que trabajaron en el SNS entre 1960 y 1980, se describe cómo el trabajo de estas

[229] Maricela González, María Soledad Zárate, "Trabajo, miserias y recompensas. Asistentes sociales, enfermeras y matronas en la construcción de la política sanitaria chilena a mediados del siglo XX", *Revista Salud Colectiva*, Vol. 15, 2019.

[230] María Soledad Zárate, "Señora, su hijo no va a morir: Enfermeras y madres contra la mortalidad infantil, Chile, 1950-1980", en *Rastros y gestos de las emociones*. Macarena Cordero *et al.* Editores, Editorial Universidad Adolfo Ibáñez, 2018, págs. 163-198.

[231] María Soledad Zárate, "Formar enfermeras, no empleadas domésticas. Profesionalización del cuidado sanitario. Chile, 1930-1950", *Revista Dynamis*, vol. 37 (2), 2017, pp. 317-343; Zárate, "Señora, su hijo no va a morir", *óp. cit.*, Carolina Barry, Karina Ramacciotti; Adriana Valobra eds. *La Fundación Eva Perón y las mujeres en Buenos Aires: entre la provocación y la inclusión*, Buenos Aires, Ed. Biblos, 2008; Ana Laura Martín, "Mujeres y enfermería: Una asociación temprana y estable, 1886-1940", en Biernat, Carolina; Cerdá Juan Manuel; Ramacciotti Karina, eds., *La salud pública y la enfermería en la Argentina*. Bernal: Universidad Nacional de Quilmes, 2015, pp. 257-286.

[232] Elizabeth Quay Hutchison, María Soledad Zárate Campos, "Clases medias en Chile: Estado, género y prácticas políticas, 1920-1970", en *Historia Política de Chile*, Tomo I. Ivan Jacsik y Juan Luis Ossa editores, Santiago, FCE, 2017; Maricela González Moya, María Soledad Zárate Campos, "Profesionales, modernas y carismáticas: enfermeras y visitadoras sociales en la construcción del Estado Asistencial en Chile, 1900-1930". *Tempo*, Vol. 24 n. 2, mayo/ago. 2018, pp. 369-387.

profesionales es un ejemplo de los desafíos y tensiones de una profesión feminizada y demandada a cumplir exigencias técnicas crecientes en el campo pediátrico, combinadas con las virtudes que se atribuían a las mujeres en el campo sanitario desde mediados del siglo XX.

Fortalecimiento del cuidado infantil: enfermeras en el Servicio Nacional de Salud

En el marco del universalismo asistencial implementado por el SNS a partir de 1952, la formación recibida por las enfermeras y el trabajo que desarrollaron cobró un especial protagonismo. El cuidado clínico de enfermos, la enfermería rural y hospitalaria, la pedagogía sanitaria, la supervisión médica de programas de vacunación y el seguimiento de la salud infantil, entre otras tareas, experimentaron una significativa expansión en virtud de las políticas del cuidado del Estado benefactor de mediados del siglo XX. La implementación de dichas políticas fue un trabajo sanitario que, en rigor, estuvo preferentemente en manos de enfermeras y también matronas, visitadoras sociales y auxiliares de enfermería. Sabemos que más del 90% de las tituladas en estas profesiones trabajaron en el SNS, institución que también lideró escuelas para la formación en estos oficios[233].

El trabajo hospitalario de las enfermeras se enfocaba en el cuidado de niños internados y prematuros, los consultorios, la supervisión del control del niño sano, la organización de las visitas domiciliarias y la labor educativa dirigida a la madre. Más tarde las unidades de neonatología, que cobraron decidida importancia hacia mediados de los años 1970, fueron recintos que requirieron de enfermeras especializadas.

Si bien un criterio para la selección de las 8 enfermeras entrevistadas fue que ellas se hubieran desempeñado en la atención materno-infantil, ya sea como enfermeras pediátricas o como enfermeras neonatólogas, en general la atención del niño comprendía la mayor parte del trabajo de enfermería en esta época. Las entrevistadas, quienes comenzaron sus trayectorias laborales a inicios de los años 1960 (varias de las cuales continuaban trabajando al momento de la entrevista), reconocieron que la atención a los niños era la actividad más importante que realizaban.

La condición sanitaria de los niños, como recuerda Cecilia Moya, "era una cosa de guerra", "nadie quería dedicarse a pediatría, porque era terrible, uno

[233] Ministerio de Salud Pública, *Consejo Nacional Consultivo de Salud. Recursos Humanos de Salud en Chile.* Santiago de Chile, Ministerio de Salud Pública, 1970.

veía morirse a los niños". Los profesionales especializados en esta área eran escasos, a lo que se sumaba la presencia de médicos que no eran salubristas, es decir, "que conocían la clínica, pero no la realidad local"[234].

En la década de los años 1960, cuando el SNS consolida su identidad organizacional y sus principales orientaciones, el servicio asumió la importante demanda poblacional por servicios sanitarios que, entre otros desafíos, exigió un incremento de los recursos médico-profesionales, proceso paralelo al aumento de las expectativas sociales, demandas de participación y proyectos de cambios políticos que no eran ajenos a los objetivos del SNS.

Si bien el problema de la escasez de recursos profesionales, en rigor, no se resolvió, el SNS abordó esta necesidad incrementando los cupos para estudiar en la universidad las profesiones médicas y paramédicas, impulsando la capacitación de auxiliares de enfermería y también diseñando una política permanente de distribución y de racionalización de estos recursos, con el objetivo de optimizar las prestaciones asistenciales.

La implementación de antiguas y nuevas políticas estimuló la profesionalización de la enfermería al delimitar con mayor precisión su campo de competencia, su desarrollo y jerarquías en los servicios en que estaba involucrada, y al presionar a las escuelas por un mayor número de graduadas y una mayor intervención en los contenidos de su formación[235].

Durante la década de los años 1950 se avanzó en dos procesos claves para el trabajo de las enfermeras: primero, la elaboración y difusión de las normas generales para la organización de los servicios de enfermería, publicadas en 1956[236], que estimularon reglamentos específicos, y, segundo, se impulsaron los programas de adiestramiento de auxiliares de enfermería desde 1955[237].

Una memoria de 1960 listaba una serie de tareas que la sección de enfermería emprendió en la década anterior relativas al diseño y puesta en marcha de normas hospitalarias para la asistencia de niños, a estudios sobre la formación que brindaban las escuelas de enfermería, a recursos y necesidades de enfermería, y organizó la presentación de antecedentes para postular candidatas a jefaturas en los servicios de enfermería del SNS, que fue aprobada en 1959.

[234] Entrevista Cecilia Moya, 2017.

[235] Héctor Ducci, Editorial, *Enfermería en Chile, Revista Médica de Chile*, 1959, v. 87, mayo, N° 5, pp. 321-323.

[236] "Normas para la organización del trabajo de enfermería en el Servicio Nacional de Salud", *Boletín del Servicio Nacional de Salud*, noviembre-diciembre 1956, II, p. 6.

[237] Servicio Nacional de Salud., *Problemas y actividades del Servicio Nacional de Salud en 1960.* Talleres de la Sección Educación para la Salud del SNS, Santiago, 1961, p. 50.

También fue clave para el trabajo de estas profesionales en el SNS que se uniformara el requisito de ingreso para las escuelas de enfermería, exigiendo el bachillerato de biología, cambio que eliminó los títulos de enfermeras sanitarias y hospitalarias para dar paso al título únicamente válido de enfermeras. Según la enfermera Rosalba Flores, se terminaba finalmente con una "división artificial que se mantenía en la formación de enfermeras". Asimismo, se puso en marcha un nuevo plan de estudios, aprobado en 1951, que reforzó la "educación demostrativa" basada en trabajos de laboratorio, películas, afiches e investigación bibliográfica. En el tercer año las estudiantes debían rendir 60 horas teóricas anuales en enfermería pediátrica y protección infantil, más 16 semanas de práctica, número significativo si se compara con las otras dos especialidades que requerían más horas, como la de enfermería médico-quirúrgica (300 horas aproximadamente en toda la carrera) y enfermería sanitaria (60 horas anuales)[238].

Más enfermeras pediátricas

La escasez y desigual distribución de los recursos profesionales en el SNS fue un problema histórico para la institución, y las enfermeras no fueron la excepción. La distribución de aquellas asignadas a la atención pediátrica en los hospitales capitalinos era relativamente satisfactoria en la década de los años 1960, pero no así en el caso del control sano brindado preferentemente por los consultorios[239].

El incremento de las enfermeras en tareas pediátricas fue importante a inicios de la década de los años 1970[240]. Un ejemplo de la magnitud de este proceso lo confirma el estudio de Adriana Schalchli y Enrique Spichiger, que destacaba que en la atención ambulatoria de 1973 el contraste entre la atención de adultos e infantil era importante a nivel nacional: la primera contaba con 56 enfermeras, 49 de las cuales trabajaban en consultorios adosados a hospitales y

[238] Rosalba Flores de Fernández, *Historia de la enfermería en Chile*, Santiago, s/d, 1965, pp. 94-100.

[239] Lía Santibáñez y otros, "Atención de enfermería en clínica de niños sanos, demanda de atención y recursos de personal en la V Zona de Salud". Servicio Nacional de Salud Sección de Enfermería, Documento Mimeografiado, Santiago, 1968. Citado en Maricela González, "Logros son acciones. Prácticas de intervención social y sanitaria en Chile. El Servicio Nacional de Salud, 1952-1973", Tesis Doctoral, P. Universidad Católica de Chile, 2017.

[240] SNS, *Normas para la atención de las diarreas estivales del lactante*, Impr. de la Central de Talleres, Santiago, 1960; SNS, *Normas para la atención del recién nacido: normas pediátricas.* Quimantú, Santiago, 1973; Hospital de Niños Roberto del Río, *Normas de atención médica intrahospitalaria*, Santiago, 1976

solo 7 en consultorios periféricos, mientras el programa infantil contaba con 286 enfermeras, de las cuales 75 trabajaban en consultorios adosados y 211 en los periféricos[241]. En diciembre de 1973 los programas sanitarios que concentraban un mayor número de enfermeras respectivamente eran los de atención de adultos, 734 enfermeras; de atención infantil, 559 y de administración, 224, de un total de 2.154 enfermeras que trabajaban en el SNS. Dicha distribución correspondía a un 34%, 25,95% y 10,04% respectivamente[242].

En el mismo periodo las enfermeras reunidas en la XIX asamblea del Colegio gremial realizado en 1972[243] alertaban que la intensa demanda por atención infantil tenía efectos contraproducentes en el ejercicio profesional. Un estudio proveniente de la Dirección General del SNS, sostenía que las enfermeras asumían crecientemente la atención de "patologías de menores", en virtud de que "los recursos de horas médicas pediátricas son insuficientes".

Un hito relevante de la especialización pediátrica de las enfermeras fue la participación de algunas en la cátedra de pediatría social del médico Julio Meneghello en la Facultad de Medicina de la Universidad de Chile, de amplio reconocimiento nacional y latinoamericano. Tres de las enfermeras entrevistadas se formaron en aquella cátedra, y junto al reconocimiento transversal que hacen de la calidad de dicha formación, del conocimiento y la notable experiencia del doctor, relevan su calidad humana, el trato hacia las personas y la significativa valoración pública que hacía del trabajo de estas profesionales. Cecilia Moya sostiene que Meneghello siempre "apoyaba a sus enfermeras de forma irrestricta". Dicha cátedra enfatizaba la necesidad de conocer al paciente "en terreno". El sello social de la formación no solo aludía a interiorizarse del entorno en el cual vivían los pacientes, como lo sostiene la enfermera Blanca Vidal, sino también al trabajo educativo que realizaban con la comunidad[244].

En su papel de formador en esta especialidad, Meneguello publicó en 1953, junto a Celia Muñoz, enfermera instructora de la Escuela de Enfermería del SNS, un texto dedicado a la puericultura y la pediatría. En la introducción se reforzaba la idea de que no se debía "considerar al niño como una mera miniatura del adulto" y que era imprescindible que la enfermera contara con conocimiento y práctica suficiente "en instituciones donde se atiende niño

241 Adriana Schälchli y Enrique Spichiger, "Recursos de enfermeras del Servicio Nacional de Salud. Diciembre 1973", *Cuadernos Médicos-Sociales*, XV, 3, septiembre 1974.

242 Adriana Schälchli y Enrique Spichiger, *óp. cit.*

243 "XIX Asamblea General Ordinaria del Consejo General del Colegio de Enfermeras de Chile. Período desde abril de 1971 a abril de 1972", *Enfermería*, 1972, abril-junio, Año VI, N° 32, pp. 27-32.

244 Entrevista Blanca Vidal, 2017.

sano" pues esto le permitiría la comparación con los niños enfermos. Su conocimiento sobre nutrición era indispensable en virtud de que, junto a las diarreas infantiles, la deficiente calidad de la alimentación infantil era un diagnóstico compartido y extensivo en la época[245].

La comunicación de la "enfermera pediatra" con los padres y la madre especialmente, eran una preocupación, pues debía "establecer relaciones amistosas" con ellos, "inspirarles confianza y darles idea de seguridad como también informarles los días de visita y reglas de disciplina, y ojalá llevarles a los niños frutas, jugos y juguetes". Llama la atención la inclusión en este manual de recomendaciones de tipo emocional que no hemos visto en otras fuentes hasta ahora, lo que es posible se deba a que ambos autores sostenían que "frente al niño ella deberá desplegarse en forma inteligente y comprensiva, dependiendo de la edad del niño para la explicación de por qué esté en ese nuevo mundo y en ese ambiente diferente". Se reparaba en el tono de voz de las enfermeras, en sus gestos, en potenciar la "imaginación para crear un ambiente cordial para el niño" y preocuparse de "no mentirle para que este confíe en ella"; manifestar interés por el niño y "tratarlo como un individuo que tiene derechos y ciertos privilegios"[246].

El manual incluía recomendaciones específicas sobre el cuidado de los niños prematuros concentradas en tres áreas: la correcta actuación en la supervisión de la técnica alimenticia, la supervisión de la regulación térmica y la prevención de infecciones[247]. Si un prematuro era atendido en domicilio porque las condiciones del hospital no eran las adecuadas, era necesario contar con calefacción, con la posibilidad de vigilancia de enfermera o médico, con aparatos de oxígeno y, también, sorprendentemente con una "madre inteligente". Se alentaba la posibilidad de "improvisar una incubadora calentada por ampolletas, botellas, vasijas o ladrillos" o usar una cesta recubierta con cartones. Si el traslado al hospital era inminente porque el peso del niño era inferior a 2000 grs., o había tendencia a asfixia, este debía efectuarse haciendo uso de una incubadora improvisada. La enfermera que lo recibía en el recinto hospitalario debía asegurar condiciones de calor, disponibilidad de oxígeno y de leche natural o leche modificada[248].

245 Julio Meneghello, Celia Muñoz, *Puericultura, pediatría y enfermería*. Santiago, Ed. Universitaria, 1965, pp. 3-4

246 Meneghello, Muñoz, *Puericultura, pediatría y enfermería*, p. 6

247 Meneghello, Muñoz, *Puericultura, pediatría y enfermería*, p. 131.

248 Meneghello Muñoz, *Puericultura, pediatría y enfermería*, pp. 134-139.

El consultorio del SNS, unidad asistencial de carácter territorial, y las políticas de control de niño sano y contra la desnutrición que crecieron sistemáticamente en cobertura desde la década de los años 1950, fueron respectivamente recintos y áreas formativas de importancia estratégica en la instrucción pediátrica de profesionales, convirtiéndolas en agentes centrales del cuidado sanitario estatal.

Desde esa década el SNS potenció tanto los consultorios pediátricos hospitalarios de la ciudad de Santiago que ofrecían atención de diversas especialidades como los consultorios periféricos o distritales, que podían estar en un hospital periférico de la ciudad, atendiendo situaciones de baja complejidad y dirigiendo actividades de fomento y protección de la salud. Según el médico Víctor de la Maza S., estos consultorios, distintos a las policlínicas, se reservaban para la atención de afecciones de difícil diagnóstico y ofrecían una atención integral al niño, principalmente lactantes y preescolares[249]. El SNS ofrecía en 1961 atención integral al 70% de los lactantes beneficiarios y "alguna atención al 60% a los preescolares y 40% de los escolares"[250]. En Santiago el promedio de horas pediátricas de los consultorios periféricos de la V Zona en 1961 era de 852, cifra satisfactoria y que se sostenía fuertemente por el trabajo de las enfermeras en el control de niño sano[251].

En los consultorios periféricos recibían atención los hijos de asegurados y jubilados de cualquier condición jurídica, y menores de 15 años o estudiantes hasta los 18 años, pero, sin duda, la prioridad estaba en la primera infancia. Dirigidos por un médico jefe, las responsabilidades asistenciales con la población infantil desde el momento del nacimiento estaban distribuidas, idealmente, de la siguiente manera: el control prenatal y la atención del parto en manos del obstetra y la matrona respectivamente, y la atención del recién nacido en la maternidad era liderada por el obstetra, matrona o pediatra (si se disponía de uno). En el caso de los niños nacidos en el domicilio, bajo atención profesional del parto, debían recibir dos visitas, al menos, dentro de los 10 primeros días de la persona que atendió su parto[252].

Al examinar las labores del médico y la enfermera jefe del consultorio es posible ver que algunas de ellas se superponían. Ambos supervisaban regla-

[249] Víctor de la Maza, "Consideraciones sobre el consultorio externo pediátrico de tipo periférico del SNS", *Revista Chilena de Pediatría*, Año XXXII, N° 11, noviembre de 1961, pp. 634-646.

[250] De la Maza, Consideraciones, p. 635.

[251] De la Maza, Consideraciones, p. 640

[252] De la Maza, Consideraciones, p. 639.

mentos, abastecimientos, procesos administrativos, requerían de información técnica y estadísticas, lideraban funciones educativo-sanitarias y clínicas, etc. La autoridad central era el médico y la enfermera jefe tenía funciones identificables en distintas áreas de carácter técnico pero, al definir su papel, se deslizaba una definición que incluía tareas relacionadas con una naturaleza actitudinal que tendía puentes con un pasado reciente:

> La enfermera jefe del consultorio para desempeñar adecuadamente su cargo necesita proceder en forma tan equilibrada que en ningún momento se extralimite o se constriña en demasía y debe contar con la suficiente experiencia funcionaria y dotes personales que le permitan ser una eficaz colaboradora y el nexo entre la Dirección, el personal de su dependencia y el público en general[253].

El equilibrio en el ejercicio del liderazgo sanitario era una precaución históricamente presente en las definiciones de las acciones de la enfermera, transitando entre el temor a extralimitarse en su autoridad y el no ejercerla de manera oportuna. La pregunta es por qué cuando el oficio ya contaba con una trayectoria que reforzaba las competencias y pertinencia de este oficio ese temor estaba presente, y parte de la respuesta puede estar en que la labor del médico y la enfermera se superponían, especialmente en el trabajo pediátrico, al punto que algunos médicos planteaban la eliminación de la enfermera jefe para quedarse solo con aquellas que no tenían cargos directivos.

El trabajo en los consultorios que hacían las enfermeras sin cargo directivo, supervisado por los médicos, estaba vinculado al control del niño sano en distintos momentos de la vida del menor, a la supervisión de las mediciones de peso y estatura realizadas por las auxiliares, al cumplimiento de las normas de puericultura básica, a la vigilancia de la alimentación infantil, a la entrega de bonos de leche, a la supervisión del programa normal de inmunizaciones, como también a "cooperar en la educación individual y de grupos de la comunidad, colaborar en las actividades de enseñanza clínica de alumnos universitarios, personal funcionario", etc.

Una segunda experiencia del trabajo de las enfermeras pediátricas fue la del Centro Experimental de Asistencia Medico-Social de San Joaquín, pionero en la difusión de la pediatría social o pediatría en terreno. Desde 1954 este centro fue campo clínico para estudiantes de enfermería, servicio social

[253] De la Maza, Consideraciones, p. 646

y pediatría, especialmente los estudiantes de Arturo Baeza Goñi, quien detentaba la cátedra titular de Pediatría en la Universidad de Chile en 1962 y era Jefe del Programa Pediátrico del Área Sur[254]. Junto a la médico jefe del Consultorio de San Joaquín, Adriana Campos Santa María, Baeza Goñi ofrecía un análisis del trabajo que este consultorio hacía en la década de los años 1960 dando luces sobre las condiciones económico-sociales de la populosa comuna suroriente que contaba con una población de 45 mil habitantes, con buenas instalaciones urbanas pero con falta de teléfonos públicos, y una población obrera dependiente de centros industriales cercanos a la comuna de San Miguel[255]. Una labor significativa era la educación masiva de las madres, a quienes se consideraba que "tenían mala técnica de preparación de las mamaderas, no seguían las indicaciones del médico, almacenaban la leche en lugares no aptos, no controlaban periódicamente a sus hijos, no tenían conciencia de su grado de desnutrición, no les daban importancia a los cuadros diarreicos, considerándolos algo natural, tenían supersticiones y creencias que significaban riesgo para el niño consultando *meicas* y realizando quebraduras de empacho"[256].

Esta evaluación de la medicina popular como recurso curativo por parte de la población era menos dura que las aparecidas en la primera mitad del siglo XX. La formación de los médicos en nociones de psicología y ciencias sociales, pasada la mitad del siglo XX, comenzaba a dar frutos. Asimismo, es probable que los juicios fueran más matizados al estar mediados por la información que reportaban las enfermeras que también desde la década de los años 1950, recibían formación en ciencias sociales, preferentemente con acceso a cursos de antropología social, "desarrollo del hombre" y "desarrollo de las sociedades contemporáneas"[257].

Las acciones educativas y el control del niño sano eran tareas imposibles de cubrir íntegramente por los profesionales médicos, por tanto esta responsabilidad recayó gradualmente en las enfermeras en la década de los años 1960. Por ejemplo, solo en el caso del Centro San Joaquín entre 1959 y 1960, las enfermeras realizaron 4.500 entrevistas clínicas referidas a este control, cifra que no consideraba las visitas en terreno.

[254] Arturo Baeza Goñi, Adriana Campos Santa María, "Centro Experimental de Asistencia Médico-social "San Joaquín". Labores asistenciales y docentes", *Revista Chilena de Pediatría*, Año XXXIII, Vol. 33, N° 8-9, agosto-septiembre de 1962, pp. 238-241.

[255] Baeza Goñi, Campos Santa María, *óp. cit.* p. 238.

[256] Baeza Goñi, Campos Santa María, *óp. cit.* p. 239.

[257] Amanda Moreno, "Reforma Universitaria", *Enfermería*, 1972, abril-junio Año VI, n° 32, p. 40.

Al analizar el trabajo que hacían enfermeras jefes y enfermeras en los consultorios pediátricos, es importante consignar que ellas también lideraban procesos de levantamiento de información, confección de estadísticas, selección de casos y seguimiento de tratamientos, es decir, eran agentes de construcción y sistematización de conocimiento para investigaciones y políticas sociales, como lo declara la mayoría de las profesionales entrevistadas. Y según lo refrenda Alicia Berguer, si bien no existía el concepto en la época, "nosotras éramos enfermeras pediátricas"[258].

Entre las enfermeras entrevistadas, el juicio sobre las visitas domiciliarias, acompañadas por la auxiliar, eran parte muy fundamental de su trabajo: la inspección de recién nacidos, los prematuros y de las condiciones de vida materiales, la educación maternal eran acciones que permitían la consecución de logros sanitarios, como lo sostiene Carmen Sepúlveda[259]. También estas acciones podrían contribuir a la investigación sobre las causas de la desnutrición u otras patologías infantiles como lo sostiene Blanca Vidal, quien aseguraba que cuando "tú ibas a la casa y resultaba que la madre era alcohólica, que realmente no le daba las comidas a los hijos, que a la guagua la cuidaba la hermana más chica, entonces iba uno a domicilio a fiscalizar [...], tú no sacas nada con ver a la madre en el box, si te cuenta un cuento cualquiera"[260].

Infancia prematura y servicios de neonatología

El centro de prematuros del Hospital Calvo Mackenna se constituyó formalmente a partir de un acuerdo entre el Gobierno chileno, la OMS y la UNICEF en abril de 1955, y contó con la asesoría de la enfermera Eileen D. Kiernan, y la subvención del SNS para la mantención del centro que en 1957 había atendido a más de 500 prematuros.

El médico jefe del centro, Jorge Howard, y la enfermera jefe, Grace E. Thompson, publicaron en 1957 un manual que recogía procedimientos y técnicas aplicadas en este centro[261]. Este centro había acumulado una importante experiencia sobre alimentación con leche humana y "fórmulas artificiales", y pese a las deficiencias en la dotación de personal sanitario, este centro se

[258] Entrevista a Alicia Berguer, 2017.
[259] Entrevista Carmen Sepúlveda, 2017.
[260] Entrevista Blanca Vidal, 2017.
[261] Jorge E. Howard, Grace E. Thompson, *Atención del niño prematuro*, Santiago, Universidad de Chile, 1957.

convirtió en un recinto de enseñanza y entrenamiento como lo refrenda este manual. El papel de las enfermeras comenzaba con el traslado del prematuro al centro, desde la maternidad o del domicilio; los cuidados matinales se distribuían entre aquellas y las auxiliares que supervisaban la estabilidad de la temperatura, factor clave de la sobrevivencia de los más pequeños; el uso de las incubadoras, el manejo del "aspirador bucal de vidrio; ejercían procedimientos para administrar oxígeno y para establecer el peso de los niños; vigilaban la condición del cordón umbilical; practicaban ejercicios de reanimación, lavados de estómago, exámenes oftalmológicos, transfusiones sanguíneas y administraban inyecciones.

Junto a estas tareas clínicas también lideraban el programa de enseñanza a las madres, medida que aseguraba el bienestar de los niños y evitaba su reingreso. La mayoría de los niños provenía de familias pobres "y de poca cultura" como era posible observar a través de las fichas que registraban las enfermeras sanitarias. La enfermera supervisaba el aprendizaje que las madres exhibían en la "sala de demostración", donde es probable que se establecieran mayores vínculos entre ambas, en virtud del tiempo que los niños permanecían en los centros. Las madres eran encuestadas por las enfermeras con el fin de conocer aspectos sociales y económicos de sus vidas, y de paso también hacer algunas observaciones emocionales que permitían conocer a la familia y evaluar cómo relacionarse con ellas, en el marco de la recuperación de los prematuros, y apelando a actitudes que privilegiaban la comprensión más que la descalificación: "Como cada niño tiene que acostumbrase a su propio ambiente, y adquirir resistencia contra los gérmenes que en él se encuentran, no se debe enseñar a los padres métodos que signifiquen un aislamiento del prematuro dentro del hogar ni métodos complicados que no estarían capacitados para cumplir"[262].

Junto al centro de prematuros del Hospital Calvo Mackenna, se contaba con el que albergaba el Hospital Roberto del Río, dirigido por el médico Humberto Garcés, quien sostenía que el recinto tenía un servicio de lactantes desde 1950 que contaba con 8 cunas y una incubadora. Según una investigación clínico-social, se había concluido que la condición de prematurez determinaba, "directa o indirectamente, el 74,2% de la mortalidad neonatal y el 31,0% de la mortalidad infantil de la zona", por tanto, se sugería que –junto a la maternidad del Hospital José Joaquín Aguirre, el centro de salud Independencia y los consultorios del SNS– dos enfermeras sanitarias pesquisaran los

[262] Howard, Thompson, *Atención del niño prematuro*, p. 115.

casos que requerían hospitalización de prematuros, nacidos en maternidades o en domicilio[263].

Sobre el trabajo de las enfermeras en las primeras unidades de neonatología, es decir, de unidades hospitalarias que brindaban cuidado intensivo a los recién nacidos, contamos con datos dispersos consignados en fuentes digitales y en las entrevistas.

Gracias a una entrevista realizada por el Colegio de Enfermeras, publicada en 2012, se conoce el caso de la enfermera Clara Amigo Soto, precursora de unidades de neonatología en la década de los años 1960 y fundadora de la unidad neonatológica más austral del mundo, Puerto Natales, aproximadamente en 1971. Según esta entrevista, Clara Amigo realizó un curso de especialización de "atención del niño prematuro" en el hospital Calvo Mackenna durante tres meses aproximadamente en 1957, para luego regresar al Hospital de La Serena. Diferentes traslados por el país la llevaron a la ciudad de Chuquicamata y luego nuevamente a Santiago, donde trabajó con la enfermera-jefa del Centro de Recién Nacidos y Prematuros del Hospital Luis Calvo Mackenna, a quien le reconocía una importante influencia en su entrenamiento clínico[264].

Clara Amigo estaba convencida de que el trabajo que hacían las enfermeras fomentaba la vinculación entre madres e hijos prematuros, en contextos de hospitalizaciones prolongadas. Su estrategia era mostrar "que la estimulación precoz de la madre hacia el hijo disminuía el periodo de hospitalización, al aumentar el peso precozmente y por consiguiente el encariñamiento entre madre e hijo". La concreción de esta estrategia se produjo en 1977, cuando el servicio de atención del niño prematuro del Calvo Mackenna "permitió la visita de los padres a sus hijos en contacto táctil-auditivo-visual (es decir, tomar en brazos a sus hijos)", modalidad que Amigo había puesto en práctica contraviniendo las normas imperantes: "En mi intuición, yo sabía que la madre no era un vector infeccioso mayor que cualquier médico o enfermera que se lavara bien sus manos y usara mascarilla. Solamente me faltaba demostrarlo científicamente".

A juicio de Clara Amigo, y en consonancia con las publicaciones que aparecían en la Revista *Enfermería*, su visión de la *enfermería pediátrica* "era que

263 Humberto Garcés, "El problema del niño prematuro en la zona norte de Santiago". *Revista Chilena de Pediatría*, Santiago, Vol. 27, n. 1, enero 1956, pp. 10-15.

264 https://www.facebook.com/notes/colegio-de-enfermeras-de-chile/para-trabajar-con-prematuros-no-basta-el-estudio-se-necesita-el-ojo-cl%C3%ADnico/329518957111381/?__tn__=HH-R%2C, página consultada 26 de agosto 2018. La entrevista fue publicada en el Facebook del Colegio de Enfermeras el 11 de abril de 2012.

quienes la ejercían debían concentrarse en el cuidado del niño y sus familias, contribuyendo así a la 'humanización' de este oficio".

También existe un breve registro de la actividad realizada por la enfermera pediátrica Iris Véliz Hume, nacida en Arica en 1927, formada en la Universidad de Chile y parte del primer grupo de enfermeras universitarias que retornaron a dicha ciudad en 1953. Junto a Filomena Garrido y Josefina Morales impulsaron el primer Servicio de Pediatría de la Provincia de Arica, ubicado en el Hospital Juan Noé Crevani, donde trabajó por más de 20 años. Los recuerdos que se han recopilado en torno a su trabajo celebran su capacidad para "armonizar la relación entre los padres y los médicos pediátricos", especialmente en las décadas de los años 1950 y 1960, periodo de alta prevalencia de las temidas diarreas infantiles[265].

Como se indica al inicio de este texto, Cecilia Moya fue una de las primeras profesionales que cursó una especialización en neonatología. Luego de egresar de la carrera de enfermería de la Universidad de Chile en 1961, trabajó en el Hospital Manuel Arriarán dos años, luego en el Hospital Roberto del Río y después de regresar de Estados Unidos, retornó al Roberto del Río, y se convirtió en enfermera docente en la Universidad Católica.

Cecilia Moya como enfermera del PESMIB (Programa de Extensión de la Salud Materno Infantil y Bienestar Familiar), política emblemática del gobierno de la Unidad Popular fundada en 1972, trabajó con recién nacidos y viajó a distintos puntos del país formando equipos para trabajar en servicios de neonatología[266]. Formada por dos años en la Universidad de Cornell, y con estadías en hospitales de Estados Unidos, Moya decidió regresar a Chile al hospital Calvo Mackenna donde trabajada Grace Thompson, "una gringa que había organizado todo un servicio de pediatría al estilo inglés".

Trabajando con matronas y enfermeras, Moya se dio la tarea de organizar un servicio de neonatología en el servicio del Roberto del Río y también asesoró a la maternidad del Hospital José Joaquín Aguirre. Moya afirma que con escasa tecnología se inició "una serie de terapias nuevas como respiradores, etc., una serie de técnicas, recambio sanguíneo, formas especiales, ahí me tocó hacer las normas, trabajar intensamente".

[265] Lucia Castillo Lobos, E. Rocío Núñez Carrasco, Amaya Pavez Lizárraga, Enzo Videla Bravo, Leidy Sánchez Castillo, "Iris Véliz Hume. Pionera de la enfermería pediátrica en el norte de Chile", *BENESSERE - Revista de Enfermería*, Vol. 3, N° 1, Valparaíso, Chile, enero - diciembre 2018, pp. 1-7.

[266] Ministerio de Salud, Evaluación final Programa de Extensión de Servicios Materno Infantiles y de Bienestar Familiar (Documento Preliminar), Santiago: s/e., 1976, p. 9.

Esta enfermera destaca los cambios graduales que se dieron, por ejemplo, en la forma de inyectar y de hacer extracciones de sangre a los niños, en la forma de inmovilizarlos, y también las modificaciones a las normas hospitalarias respecto de la cercanía física entre madres y niños en los servicios neonatológicos que ella apoyaba categóricamente: "Yo era partidaria de que las mamás cuidaran a sus hijos en el hospital [...], logré que la visita fuera diaria, logré que la mamá estuviera más tiempo con el niño, yo le decía al doctor estos niños se mueren de pena. Convencí a mis colegas que hiciéramos turnos de noche, aunque tuviéramos varios servicios. Fíjate que en esa época cuando las enfermeras empezaron a hacer turnos de noche bajó la mortalidad a la mitad, y no era porque las auxiliares no los cuidaban, sino que era por todo el sistema".

Sensibilidad y especialización pediátrica

Paralelo al proceso de especialización pediátrica de las enfermeras, los debates respecto de la profesión fueron fecundos en la revista *Enfermería* desde 1965. Si bien los artículos producidos por médicos y enfermeras en la década de los años 1960 seguían recurriendo a las ventajas del género femenino para el fortalecimiento del vínculo con las madres, también se apreciaba el creciente valor del conocimiento y autoridad que estas profesionales habían adquirido, y también el debate sobre el desgaste emocional que este trabajo les imponía.

Según la primera editorial de la revista *Enfermería*, la publicación nacía para apoyar las labores de estas profesionales, y entre sus objetivos estaba "demostrar a los pacientes en primer lugar y luego a la opinión pública que debajo del uniforme de cada enfermera late un corazón de mujer sensible a las emociones y a los sentimientos propios de la condición humana"[267]. La sensibilidad emocional con sus pacientes y sus familias, con su historia y realidad socioeconómica era una virtud que les era propia.

En esta publicación aparecían consideraciones respecto de quiénes eran las enfermeras, su condición humana y los límites de su profesión, aspectos que en el pasado habían tenido escasa importancia. Por ejemplo, Eliana Horta P., profesora de la Escuela de Enfermería de la Universidad de Concepción, describía en 1965 la importancia de las emociones del paciente y el trato recibido por parte de las enfermeras; el impacto de su contexto inmediato como era la sala de recuperación, la cercanía, como era la familia, el trabajo, y también

[267] Editorial "Camino al Porvenir", *Enfermería*, 1965, julio, Año I, n° 1, p. 1.

las consecuencias de la "vida moderna". Pero junto a la comprensión que se exigía de la enfermera hacia la biografía del paciente, Horta ponía atención a lo que sucedía con estas profesionales:

> No olvidemos que la enfermera es también una persona, un ser humano, con imperfecciones, con anhelos [...] y sin embargo a ella siempre se le exige estar bien dispuesta a ayudar a los demás, a proyectarse a los otros, a pasar por encima de sus propias necesidades cuando se trata de las necesidades del paciente, o de la familiar. Por otra parte, a menudo su comportamiento está en tela de juicio por parte del público. ¿Cuántas veces no escuchamos decir de la enfermera;"es inhumana, fría, impersonal, insensible?" Evidentemente es una crítica dura y amarga la cual no debemos desestimar del todo. Muchas veces la actitud de la enfermera inspira estas expresiones, pero no olvidemos que ella también necesita vivir y no puede morir un poco con cada paciente que fallece en su sala, pues hay otros que necesitan de ella[268].

Horta era una de las pocas profesionales que prestaba atención a las limitaciones humanas que afectaban el trabajo de ellas y apelaba a la necesidad de que la enfermera debía "aceptarse a sí misma", "amarse a sí misma de manera que pueda vaciar este amor en el mismo grado, lo que le permitirá ir hacia a los otros con comprensión y ternura". Con sorprendente asertividad, Horta planteaba una idea que cuestionaba aquella posición que postulaba la casi infalibilidad de la enfermera en el tratamiento del paciente: "Los intereses de la enfermera no pueden girar solo alrededor de su situación de trabajo, ni puede permitirse extraer satisfacciones afectivas únicamente de lo que obtiene de sus pacientes. Esto la llevará a una dependencia emocional, la cual le impide pensar, actuar y desenvolverse con libertad y seguridad afuera, en su medio social"[269].

Pero así como se presentaban preocupaciones relacionadas con la actividad profesional de las enfermeras, con las limitaciones que presentaba su condición humana en el tratamiento de otros seres humanos, también surgieron cuestiones relacionadas con su idoneidad en ciertas labores sanitarias por su condición femenina y también con las necesidades de diferenciar las tareas entre médicos y enfermeras, y distinguir claramente las competencias de estas últimas que no requerían de supervisión médica.

[268] Eliana Horta P., "Hacia una comprensión humana en la interrelación enfermera-paciente", *Enfermería*, 1965, septiembre, Año I, N°, pp. 8-9.

[269] Horta P., *ibídem*, p. 9.

Por ejemplo Sofía Pincheira, enfermera pionera en recibir entrenamiento en el extranjero, insistía en la determinación concisa de aquellas tareas y en la necesidad de que fueran las propias enfermeras las que asumieran sus responsabilidades específicas: "Esta falta de diferenciación profesional es debida en parte, a que muchas de sus actividades con mayor o menor discriminación han sido delegadas a otros grupos, fragmentando así su responsabilidad, al extremo que mientras tiene autoridad en la marcha de alguna unidad o servicio de la Institución que sirve, no es fácil establecer cuál es el papel en la atención directa del paciente o la familia, en la forma que el médico o la asistencia social asumen a sus enfermos o clientes"[270].

Precisamente en el caso del desarrollo del campo pediátrico, como vimos para el caso de los consultorios periféricos, se aprecia que existía una disputa y una creciente superposición de labores entre médicos y enfermeras, relacionada con los mayores conocimientos de estas profesionales y también con la histórica percepción de que ellas no debían extralimitarse en sus funciones.

El valor de la condición femenina, cualidad virtuosa para ganarse la confianza de la población, en el ejercicio de la enfermería si bien seguía siendo importante, desde la década de los años 1960 era matizada crecientemente con el valor de la formación y especialización de estas profesionales. Prueba de aquello era el impulso a su formación y capacitación y las disputas de autoridad con los médicos en unidades asistenciales como los consultorios y unidades hospitalarias pediátricas. Por ejemplo, a mediados de la década de los años 1970, un estudio que revisaba las necesidades de perfeccionamiento de posgrado, establecía que las materias más demandadas eran administración de servicios de enfermería y preparación materno-infantil. También se establecía que el 49,5% de las enfermeras encuestadas solicitó cursos referidos a tratamientos intensivos en unidades de urgencia, comportamiento, administración y pediatría[271].

Asimismo, las enfermeras impulsaron una asociación a fines de los años 1970, la Sociedad Chilena de Enfermería Pediátrica[272], que lideró actividades que reforzaron su formación académica. En virtud de que la ONU había declarado a 1979 como el Año Internacional del Niño[273], esta sociedad impulsó filiales

[270] Sofía Pincheira, "La enfermera profesional y sus responsabilidades", *Enfermería*, 1965, septiembre, Año I, n° 3, pp. 13-14.

[271] Amanda Espinoza C., Margarita Soza A., Armida Guerra M., Rosy Ravera P., Virginia Elgueta, "Estudio de necesidades de perfeccionamiento post grado de las enfermeras del área occidente año 1976", *Enfermería*, octubre-diciembre, Año XI, n° 50, 1976, pp. 27-37.

[272] "Sociedad Chilena de Enfermería Pediátrica", *Enfermería*, 1977, julio-septiembre, Año XII, n° 53, p. 32.

[273] "Editorial", *Enfermería*, 1980, enero-marzo, Año XIV, n° 63.

regionales en Antofagasta y Temuco[274], y coordinó cuatro sesiones científicas en colaboración con la Sociedad Chilena de Pediatría, en que se reconocía el trabajo de médicos y enfermeras en el campo de la neonatología, como, por ejemplo, el liderazgo de la enfermera Grace Thompson. Asimismo, enfermeras que trabajaban en el Hospital Calvo Mackenna y en el Departamento de Salud Mental y Psiquiatría de la Facultad de Medicina de la Universidad de Chile, presentaron trabajos referidos a variados temas, como morbilidad psiquiátrica infantil en consultorios urbanos y rurales, cambios en la conducta de niños hospitalizados, técnicas de amamantamiento, entre otros. También se hizo un reconocimiento a la tarea que realizaba COANIL (Corporación al Niño Limitado) y se presentaron temas referidos a la sordera infantil. En la última sesión la presidenta de esta sociedad, Idilia Jerez, introdujo una serie de avances en materia de pronóstico del cáncer infantil y del estado psicológico de los niños que padecían esta enfermedad, coordinados por estas profesionales[275].

Durante 1980 esta asociación invitaba a las enfermeras a una serie de cursos dedicados a especialidades como el "desarrollo psicomotor y estimulación temprana", las convocaba a presentar trabajos en el Segundo Seminario Nacional de Enfermería Pediátrica que se concentró en la atención del recién nacido, a las Primeras Jornadas Latinoamericanas de Enfermería Pediátrica realizadas en Santiago, y a una serie de sesiones científicas que trataban temas como la lactancia materna, la atención de enfermería del niño quemado o atención quirúrgica infantil[276]. Todas estas actividades daban cuenta del intenso activismo científico y formativo en el que estaban involucradas estas profesionales a inicios de la década de los años 1980.

Conclusión

Si bien la condición femenina de las enfermeras fue entendida como una ventaja, pues su labor era una especie de extensión racional de los cuidados maternos, las capacitaciones frecuentes en las que el SNS y las escuelas universitarias las comprometieron desde los años 1950 en áreas de la prevención, educación y curación de patologías específicas tuvieron una serie de impactos, entre otros,

274 "Sociedad Chilena de Enfermería Pediátrica inicia creación de filiales regionales", *Enfermería*, 1980, enero-marzo, Año XIV, n° 63, p. 40.

275 "Sesiones científicas celebradas por la Sociedad Chilena de Enfermería Pediátrica", *Enfermería*, 1980, enero-marzo, Año XIV, n° 63, pp. 41-42.

276 "Programa de actividades 1980 de la Sociedad Chilena de Enfermería Pediátrica", *Enfermería*, 1980, enero-marzo, Año XIV, n° 63, p. 39.

en que la asociación de su ejercicio laboral con el género se hizo menos explícita; es decir, la condición femenina de este oficio era una cualidad importante pero también, gradualmente, era determinante su entrenamiento profesional.

Esto no se tradujo en que dicha asociación desapareció, sino que más bien se complejizó y fue menos obvia que antes. Como lo dejan entrever las fuentes sobre experiencias asistenciales, monografías escritas por enfermeras, y entrevistas a enfermeras que trabajaron en el SNS, la formación en conocimientos pediátricos más técnicos –y menos asociados a la intuición y a un saber femenino y maternal– fue un proceso que propone un debate interesante y provocador sobre cómo las definiciones del oficio de enfermería no puede seguir asociando su ejercicio solamente a las virtudes naturalizadas de la condición femenina.

En el caso de la enfermería pediátrica es desafiante, porque la combinación entre conocimiento y género facilitó medidas pioneras como, por ejemplo, el valorizar que las madres estuvieran más cerca, físicamente hablando, de sus hijos hospitalizados. Esta medida era fruto de sus observaciones y de los nuevos derroteros de la pediatría que valoraban positivamente la cercanía materna para la recuperación infantil y no solo consecuencia de un particular saber o intuición femenina.

Si durante la primera mitad del siglo XX las cualidades más valoradas del trabajo de la enfermera respecto de la salud infantil eran las de carácter actitudinal como la vocación, el sacrificio, la compasión, el amor maternal –asociadas a la naturaleza femenina– a partir de la década de los años 1950, aquellas no eran suficientes para garantizar un ejercicio idóneo de la enfermería. La formación en salud pública, estadística, farmacología y tratamientos clínicos fue crecientemente requerida, especialmente desde la década de los años 1940, con el propósito de fortalecer la formación científica y técnica de estas profesionales. El ejercicio de competencias precisas era la garantía de que las enfermeras estaban habilitadas para trabajar en programas asistenciales que debían, necesariamente, incrementar su cobertura y grados de especialización, especialmente a partir de la fundación del SNS.

Caracterización de las entrevistadas

Las entrevistas fueron realizadas en la ciudad de Santiago, entre fines del año 2010 y 2017. Se efectuaron entrevistas individuales "en profundidad", flexibles y no estandarizadas. Todas las participantes firmaron previamente una carta de consentimiento informado aprobada por el Comité de Ética de la Universidad Alberto Hurtado (Santiago de Chile).

Cuadro 1. Enfermeras Entrevistadas

	Nombre	Edad	Años de formación	Principales recintos asistenciales en que trabajó entre 1955 y 1980
E1	Celsa Parrao	73 años	1956-1960 en U. de Chile.	1960-1968 Consultorio Rosita Renard; 1968-1971 Enfermera tratante Posta Central; 1971-1973 Departamento de Capacitación de la Coordinadora de Centros de Madres (COCEMA); 1971-1972 Voluntaria Consultorio Población Nueva La Habana; 1973-1982
E2	Cecilia Moya	72 años aprox.	1958 – 1961 U. de Chile	1961-1965 Pediatría en el Hospital San Borja Arriarán y posteriormente en Hospital Roberto del Río, siempre como parte de la cátedra del doctor Julio Meneguello. 1965-1967 estudia en EE.UU. (Cornell) Neonatología. 1968 ingresa Servicio de Neonatología, Hospital Calvo Mackenna. A comienzo de los años setenta y hasta 1981 docente Escuela Enfermería PUC.
E3	Patricia Talloni	72 años aprox.	1959- 1962 U. de Chile	Enfermera materno-infantil SERMENA La Serena. Posgrado en Docencia en Salud, Escuela de Salud Pública U. de Chile Docente U. de Chile, La Serena -1971-1973
E4	Alicia Berguer	71 años aprox.	Escuela de Enfermería de la PUC. 1960 -1963	1964-1971 Consultorio Quinta Bella. Enfermera Tratante y Enfermera Jefe suplente 1971 – 1973 Enfermera en la Facultad de Enfermería Universidad de Chile de Chillán 1973-1976 SNS Santiago
E5	María Gabriela	69 años	1966-1969 U. de Chile.	1969-1971 Consultorio de El Monte. 1971-1975 Consultorio de Colina; Consultorio de Independencia: es asignada a trabajar en Sala cuna de Panamericana de Algodones; 1981-1989.
E6	Blanca Vial	66 años aprox.	1963-1966 Enfermera PUC	1967 -1969 Posta Central. 1969 Hospital de Curanilahue, Consultorio; 1971 – 1973 Hospital Sótero del Rio; Consultorio San Gregorio, Escuela de Auxiliares de Enfermería del Hospital Sótero del Río; 1973 viaja fuera del país; 1979, regresa a Chile a trabajar en Clínica Alemana
E7	Josefina del Valle	66 años	1963-1966 Enfermera PUC	1967 Posta Central; 1968 Hospital de Curanilahue; 1969 Servicio Sur Santiago, Consultorio San Rafael, Hospital Sótero del Río; Consultorio La Granja; 1972 enfermera jefe del área, del área sur-oriente
E8	Carmen Sepúlveda	64 años	1964-1969. U. de Chile.	1968-1973, CAIMI, Centro de Adiestramiento Investigación Materno Infantil dependiente del Hospital San Borja Arriarán; 1973-1975/6 Consultorio en Chillán; 1976 Instituto de Seguridad del Trabajo (IST).

Fuentes primarias

BENESSERE - Revista de Enfermería
Boletín del Servicio Nacional de Salud
Cuaderno Médico Sociales
Enfermería
Revista Chilena de Pediatría
Revista Médica de Chile
Colegio de Enfermeras (Facebook)

FLORES ROSALBA, *Historia de la enfermería en Chile*, Santiago, s/d, 1965.

HOWARD JORGE E., GRACE E. THOMPSON, *Atención del niño prematuro*, Santiago, Universidad de Chile, 1957

HOSPITAL DE NIÑOS ROBERTO DEL RÍO, *Normas de atención médica intrahospitalaria*, Santiago, 1976.

MENEGHELLO JULIO, CELIA MUÑOZ, *Puericultura, pediatría y enfermería*, Santiago, Ed. Universitaria, 1965.

MINISTERIO DE SALUD PÚBLICA, *Consejo Nacional Consultivo de Salud. Recursos Humanos de Salud en Chile*. Santiago de Chile: Ministerio de Salud Pública, 1970.

MINISTERIO DE SALUD PÚBLICA, *Evaluación final Programa de Extensión de Servicios Materno Infantiles y de Bienestar Familiar* (Documento Preliminar), Santiago: s/e., 1976.

SANTIBÁÑEZ LÍA *et al. Atención de enfermería en clínica de niños sanos, demanda de atención y recursos de personal en la V Zona de Salud*, Servicio Nacional de Salud Sección de Enfermería, Documento Mimeografiado, Santiago, 1968.

SERVICIO NACIONAL DE SALUD, *Normas para la atención de las diarreas estivales del lactante*, Central de Talleres, Santiago, 1960.

SERVICIO NACIONAL DE SALUD, *Problemas y actividades del Servicio Nacional de Salud en 1960*, Santiago, Talleres de la Sección Educación para la Salud, 1961.

SERVICIO NACIONAL DE SALUD, *Normas para la atención del recién nacido: normas pediátricas*, Quimantú, Santiago, 1973.

Bibliografía

BARRY CAROLINA, KARINA RAMACCIOTTI; ADRIANA VALOBRA eds. *La Fundación Eva Perón y las mujeres en Buenos Aires: entre la provocación y la inclusión*, Buenos Aires, Ed. Biblos, 2008.

GONZÁLEZ MARICELA, "Logros son acciones. Prácticas de intervención social y sanitaria en Chile. El Servicio Nacional de Salud, 1952-1973", Tesis Doctoral, P. Universidad Católica de Chile, 2017.

GONZÁLEZ MARICELA, MARÍA SOLEDAD ZÁRATE, "Trabajo, miserias y recompensas. Asistentes sociales, enfermeras y matronas en la construcción de la política sanitaria chilena a mediados del siglo XX", *Revista Salud Colectiva*, Vol. 15, 2019, pp. 1-16.

González Maricela, María Soledad Zárate Campos, "Profesionales, modernas y carismáticas: enfermeras y visitadoras sociales en la construcción del Estado Asistencial en Chile, 1900-1930", *Tempo*, Vol. 24 n. 2, mayo/ago. 2018, pp. 369-387.

Hutchison Elizabeth Quay, María Soledad Zárate Campos, "Clases medias en Chile: Estado, género y prácticas políticas, 1920-1970", en *Historia Política de Chile*, Tomo I, Ivan Jacsik y Juan Luis Ossa editores, Santiago, fce, 2017, pp. 217-301.

Martín, Ana Laura. "Mujeres y enfermería: Una asociación temprana y estable, 1886-1940", en Biernat, Carolina; Cerdá, Juan Manuel; Ramacciotti, Karina, eds., *La salud pública y la enfermería en la Argentina*, Bernal: Universidad Nacional de Quilmes, 2015, pp. 257-286.

Zárate, María Soledad, "Señora, su hijo no va a morir: Enfermeras y madres contra la mortalidad infantil, Chile, 1950-1980", en *Rastros y gestos de las emociones*, Macarena Cordero *et al.* editores, Editorial Universidad Adolfo Ibáñez, 2018, pp. 163-198.

Zárate, María Soledad, "Formar enfermeras, no empleadas domésticas. Profesionalización del cuidado sanitario. Chile, 1930-1950", *Revista Dynamis*, vol. 37 (2), 2017, pp. 317-343.

INTRODUCCIÓN PARTE II
LAS CIENCIAS Y SUS PÚBLICOS. CIRCULACIONES Y COLABORACIONES EN LA PRODUCCIÓN DE LOS CONOCIMIENTOS CIENTÍFICOS

Lorena B. Valderrama y Marcelo Sánchez Delgado

Durante décadas el análisis de los públicos sobre los conocimientos científicos o los procesos de comunicación pública de la ciencia han sido considerados aspectos marginales en la historia de la ciencia y la tecnología. Sin embargo constituyen un espacio en el que pueden desarrollarse aportes significativos y otras perspectivas en la interpretación de las relaciones entre las ciencias y la sociedad.

Tradicionalmente el quehacer científico se ha comprendido como un proceso fragmentado, en el que el primer paso es la producción de conocimiento, y el segundo su comunicación. Esta idea respondería a una comprensión estrecha de la actividad científica y de la naturaleza de la ciencia[277]. A esto se suma el que las investigaciones en el campo de la comunicación social han entendido este fenómeno como unidireccional, en que el público tiende a considerarse como un receptor pasivo[278]. Estas concepciones se fundamentan en la comprensión de la comunicación como una transmisión de información (desde un emisor hacia un receptor)[279]. En el caso de la comunicación pública de la ciencia, algunos investigadores han pensado este proceso desde un modelo del déficit cognitivo, en el cual las personas que generan y emiten la información científica son las calificadas como *expertas* (aquellas que *saben)* y son estas quienes deciden qué se comunica a ese público, compuesto por personas tipificadas como *legos*, *inexpertos*, o simplemente, *pueblo*; es decir, a quienes *no saben*[280].

Sin embargo, tanto en la producción de conocimiento científico como en su comunicación, el rol de quienes se consideran "inexpertos" ha sido fun-

[277] Jonathan Topham, "Rethinking the History of Science. Popularization/Popular Science", en: *Popularizing science and technology in the European periphery, 1800-2000.* Fanham & Burlington:Ashgate, 2009, 1-20.

[278] Stephen Hilgartner, "The dominant view of popularization: conceptual problems, political uses", Social Studies of Science 20 (1990): 519-539.

[279] Brian Wynne, "Public understanding of science research: new horizons or hall of mirrors?", Public Understanding of Science 1 (1992): 37-43.

[280] Agustí Nieto Galan, "La ciencia en la esfera pública del siglo xix. Géneros, discursos y apropiaciones", Cultura Escrita y Sociedad 10 (2010): 53-80.

damental, por ejemplo, como un aspecto estratégico en la construcción de apoyos y creación de alianzas con ese "pueblo", que va en directo beneficio de aquellas comunidades de expertos. En este sentido, autores como Cooter y Pumfrey o Hilgartner han planteado que la comunicación de la ciencia se vuelve clave para la obtención de financiamientos y apoyos de investigación.[281] Otros historiadores han cuestionado la relación dicotómica entre expertos que comunican y públicos pasivos, demostrando que el público es dinámico y activo en la producción de conocimientos, desempeñando un papel cognitivo que incide en la generación de conocimiento científico, como sostiene Féher[282]. En esta línea Nieto Galan, por ejemplo, plantea que hasta el más experto en un tema determinado será público de otro conocimiento[283]. Broks propone considerar que ese público incide de manera decisiva en el mismo acto comunicativo, así como en su soporte y en su significado[284]. Otros autores han sugerido que dicha distancia entre la construcción y la comunicación del conocimiento no se sostiene y, más bien, plantean que la producción de conocimiento es un acto comunicativo en sí mismo[285]. Resulta importante destacar también que hay un espacio para la agencia de los sujetos populares en el proceso de conocer, usar y desplegar sus propias formas de conocimiento a partir de lo dado por la ciencia y su comunicación, como evidencian, por ejemplo, los trabajos de Álvaro Girón Sierra sobre la recepción del evolucionismo entre los grupos anarquistas españoles[286].

En Chile el tema se ha abordado de diferentes posturas incluyendo dentro de los públicos a científicos, colaboradores, redactores, editores, visitantes de museos, etc.[287]. Algunos de estos estudios se han centrado en la prensa general

[281] Stephen Hilgartner, "The dominant view of popularization: conceptual problems, political uses", Social Studies of Science, 1990, 20: 519-539; Roger Cooter y Stephen Pumfrey, "Separate Spheres and Public Places: Reflections on the History of Science Popularization and Science in Popular Culture", *History of Science*, 32 (1994): 237–267.

[282] Marta Fehér, "Acerca del papel asignado al público por los filósofos de la ciencia", en: *La ciencia y su público, La ciencia y su público: perspectivas históricas.* Madrid: Consejo Superior de Investigaciones Científicas, 1990, 421-443.

[283] Agustí Nieto-Galan, *Los Públicos de la Ciencia. Expertos y profanos a través de la historia.* Madrid: Marcial Pons, 2011.

[284] Peter Broks, "Science, Media and Culture: British Magazines, 1890-1914". *Public Understanding of Science* 2, 2 (1993): 123-139.

[285] James A. Secord, "Knowledge in Transit", *Isis* 95, 4 (2004): 654-672.

[286] Álvaro Girón *En la mesa con Darwin: evolución y revolución en el movimiento libertario en España (1869-1914).* Madrid: Consejo Superior de Investigaciones Científicas, 2005.

[287] En el libro *Ciencia y Espectáculo. Circulación de saberes científicos en América Latina* encontramos varios trabajos sobre este tema en Chile, México y Argentina. Al respecto ver: María José Correa, Andrea

y/o científica nacional[288] o bien en sus públicos objetivos[289]. Otros se han concentrado en mostrar cómo los saberes populares muchas veces han incidido en la generación de conocimiento científico. Observaciones de fenómenos científicos, conocimiento de recursos, familiaridad con los territorios, entre otros, han incidido en la producción de los saberes científicos. Esto demuestra que la pasividad epistémica de estos públicos está lejos de ser tal y, por el contrario, esto grupos "no expertos" o que no forman parte de los centros de ciencia (laboratorios, observatorios, universidades, centros de investigación) no solo han inspirado líneas y programas de investigación, sino que han aportado información sustantiva a la producción de nuevos conocimientos[290].

Los capítulos que aquí se presentan reflexionan en torno a los roles, prácticas y relaciones de los públicos de las ciencias y visibilizan aquellos espacios culturales, de carácter más simbólico o imaginario, en que estos actores sociales se relacionan activamente con la producción de conocimientos científicos. En este sentido, aportan a la historiografía de la ciencia demostrando la existencia de públicos activos de estas, que generan relaciones y comunicaciones multidireccionales. ¿Cómo circulaban los conocimientos y quiénes formaban parte de este tránsito? Forman parte de las interrogantes que en este eje son respondidas, abarcando desde la lectura de textos astronómicos en los siglos XVI y XVII, pasando por los informes técnicos y publicaciones científicas del siglo XIX, hasta los almanaques y magazines que circularon hasta inicios del siglo XX.

Virginia Iommi, en su capítulo, aborda las anotaciones en libros astronómicos publicados durante los siglos XVI y XVII, y que hasta hoy en día se encuentran conservados en la Biblioteca Nacional de Chile. El estudio toma en consideración la dilatada vigencia de los manuales de cosmología geocéntrica

---

Kottow y Silvana Veto, *Ciencia y Espectáculo. Circulación de saberes científicos en América Latina*. Santiago: Ocho Libros Editores, 2016.

288 Patience A. Schell, "El Cultivo de una cultura chilena de historia natural, siglo XIX y comienzos del XX", en: *La movilidad del saber científico en América Latina. Objetos, prácticas e instituciones (siglos XVII al XX)*. Santiago: Editorial Universitaria, 2018, 99-126. Mauricio Onetto, *Discursos desde la catástrofe. Prensa, solidaridad y urgencia en Chile, 1906-2010*. Santiago: Acto Editores, 2018. Marcelo Sánchez, "El hombre vigoroso es el hombre supremo. Tópicos darwinistas, racistas y eugénicos en un caso de la literatura popular chilena", en Marisa Miranda y Gustavo Vallejo, *Derivas de Darwin. Cultura y política en clave biológica*. Buenos Aires: Siglo XXI, 2010, 268-297.

289 Verónica Ramírez, Manuel Romo y Carla Ulloa, *Antología Crítica de mujeres en la prensa chilena del Siglo XIX*. Santiago: Cuarto Propio, 2017.

290 Lorena B. Valderrama, "La catástrofe anunciada: terremotos y predicciones en la prensa diaria chilena (1906-1912)", en: *Ciencia y espectáculo. Circulación de saberes científicos en América Latina, siglos XIX y XX*. Santiago de Chile: Ocho Libros, 2016, 169-195. Lorena B. Valderrama, "Seismic Forces and State Power: The Creation of the Chilean Seismological Service at the Beginning of the 20th Century", *Journal of Historical Social Research* 40, 2 (2015): 81-104.

y el amplio marco temporal y geográfico en que fueron posiblemente consultados los ejemplares. A partir de la información existente sobre las condiciones de utilización y preservación de los textos, se examinan las diversas marcas de uso en algunos de dichos volúmenes, mostrando que existía una red de intercambio de información y un interés no solo científico, sino también literario entre aquellos lectores que consultaron y estudiaron los libros.

Felipe Vilo Muñoz identifica y analiza a los mediadores que generaron la circulación y tránsito del saber y de la obra "Viage al Desierto de Atacama" (1860) del naturalista Rudolph Philippi desde 1853 hasta su aparición en 1860. Este capítulo muestra cómo militares, cateadores, indígenas, lugareños, intelectuales, editores, redactores, corresponsales, lectores y burócratas le entregaron al naturalista el soporte necesario para conseguir los objetivos de la publicación y la producción de artículos, colecciones museológicas, siendo la obra el producto de un estrecho circuito de colaboración desarrollado desde la periferia del desierto hacia el movedizo espacio de divulgación institucional del Chile de mediados del siglo XIX.

El estudio de Marina Alvarado y Manuel Alvarado, en cambio, se concentra en publicaciones creadas para públicos amplios a mediados del siglo XIX, donde se fomentaba el gusto por la ciencia, como es el de los almanaques no religiosos chilenos, constatando una temprana lectura magazinesca y semintensiva de lectores curiosos que buscaban en estos medios escritos nociones científicas que les ayudaran e hicieran sentido en su quehacer diario, en un periodo de transformación de la ciencia en un bien de consumo que se ensamblaba a la perfección con esta nueva sociedad burguesa

El capítulo de Nelson Arellano-Escudero y Antoni Roca-Rosell, también analiza publicaciones periódicas pero orientadas a un público más acotado, como es el caso de la *Revista Chilena de Historia Natural*, mostrando una circulación del conocimiento científico a través de canales cuyos recorridos trazaron rutas de conexión propias que entendemos como expresión de la modernidad de escalas intersectadas. La movilidad de este instrumento de divulgación científica permite analizar la internacionalización de los públicos, incluyendo en ello a los propios científicos. La comprensión de este fenómeno se entiende como parte de la red mundial de museos que se configuró en el siglo XIX, de la que formó parte el Museo de Historia Natural de Valparaíso.

En la línea de las publicaciones periódicas, Lorena B. Valderrama y Verónica Ramírez cierran este eje con el análisis de la representación de teorías sismológicas en las revistas culturales chilenas de inicios del siglo XX y la circulación de estas ideas entre Inglaterra-Chile. En su capítulo muestran cómo estos saberes formaban partes de las élites científicas e intelectuales, como también de la opinion pública, causando impacto social, aspectos que los medios de comunicación podrían haber usado para aumentar sus lectores y suscriptores.

En definitiva, estos aportes muestran tanto la agencia de actores diversos en la creación, recepción y transformación de la ciencia en el espacio público, como un espacio que tiene sus propias dinámicas históricas y particularidades, cuya historia constituye ya un campo dinámico e imprescindible para la reflexión y comprensión de las relaciones entre ciencia y espacio público.

Bibliografía

Broks Peter. 1993. Science, Media and Culture: British Magazines, 1890-1914. *Public Understanding of Science* 2 (2): 123-139.

Cooter Roger y Stephen Pumfrey. 1994. Separate Spheres and Public Places: Reflections on the History of Science Popularization and Science in Popular Culture. *History of Science*, 32: 237–267.

Correa María José, Kottow Andrea y Silvana Vetö, eds. 2016. *Ciencia y espectáculo. Circulación de saberes científicos en América Latina, siglos XIX y XX*. Santiago: Ocho Libros.

Fehér Marta. 1990. Acerca del papel asignado al público por los filósofos de la ciencia. En *La ciencia y su público. Perspectivas históricas,* 421-443. Madrid: Consejo Superior de Investigaciones Científicas.

Girón Álvaro. 2005. *En la mesa con Darwin: evolución y revolución en el movimiento libertario en España (1869-1914).* Madrid: Consejo Superior de Investigaciones Científicas.

Hilgartner Stephen. 1990. The dominant view of popularization: conceptual problems, political use. *Social Studies of Science* 20 (agosto): 519-539.

Nieto-Galan Agustí. 2011. *Los Públicos de la Ciencia. Expertos y profanos a través de la historia.* Madrid: Marcial Pons.

____________. 2010. La ciencia en la esfera pública del siglo xix. Géneros, discursos y apropiaciones. *Cultura Escrita y Sociedad* 10 (Abril): 53-80.

Onetto Mauricio. 2018. *Discursos desde la Catástrofe: Prensa, solidaridad y urgencia en Chile 1906-2010.* Santiago: Acto Editores.

Ramírez Verónica, Romo Manuel y Carla Ulloa. 2017. *Antología Crítica de mujeres en la prensa chilena del Siglo XIX*. Santiago: Cuarto Propio.

Sánchez Marcelo. 2010. El hombre vigoroso es el hombre supremo. Tópicos darwinistas, racistas y eugénicos en un caso de la literatura popular chilena. En *Derivas de Darwin. Cultura y política en clave biológica,* 268-297. Buenos Aires: Siglo xxi.

Schell Patience. 2018. Natural history values and meanings in nineteenth-century Chile. *The Royal Society journal of the history of science* 73 (agosto): 101-124.

Secord James. 2004. Knowledge in transit, *ISIS,* University of Chicago 95 (December 2004): 654-672.

Topham Jonathan. 2009. Rethinking the History of Science. Popularization/Popular Science. En *Popularizing science and technology in the European periphery, 1800-2000*, 1-20. Graat Britain: Ashgate.

Valderrama Lorena B. 2015. Seismic Forces and State Power: The Creation of the Chilean Seismological Service at the Beginning of the 20th Century, *Journal of Historical Social Research* 40 (2): 81-104.

Valderrama Lorena B. 2016. La catástrofe anunciada: terremotos y predicciones en la prensa diaria chilena (1906-1912). En *Ciencia y espectáculo. Circulación de saberes científicos en América Latina, siglos XIX y XX*, 169-195. Santiago: Ocho Libros.

Wynne Brian. 1992. Public understanding of science research: new horizons or hall of mirrors?. *Public Understanding of Science* 1: 37-43.

1. Lectores de literatura astronómica en Chile colonial: anotaciones en impresos de los siglos XVI y XVII

Virginia Iommi Echeverría

Dos años después de la fundación de Santiago en 1541 fue publicado en Nuremberg un extenso y complejo tratado de astronomía escrito por un matemático polaco. Mientras el inicio formal de la instalación española en territorio chileno abría un largo periodo de ocupación que duraría más de dos siglos, la divulgación de la obra de Nicolás Copérnico (1473-1543) marcaría el paulatino abandono del cosmos geocéntrico en favor de un modelo que hacía de la tierra un planeta más orbitando alrededor del Sol. A pesar de la innegable distancia geográfica, las implicancias de estos dos hitos pueden ser analizadas en conjunto atendiendo a su convergencia en la vida intelectual del periodo colonial. Si bien la intensa actividad militar parece haber sido predominante durante esos años, esto no impidió la circulación de libros, la conformación de pequeñas bibliotecas y el estudio de las disciplinas científicas en Chile. Como veremos en las páginas que siguen, el acercamiento a la astronomía en este escenario estuvo marcado por su presencia en los programas educativos de las órdenes religiosas, así como por la resistencia doctrinaria frente al sistema copernicano.

Circulación y usos de libros científicos: leer los rastros coloniales

En la Sala Medina de la Biblioteca Nacional de Chile se conserva un manual de astronomía medieval prologado por Philip Melanchthon (1497-1560) titulado *Esfera*[291]. Esta edición formaba parte del intento del reformador alemán por reivindicar el estudio de la astronomía como una herramienta para acercarse a

[291] Esta investigación fue financiada por el proyecto FONDECYT N° 1180456. *Sphaera Ioannis de Sacro Bosco typis auctior, quam antehac, atq; ex diligenti manu scriptorum impressorumque codicum collatione castigatior praemissa Philippi Melanchthonis praefatione.* París: apud Guilielmum Richardum, 1545. Signatura: B1, T18-11. Melanchthon fue un cercano colaborador de Martín Lutero (1483-1546) y uno de los más importantes líderes intelectuales de la Reforma protestante. El volumen de la Biblioteca Nacional contiene además la versión renovada de la misma *Esfera* del connotado matemático francés, Oronce Fine (1494-1555), *De Mundi sphaera, sive, Cosmographia, primave Astronomiae parte: Libri V* (París: Apud Simonem Colinaeum, 1542. Ver José Toribio Medina. Catálogo breve de la biblioteca americana que obsequia a la Nacional de Santiago. Santiago de Chile: Imprenta Universitaria, 1926, I, 99.

los designios divinos expresados en los astros.[292] El libro tuvo gran popularidad durante el siglo XVI en Europa, aunque su inclusión en el índice de libros prohibidos repercutió en su difusión en el ámbito católico. Esto obligó, por ejemplo, a omitir el nombre del autor en las ediciones italianas del texto.[293] En las páginas de este ejemplar están inscritas en latín las atentas apostillas o acotaciones al texto de un lector especialmente atraído por los elementos clásicos de la obra: entre su anotaciones encontramos la corrección de una cita a un poeta romano y la precisión de una referencia al mismo autor[294]. El conjunto de marcas contenidas en este impreso revela un usuario interesado en apuntar no tanto los aspectos técnicos del saber astronómico, como ciertos rasgos literarios de la obra. Estos escasos rastros de lectura constituyen un interesante ejemplo de los usos de la literatura científica en el periodo moderno, pues expresan una aproximación a la obra que trasciende el carácter funcional del compendio. La presencia de este libro en una colección americana es a la vez una rareza dada la censura que pesaba sobre su autor en el medio católico, confirmando el dinamismo de la circulación de libros.[295] Este caso nos muestra la variedad de matices que los rastros en los libros pueden develar de sus usuarios y las inevitables limitaciones que acompañan su análisis.

Las investigaciones sobre las tempranas marcas manuscritas en los márgenes de libros –o *marginalia*– han reconocido que la mayoría de las anotaciones formaba parte de las prácticas de estudio, por lo que el tipo de apostillas de los siglos XVI y XVII corresponden habitualmente a explicaciones, ejemplos, correcciones y referencias. Las expresiones de opinión son extrañas, pues –especialmente en libros pertenecientes a bibliotecas– estos registros buscaban contribuir a un conocimiento colectivo y no privado[296]. Hacia el siglo XVIII las notas dejan de

[292] Al respecto ver Sachiko Kusukawa, *The transformation of Natural Philosophy. The case of Philip Melanchthon*. Nueva York: Cambridge University Press, 2006; 1ª edición: 1995, 126-131.

[293] Owen Gingerich "Sacrobosco illustrated" en *Between demonstration and imagination. Essays in the History of Science and Philosophy.* 1999. eds. Lodi Nauta y Arjo J.Vanderjagt, Leiden: Brill, 1999, 213.

[294] En el pasaje de *Farsalia* de Lucano citado a propósito de las estrellas del norte que parecen sumergirse en las aguas hacia el sur (iii, 249-252), el usuario subraya *Horestas* en el texto impreso, corrigiendo a un costado por "*Orestas*". En la página siguiente identifica la procedencia de otro pasaje de la misma obra apuntando "*Lib. 8*". *Sphaera Ioannis de Sacro Bosco*, Eiiii r-v.

[295] Desconocemos las circunstancias en que este ejemplar pasó a formar parte de la biblioteca de Medina, pero su consideración como parte de esta colección daría cuenta de su vínculo con el contexto americano. Sobre Medina y la conformación de su biblioteca, véase Rafael Sagredo, *J. T. Medina y su Biblioteca Americana en el siglo XXI. Prácticas de un erudito.* Santiago: Ediciones Biblioteca Nacional, 2019. Para un catálogo de rastros de uso en libros principalmente religiosos de esta biblioteca, ver Francisco Burdiles, Dina Camacho, y Camila Plaza. *Inscribir, atesorar, recordar. Huellas de manipulación en libros de pequeño formato. Sala Medina, Biblioteca Nacional.* Santiago: Ohayo Ediciones, 2019.

[296] Heather J. Jackson *Marginalia. Readers writing in books*. New Haven: Yale University Press, 2001, 50-51.

ser generalmente anónimas y comienzan a manifestar explícitamente el parecer individual de los lectores o, más bien, propietarios de los libros[297]. El caso del volumen antes mencionado es ejemplo de una intervención del usuario acotada a las categorías de estudio previas a este giro individual. Para las circunstancias que aquí examinaremos este tipo de registro es el más común y deriva de la presencia de impresos astronómicos en bibliotecas de órdenes religiosas antes que en colecciones particulares. Hasta mediados del siglo XVIII no era habitual que las bibliotecas privadas tuviesen libros científicos, además la práctica de la astronomía en Chile colonial era escasa y el estudio de esta se circunscribía mayoritariamente a la formación introductoria de estudiantes[298]. Desde esta perspectiva, los usos documentados por estos libros dan cuenta de formas de utilización que no pueden definirse como privadas sino más bien colectivas. Los libros expresan su perduración material y temporal en espacios institucionales donde la lectura frecuentemente estaba inserta en contextos grupales como una clase. Incluso cuando definíamos una lectura como privada, esta muchas veces estaba siendo guiada por las orientaciones entregadas previamente por el profesor[299]. En otras palabras, se trataba habitualmente de textos de estudio usados por seminaristas, alumnos, maestros y tal vez algún visitante desde mediados del siglo XVIII, cuando ciertas bibliotecas habrían abierto sus puertas al público[300]. Si bien la ordenación cronológica de las formas de lectura en el ámbito europeo parece adecuarse al

[297] Jackson, *Marginalia*, 60. Evidentemente esta periodización es una clasificación general de análisis que encuentra excepciones y no implica la desaparición de las prácticas precedentes.

[298] A propósito de un cargamento de libros destinado a venderse en La Paz el año 1748, Isabel Cruz califica como "interesante la composición de este envío que por su variedad temática difiere bastante de las bibliotecas particulares del periodo, donde dominan generalmente las obras de derecho, religión y moral. A los títulos ya citados en dichas materias, este cargamento agrega una apreciable cantidad de obras científicas y literarias [...]". Isabel Cruz, "La cultura escrita en Chile 1650-1820. Libros y Bibliotecas," *Historia* 24 (1989): 107-213, ver 132-3. En cuanto al estudio de astronomía, sabemos que era uno de los temas abordados durante el segundo año del programa de Filosofía dictado por los jesuitas. Walter Hanisch. *En torno a la filosofía en Chile (1594-1810)*. Santiago: Universidad Católica de Chile, 1963, 40.

[299] Respecto de lo ambiguo de la lectura privada en el momento del estudio, podemos destacar la figura del Maestro de Estudiantes en el colegio franciscano de San Diego de Alcalá, quien visitaba en sus celdas a los estudiantes tres veces durante el estudio de la mañana para resolver dudas. Ver José Toribio Medina. *La instrucción pública en Chile desde sus orígenes hasta el establecimiento de la Universidad de San Felipe*. Santiago: Imprenta Elzeviriana, 1905, II, 219. Estos antecedentes confirman lo impreciso de catalogar la lectura moderna como privada y silenciosa, opuesta a una lectura medieval comunitaria en voz alta. Fernando J. Bouza Álvarez. *Del escribano a la biblioteca. La civilización escrita europea en la Alta Edad Moderna (siglos XV-XVII)*. Madrid: Editorial Síntesis, 1997, 110-112.

[300] Sergio Martínez enumera diversas bibliotecas conventuales abiertas al público durante el siglo XVIII. Afirma que la biblioteca jesuita del Convento Máximo de San Miguel estuvo disponible a la consulta pública desde 1751. Sergio Martínez Baeza. *El libro en Chile,* Santiago: Ed. Lord Cochrane, 1982, 46-49.

escenario colonial americano, es preciso no obstante ponderar ciertas particularidades locales al abordar las *marginalia*.

En primer lugar, la dilatada vigencia de los textos es un rasgo importante para examinar las prácticas de lectura. La condena eclesiástica al copernicanismo –recién levantada en el siglo XIX– fue uno de los factores determinantes en la conservación y difusión de manuales de cosmología geocéntrica en el escenario colonial. Muchos de ellos, publicados durante los siglos XVI y XVII, no llegaron a considerarse obsoletos pues defendían un modelo aceptado por la Iglesia Católica. Esto no implicó que la lectura en esta materia se restringiera únicamente a estos escritos, pero al menos da cuenta de su pervivencia activa a finales del siglo XVII y durante el siglo XVIII. Por ejemplo, el fray dominico chileno Sebastián Díaz (1741-1813) seguía en su *Noticia general de las cosas del mundo por el orden de su colocación* (Lima, 1783) la estructura expositiva de los tratados cosmológicos renacentistas[301]. Aunque tengamos conocimiento de la circulación en territorio chileno de libros científicos publicados durante el siglo XVIII[302], esto no impidió la perduración de categorías antiguas en la comprensión del universo. Los rastros de uso en los ejemplares pueden corresponder a un amplio marco temporal, llegando a coexistir signos de lectores separados por décadas o siglos. Diego Barros Arana afirmaba críticamente –posiblemente asumiendo lo anticuado de sus contenidos– que los libros conservados en la biblioteca de la Universidad de San Felipe a comienzos del siglo XIX tenían en su mayoría más de cien años[303], ejemplo claro de su extensa vida útil.

En segundo lugar, los libros usados en el periodo colonial son testigos de un amplio recorrido geográfico. La gran mayoría de los textos astronómicos habían sido publicados en Europa y su traslado a América correspondía a una suerte de segunda existencia luego de haber sido estudiados en el viejo mundo. Aunque hay contados casos de libros en la materia editados en Lima o México[304], el estudio de los cielos durante los siglos XVI y XVII se remitía a los manuales europeos. Este largo viaje del libro como objeto era a la vez un camino de even-

301 Sebastián Díaz, *Noticia general de las cosas del mundo por el orden de su colocación. primera Parte,* Lima: Imprenta Real, 1783. Al respecto ver Virginia Iommi e Ignacio Uribe "Esferas: una aproximación a la cosmología renacentista en Chile colonial". *Asclepio* (2014) 66, 59-68.

302 Cruz señala que a partir de 1750 se puede apreciar en las bibliotecas chilenas la incorporación de libros científicos de gran popularidad en Europa y particularmente en España. Cruz, "La cultura escrita en Chile", ver 185-186.

303 Diego Barros Arana, *Historia General de Chile.* Santiago: Rafael Jover Editor, 1886, vol.VII, 502-503.

304 Entre estos destacan los diversos impresos sobre cometas publicados durante el siglo XVII en México y Lima. Ver al respecto Bruce Stanley Burdick, *Mathematical Works Printed in the Americas* 1554-1700, Baltimore: *The Johns Hopkins University Press*, 2009, 322-324.

tuales lectores. Desde sus primeros propietarios, pasando por los responsables de su traslado interoceánico y terrestre hasta llegar a su destino, los ejemplares podrían reflejar dicha experiencia a través de anotaciones escritas en distintos idiomas o cálculos de posiciones astrales para lugares diversos. El motivo inicial de la importación de estos ejemplares no era obstáculo además para un posterior cambio de propietario o movimiento dentro del dominio español. Por ejemplo, los libros pertenecientes a las bibliotecas conventuales podían ser trasladados por los propios religiosos entre distintos colegios de una orden.

Estas formas de tránsito y uso incidieron también en la conservación de los ejemplares: aquellos signos elocuentes para el estudio histórico de la lectura, como las anotaciones de los usuarios, han constituido paradójicamente una de las razones de su desaparición. Un volumen profusamente anotado o marcado era un libro de escaso valor para su venta[305], lo cual se traducía eventualmente en desinterés y en extravío del mismo. Para el caso de colecciones particulares esta situación fue tal vez más significativa dada la posible indiferencia de los herederos por preservarlos. Por lo tanto, el material al que hoy tenemos acceso solamente nos da una perspectiva reducida de las formas de lectura. Es preciso, por lo tanto, intentar leer los rastros de uso en relación con los catálogos de bibliotecas, testamentos o descripciones contemporáneas de las formas de lectura, asumiendo no obstante que gran parte de las prácticas informales y de préstamo de ejemplares nos permanecen vedados.

Estas condiciones de uso hacen sin lugar a dudas difícil interpretar contextualmente las anotaciones. A pesar de tratarse de factores generales, no podemos sin embargo reducir nuestra lectura de los testimonios a dichas generalidades. Incluso el acto de lectura colectiva es también particular en cada caso, y dicha singularidad hace imposible asimilarla o reducirla a categorías establecidas. William H. Sherman ha señalado que es la ineludible especificidad de lectores y lecturas, antes que la naturaleza fragmentaria de la evidencia, aquello que hace a las *marginalia* resistentes a las conclusiones o teorías explicativas generales[306]. Para los casos que aquí trataremos, son extrañas las señales explícitas que permitan ubicar física y temporalmente el acto de lectura –referencias a lugares, nombres o años– por lo que podemos situarlos en un ámbito colonial de fronteras temporales y geográficas difusas.

[305] Por ejemplo, Aude Argouse se refiere a la devaluación de los ejemplares usados en la tasación de los libros del obispo De la Puebla González. Aude Argouse "De libros y otras cosas: el legado del obispo De la Puebla González. Santiago de Chile, 1705", *Relaciones*, 144 (2015): 13-53.

[306] William H. Sherman, *Used books. Marking readers in Renaissance England*. Philadelphia: University of Pennsylvania Press, 2008, p. xvi.

Veamos algunos casos. La *Sphera del universo* (Madrid, 1599) de Ginés Rocamora y Torrano conservada en la Sala Medina de la Biblioteca Nacional de Chile, contiene diversas marcas de lectura. El tratado de Rocamora y Torrano –quien fue regidor de Murcia y murió en 1612– era una extensa exposición sobre la importancia y usos de las matemáticas. Uno de sus usuarios escribe *ojo* junto a la explicación de la causa de las muertes al amanecer (Imagen 1) y en la afirmación del fuego como el más noble de los elementos[307]. Además hay tres fragmentos subrayados. El primero está referido a lo acertado de la escritura "en romance" de las ciencias (Imagen 2)[308]. El segundo es la constatación de que el cielo no tiene color, pues no hay aire en él, y el tercero es la aseveración de la influencia del primer cielo lunar sobre la complexión y entendimiento humanos[309]. Estas marcas podrían corresponder a los rastros de un lector o lectores interesados en los usos médicos de la astronomía, es decir, en las diversas relaciones aceptadas desde la Antigüedad entre los elementos del universo y el cuerpo humano.

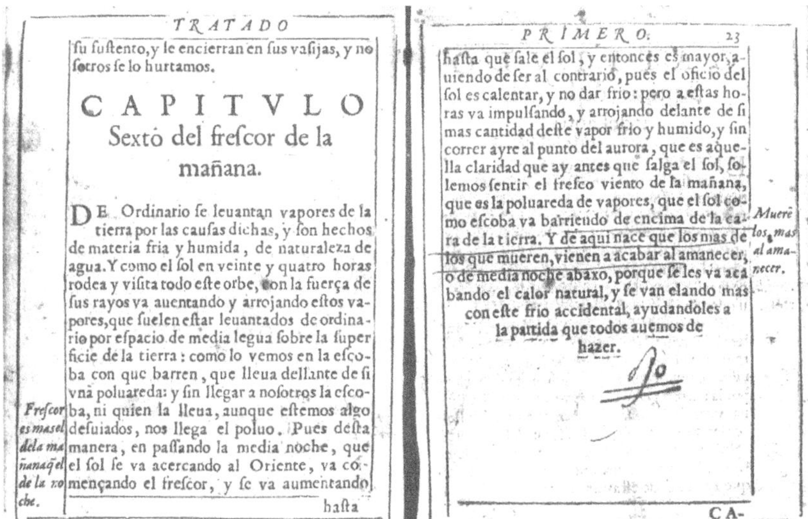

TRATADO

su sustento, y le encierran en sus vasijas, y nosotros se lo hurtamos.

CAPITVLO Sexto del frescor de la mañana.

DE Ordinario se leuantan vapores de la tierra por las causas dichas, y son hechos de materia fria y humida, de naturaleza de agua. Y como el sol en veinte y quatro horas rodea y visita todo este orbe, con la fuerça de sus rayos va auentando y arrojando estos vapores, que suelen estar leuantados de ordinario por espacio de media legua sobre la superficie de la tierra: como lo vemos en la escoba con que barren, que lleua dellante de si vna poluareda: y sin llegar a nosotros la escoba, ni quien la lleua, aunque estemos algo desuiados, nos llega el poluo. Pues desta manera, en passando la media noche, que el sol se va acercando al Oriente, va comemçando el frescor, y se va aumentando

Frescor es mas el dela mañana q̃ el de la noche.

hasta

PRIMERO. 23

hasta que sale el sol, y entonces es mayor, auiendo de ser al contrario, pues el oficio del sol es calentar, y no dar frio: pero a estas horas va impulsando, y arrojando delante de si mas cantidad deste vapor frio y humido, y sin correr ayre al punto del aurora, que es aquella claridad que ay antes que salga el sol, solemos sentir el fresco viento de la mañana, que es la poluareda de vapores, que el sol como escoba va barriendo de encima de la cara de la tierra. Y de aqui nace que los mas de los que mueren, vienen a acabar al amanecer, o de media noche abaxo, porque se les va acabando el calor natural, y se van elando mas con este frio accidental, ayudandoles a la partida que todos auemos de hazer.

Mueren los mas al amanecer.

CA-

Imagen 1. Ginés Rocamora y Torrano, Sphera del universo. (Madrid: por Iuan de Herrera, 1599), 22-23. Colección Sala Medina, Biblioteca Nacional de Chile (reproducción de Biblioteca Nacional de Chile).

[307] Ginés Rocamora y Torrano, *Sphera del universo*. (Madrid: por Iuan de Herrera, 1599), fols. 23r y 35v. El ejemplar forma parte de la biblioteca americana donada por José Toribio Medina a la Biblioteca Nacional (signatura: SM 455.1). Ver Medina, *Catálogo breve de la biblioteca americana*, I, 98.

[308] Rocamora y Torrano, *Sphera*, fol. 43r.

[309] Rocamora y Torrano, *Sphera*, fols. 46v y 53r.

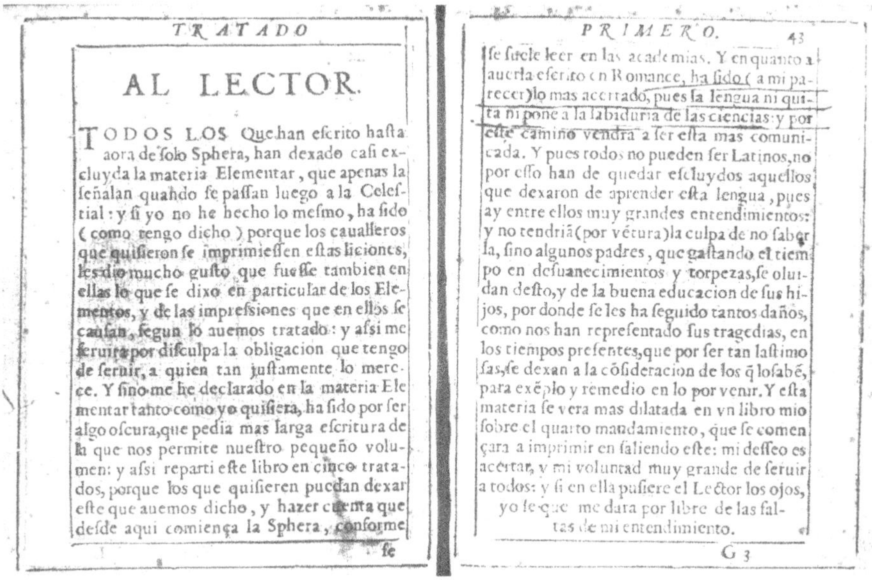

TRATADO

AL LECTOR.

TODOS LOS Que han eſcrito haſta aora de ſolo Sphera, han dexado caſi excluyda la materia Elementar, que apenas la ſeñalan quando ſe paſſan luego a la Celeſtial: y ſi yo no he hecho lo meſmo, ha ſido (como tengo dicho) porque los caualleros que quiſieron ſe imprimieſſen eſtas liciones, les dio mucho guſto que fueſſe tambien en ellas lo que ſe dixo en particular de los Elementos, y de las impreſsiones que en ellos ſe cauſan, ſegun lo auemos tratado: y aſsi me ſeruira por diſculpa la obligacion que tengo de ſeruir, a quien tan juſtamente lo merece. Y ſino me he declarado en la materia Elementar tanto como yo quiſiera, ha ſido por ſer algo oſcura, que pedia mas larga eſcritura de la que nos permite nueſtro pequeño volumen: y aſsi reparti eſte libro en cinco tratados, porque los que quiſieren puedan dexar eſte que auemos dicho, y hazer cuenta que deſde aqui comiença la Sphera, conforme

ſe

PRIMERO. 43

ſe ſuele leer en las academias. Y en quanto a auerla eſcrito en Romance, ha ſido (a mi parecer) lo mas acertado, pues la lengua ni quita ni pone a la ſabiduria de las ciencias: y por eſte camino vendra a ſer eſta mas comunicada. Y pues todos no pueden ſer Latinos, no por eſſo han de quedar eſcluydos aquellos que dexaron de aprender eſta lengua, pues ay entre ellos muy grandes entendimientos: y no tendriã (por vẽtura) la culpa de no ſaberla, ſino algunos padres, que gaſtando el tiempo en deſuanecimientos y torpezas, ſe oluidan deſto, y de la buena educacion de ſus hijos, por donde ſe les ha ſeguido tantos daños, como nos han repreſentado ſus tragedias, en los tiempos preſentes, que por ſer tan laſtimoſas, ſe dexan a la cõſideracion de los q̃ lo ſabẽ, para exẽplo y remedio en lo por venir. Y eſta materia ſe vera mas dilatada en vn libro mio ſobre el quarto mandamiento, que ſe començara a imprimir en ſaliendo eſte: mi deſſeo es acertar, y mi voluntad muy grande de ſeruir a todos: y ſi en ella puſiere el Lector los ojos, yo ſe que me dara por libre de las faltas de mi entendimiento.

G 3

Imagen 2. Ginés Rocamora y Torrano, Sphera del universo. (Madrid: por Iuan de Herrera, 1599), 42-43. Colección Sala Medina, Biblioteca Nacional de Chile (reproducción de Biblioteca Nacional de Chile).

En el mismo ejemplar hay también breves anotaciones de contenido. El párrafo sobre la medición de la redondez de la tierra en leguas está acompañado por una apostilla que señala *leguas millas* y al mencionar la longitud se corrige por *latitud*[310]. La materia matemática del tratado de Rocamora y Torrano no es especialmente destacada por sus usuarios. Es posible plantear que las marcas encontradas en este ejemplar dan cuenta de una aproximación no tan técnica a la obra, dispuesta a recoger de ella información variada más que astronómica propiamente tal.

Lectores sin duda más especializados trabajaron con un ejemplar del comentario a la *Esfera* del jesuita alemán Christoph Clavius (1538-1612)[311]. Con líneas laterales se destacan secciones referidas a la separación de la tierra y el agua, la región de éter y las constelaciones; mientras se subrayan fragmentos sobre la estructura de la esfera celeste y observaciones de Copérnico[312]. Especialmente notables son las marcas al costado del párrafo referido a la reforma del calendario, pues dan cuenta de una lectura detenida –línea a línea– que

[310] Rocamora y Torrano, *Sphera*, fols. 72r y 95r.

[311] Christoph Clavius, *In sphaeram Ioannis de Sacro Bosco commentarius*. Venecia: Giovanni Battista Ciotti, 1591. También es parte de la biblioteca americana de Medina (Sala Medina, B1, T28-13). Medina, *Catálogo breve*, 60.

[312] Clavius, *In sphaeram*, 32; 39; 43; 25; 182.

se va expresando en la extensión paulatina de la zona destacada (Imagen 3). Este tipo de uso no es extraño en el comentario de Clavius, pues fue uno de los manuales cosmológicos más estudiados en el tránsito del siglo XVI al XVII[313]. Se trataba de un texto erudito escrito por un connotado matemático –llamado por sus contemporáneos "el Euclides de su tiempo"– cuyos lectores posiblemente buscaban estudiar el contenido científico del mismo antes que abordarlo como una obra de carácter general.

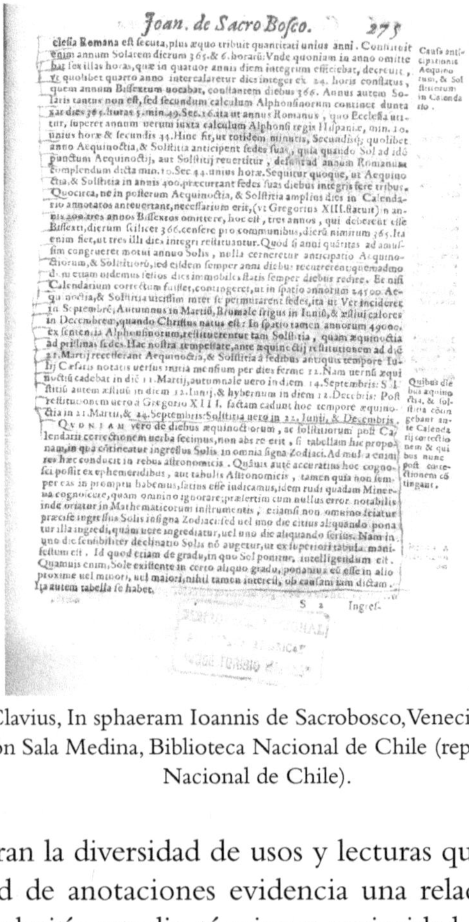

Joan. de Sacro Bosco. 275

clesia Romana est secuta, plus æquo tribuit quantitati unius anni. Constituit enim annum Solarem dierum 365. & 6. horarũ: Vnde quoniam in anno omittebat sex illas horas, quæ in quatuor annis diem integrum efficiebat, decreuit, ut quolibet quarto anno intercalaretur dies integer ex 24. horis conflatus, quem annum Bissextum uocabat, constantem diebus 366. Annus autem Solaris tantus non est, sed secundum calculum Alphonsinorum continet duntaxat dies 365. horas 5. min. 49. Sec. 16. ita ut annus Romanus, quo Ecclesia utitur, superet annum uerum iuxta calculum Alphonsi regis Hispaniæ, min. 10. unius horæ & secundis 44. Hinc fit, ut totidem minutis, Secundisq; quolibet anno Aequinoctia, & Solstitia anticipent sedes suas, quia quando Sol ad idẽ punctum Aequinoctij, aut Solstitij reuertitur, desunt ad annum Romanum complendum dicta min. 10. Sec 44. unius horæ. Sequitur quoque, ut Aequinoctia, & Solstitia in annis 400. præcurrant sedes suas diebus integris fere tribus. Quocirca, ne in posterum Aequinoctia, & Solstitia amplius dies in Calendario annotatos anteuertant, necessarium erit, (ut Gregorius XIII. statuit) in annis 400. tres annos Bissextos omittere, hoc est, tres annos, qui deberent esse Bissexti, dierum scilicet 366. censere pro communibus, dierũ nimirum 365. Ita enim fiet, ut tres illi dies integri restituantur. Quod si anni quãtitas ad amussim congrueret motui annuo Solis, nulla cerneretur anticipatio Aequinoctiorum, & Solstitiorũ, sed eisdem semper anni diebus recurrerent; quemadmodum etiam uidemus festos dies immobiles statis semper diebus redire. Et nisi Calendarium correctum fuisset, contingeret, ut in spatio annorum 24500. Aequinoctia, & Solstitia uicissim inter se permutarent sedes, ita ut Ver incideret in Septembrẽ, Autumnus in Martiũ, Brumale frigus in Iuniũ, & æstiui calores in Decembrem, quando Christus natus est: In spatio tamen annorum 49000. ex sententia Alphonsinorum, restituerentur tam Solstitia, quam æquinoctia ad pristinas sedes. Hac nostra tempestate, ante æquinoctij restitutionem ad diẽ 21. Martij recesserant Aequinoctia, & Solstitia à sedibus antiquis tempore Iulij Cæsaris notatis uersus initia mensium per dies ferme 11. Nam uernũ æquinoctiũ cadebat in diẽ 11. Martij, autumnale uero in diem 14. Septembris: Solstitiũ autem æstiuũ in diem 12. Iunij, & hybernum in diem 12. Decebris: Post restitutionem uero à Gregorio XIII. factam cadunt hoc tempore æquinoctia in 21. Martij, & 24. Septembris: Solstitia uero in 22. Iunij, & Decembris.

Causa anticipationis Aequinoctium, & Solstitiorum in Calendario.

QVONIAM uero de diebus æquinoctiorum, ac solstitiorum post Calendarij correctionem uerba fecimus, non abs re erit, si tabellam hic proponam, in qua cõtineatur ingressus Solis in omnia signa Zodiaci. Ad multa enim res hæc conducit in rebus astronomicis. Quãuis autẽ accuratius hoc cognosci possit ex ephemeridibus, aut tabulis Astronomicis, tamen quia non semper eas in promptu habemus, satius esse indicamus, idem rudi quadam Minerua cognoscere, quam omnino ignorare; præsertim cum nullus error notabilis inde oriatur in Mathematicorum instrumentis, etiamsi non omnino sciatur præcise ingressus Solis in signa Zodiaci: sed uel uno die citius aliquando ponatur illa ingredi, quàm uere ingrediatur, uel uno die aliquando serius. Nam in uno die sensibiliter declinatio Solis nõ augetur, ut ex superiori tabula manifestum est. Id quod etiam de gradu, in quo Sol ponitur, intelligendum est. Quamuis enim, Sole existente in certo aliquo gradu, ponamus eũ esse in alio proxime uel minori, uel maiori, nihil tamen interest, ob causam iam dictam. Ita autem tabella se habet.

Quibus diebus æquinoctia, & solstitia cõtingebant ante Calendarij correctionem & quibus nunc post correctionem cõtingant.

S 2 Ingres-

Imagen 3. Christoph Clavius, In sphaeram Ioannis de Sacrobosco, Venecia, Giovanni Battista Ciotti, 1591, 275. Colección Sala Medina, Biblioteca Nacional de Chile (reproducción de Biblioteca Nacional de Chile).

Estos casos muestran la diversidad de usos y lecturas que tenían libros semejantes. La variedad de anotaciones evidencia una relación con la literatura astronómica que admitía estudio técnico y curiosidad enciclopédica. Como ha señalado Roger Chartier, quienes pueden leer los textos no los leen de la misma forma, pues los lectores no poseen los mismos instrumentos intelec-

[313] Sobre Clavius, ver James M. Lattis, *Between Copernicus and Galileo. Christoph Clavius and the Collapse of Ptolemaic Cosmology.* Chicago-Londres: The University of Chicago Press, 1994.

tuales y no mantienen necesariamente una misma relación con lo escrito[314]. Esta pluralidad es también expresión de la singularidad de los usos, muchos de los cuales nos son aún desconocidos.

Lectores jesuitas y el estudio del cosmos

Walter Hanisch señalaba, a propósito del catálogo de libros de la biblioteca del Colegio Máximo de San Miguel elaborado en 1767, que a pesar de la existencia de libros científicos, faltaban en él los autores cuyo pensamiento dominaba las ciencias modernas, los cuales solo se conocían a través de comentarios de otros autores[315]. Esta apreciación da cuenta de una colección científica configurada posiblemente a partir de la literatura permitida por la Iglesia Católica y la presencia de ciertos autores que antecedían a dicha renovación moderna. En ella ocupan un importante rol los escritos astronómicos de autores jesuitas, cuya influencia parece haberse expandido junto con la orden por los más diversos territorios. Entre los libros mencionados en el catálogo encontramos dos obras de gran trascendencia durante el siglo XVII: *Collecta astronomica* (Lisboa, 1531) del lombardo Cristoforo Borri (1583-1632) y *Astronomia reformata* (Bologna, 1665) escrita por el ferrarés Giovanni Battista Riccioli (1598-1671), uno de los más relevantes astrónomos de su época[316].

El primero de ellos es un extenso tratado sobre astronomía escrito por Borri luego de nueve años como misionero en Asia. Al volver a Europa se convirtió en profesor de matemáticas en los más destacados centros de estudio portugueses, para luego regresar a Roma y renunciar a la Compañía de Jesús poco antes de su muerte. En su libro, Borri defiende el modelo cosmológico de Tycho Brahe (1546-1601), abandonando el geocentrismo

[314] Roger Chartier. *El orden de los libros. Lectores, autores, bibliotecas en Europa entre los siglos XIV y XVIII.* Barcelona: Gedisa, 2005, 25.

[315] Hanisch, *En torno a la filosofía*, 37.

[316] Estos escritos son identificados en el listado como "Borri Astronomia" y "Riccioli Astronomia", *Inventario de los libros encontrados en el Colegio Máximo de San Miguel*, 1767 ANCH Jesuitas Vol. 7, fols. 296-331v, ver fol. 311r-v. Se conserva asimismo en la Biblioteca Nacional un ejemplar que perteneció a la Compañía de Jesús de *Sphaera Mundi: sev cosmographia, demostrativa, ac facili methodo tradita,* obra del maestro de Riccioli, Giuseppe Biancani (1566-1624). De Riccioli se leía también en el Colegio de San Miguel, su *Prosodia bononiensis* (Boloña, 1639), pues en el inventario se detalla que un ejemplar de esta fue encontrado en una celda. *Inventario*, fol. 331v. Otra importante obra astronómica conservada en la biblioteca era *Rosa Ursina sive Sol* (Bracciano, 1626-1630) del jesuita Christoph Scheiner (1575-1650), pero desconocemos su paradero. Es mencionada en el inventario en fol. 312v.

ptolemeico en favor de un sistema que aceptaba la inmovilidad y centralidad de la Tierra, la órbita de la Luna y el Sol en torno a esta y el recorrido del resto de los planetas alrededor al Sol[317]. En la portada del ejemplar de la Biblioteca Nacional se explicita en letra manuscrita su pertenencia a la librería de la Compañía en Santiago, aunque dentro del mismo no hay otras anotaciones[318].

El libro de Riccioli es testimonio de un interesante diálogo transatlántico. Según revelan sus cartas, el jesuita Nicolò Mascardi (1624-1674) realizó una serie de observaciones astronómicas desde el sur de Chile[319]. Esta información fue utilizada por el propio Riccioli para situar la longitud de Lima y Santiago en su *Geographia et hydrographia* reformata (Venecia, 1672)[320]. Algunos años antes, en febrero de 1661, Mascardi lamentaba la pérdida de libros e instrumentos científicos en el levantamiento mapuche de 1655, aunque agradecía el envío desde Perú de un ejemplar del *Almagestum novum* de Riccioli y esperaba poder leer el segundo y tercer tomos de la misma obra[321]. La continuación que Mascardi esperaba ansioso nunca apareció, pero en 1665 sería publicada *Astronomia reformata,* la cual llegaría a manos del jesuita. El ejemplar que se conserva en la Biblioteca Nacional de Chile explicita la pertenencia en letra manuscrita al "p. Nicolò Mascardi" (Imagen 4)[322]. Según la carta de Mascardi, el responsable del envío de al menos uno de los libros de Riccioli desde Lima, habría sido el matemático Franciscus Ruys Pozzanus[323].

317 Sobre la obra astronómica de Borri véase Luis Miguel Carolino "The Making of a Tychonic Cosmology: Cristoforo Borri and the Development of Tycho Brahe's Astronomical System," *Journal for the History of Astronomy*, 39 (2008): 314-344.

318 Ver frontispicio de Borri, Cristoforo. *Collecta astronomica.* Lisboa: apud Matthiam Rodrigues, 1631. Biblioteca Nacional de Chile, Sección Fondo General Bóveda, 8: (725-9).

319 Mascardi escribió al respecto a su antiguo maestro en el *Collegio Romano*, Athanasius Kircher (1602-1680), ver Giuseppe Rosso "Nicolò Mascardi missionario gesuita esploratore del Cile e della Patagonia (1624-1674)", *Archivum Historicum Societatis Iesu*, 37-38 (1950): 3-74. Sobre las observaciones de Mascardi, ver Andrés I. Prieto, *Missionary Scientists. Jesuit Science in Spanish South America, 1570*-1810. Nashville: Vanderbilt University Press, 2011, 131-140; Eliane C. Deckmann Fleck y Maico Biehl "Sobre os céus e as marés do Pacífico: as observações astronômicas do jesuíta Nicolás Mascardi (Chile, século XVII)," *Revista Brasileira de História & Ciências Sociais*, 6, nº 12 (2014):104-124.

320 Rosso, "Nicolò Mascardi missionario gesuita", 33. Sobre la astronomía de Riccioli ver Flavia Marcacci *Cieli in contraddizione. Giovanni Battista Riccioli e il terzo sistema del mondo.* Perugia: Aguaplano, 2018.

321 Carta a Kircher, referida en Rosso, "Nicolò Mascardi missionario gesuita", 30 y Prieto, *Missionary Scientists,* 132-133.

322 Riccioli, *Astronomia reformata,* Boloña: ex Typographia Haeredis Victorii Benatii, 1665, reverso del encuadernado. Biblioteca Nacional de Chile. Sección Fondo General. Bóveda. 8; (984-15).

323 Rosso, "Nicolò Mascardi missionario gesuita", 31.

Imagen 4. Giovanni Battista Riccioli, Astronomia reformata, Boloña: ex Typographia Haeredis Victorii Benatii, 1665. Sección Fondo general, Biblioteca Nacional de Chile (reproducción Biblioteca Nacional de Chile).

Se trataba del capitán Francisco Ruiz Lozano, antiguo alumno de los jesuitas que había estudiado matemáticas en México y había acompañado al nuevo gobernador de Chile como tesorero durante un breve periodo entre 1655 y 1656[324]. Formaba parte también de las posesiones jesuitas un ejemplar de la obra más importante de Ruiz Lozano, el *Tratado de cometas, observación y juicio del que se vio en esta ciudad de los reyes y generalmente en todo el mundo, por los fines del año 1664 y principios de este en 1665* (Lima, 1665)[325]. Este primer tratado astronómico impreso en el sur de América contenía a su vez información so-

[324] Prieto, *Missionary Scientists*, 133. Prieto señala que *Ruys Pozzanus* sería el mismo capitán *Juan Lozano* del que habla Diego de Rosales (1601-1677) en su *Vida Apostólica y glorioso Martyrio de el Venerable Padre Nicolás Mascardi de la Compañía de Jesús, Rector del Colegio de Castro y missiones apostólicas de Chiloe.*

[325] Así lo indica el registro bibliográfico del catálogo de la Biblioteca Nacional, aunque no hemos visto la identificación de procedencia en el microfilm disponible para consulta. Sobre el libro de Ruiz Lozano, ver José Toribio Medina, *La imprenta en Lima (1584-1824)*. Santiago: impreso y grabado en casa del autor, 1904, vol. 2, 82-82 (ítem 435). Recientemente se ha publicado una edición crítica del tratado en Margarita Suárez, ed., *Astros, humores y cometas. Las obras de Juan Jerónimo Navarro, Joan de Figueroa y Francisco Ruíz Lozano (Lima, 1645-1665)*. Lima: Fondo Editorial Pontificia Universidad Católica del Perú, 2019, 305-407.

bre el cometa de 1664 registrada por el propio Mascardi[326]. La presencia de estos libros en la biblioteca de la Compañía es testimonio de la activa participación del jesuita italiano en redes intelectuales americanas y europeas. En ellas Mascardi no solo comunicaba las observaciones realizadas en Bucalemu y Chiloé[327], sino que también recibía los impresos de sus interlocutores con la publicación de las novedades. Si bien los ejemplares no nos permiten apreciar la recepción local de dichas ideas, su existencia en la librería del Colegio de Santiago es elocuente expresión de las formas de intercambio y circulación de saber astronómico a mediados del siglo XVII.

En la colección de los antiguos libros de astronomía provenientes de las posesiones jesuitas, también destaca una traducción de la obra *Theatrum mundi et temporis. In quo non solum praecipuae horum describuntur, & ratio metiendi eas traditur, sed accomodatissimis figuris sub oculos legentium facile ponuntur* (Venecia, 1588) de Giovanni Paolo Gallucci (1538-1621). Este escrito sobre los usos de la astronomía se iniciaba con una introducción a los principales elementos del cosmos. Luego de describir los orbes celestes, los planetas, los eclipses y la tierra, el autor se centraba en la aplicación de dichos conocimientos en la práctica astrológica[328]. Entre sus particularidades destaca el ser uno de los primeros atlas estelares impresos durante el siglo XVI y el haber introducido ciertas coordenadas en las imágenes que facilitaban ubicar las estrellas representadas[329]. Además contaba con numerosas figuras móviles que permitían hacer de sus páginas instrumentos de observación.

326 Ver Prieto, 134-140. Al terminar su escrito Ruiz Lozano señala: "Después de haber dado fin a este Tratado llegó a mi noticia que en los reinos de Tierra Firme y Chile pareció otro cometa por el mes de abril de este año de 665, donde por muchos días fue patente. Las relaciones son ciertas, por ser de personas de todo crédito; y una de ellas diligente matemático y entendido observador". Ruiz Lozano, *Tratado de cometas*, 41v. Ver Suárez, *Astros, humores y cometas*, p. 406. El propio Mascardi había descrito su observación de este cometa realizada desde Chiloé en una carta a Kircher fechada el 14 de marzo de 1666. Carta de Mascardi a Kircher, 14 de marzo de 1666. Archivio Storico, Pontificia Università Gregoriana (Roma) 564, fols. 89-90v. Sobre esta carta, ver Rosso, 7 y 34; Prieto, 133-134.

327 Prieto, 134.

328 Giovanni Paolo Gallucci, *Theatrum mundi et temporis*. Venecia: apud Ioannem Baptistam Somascum, 1588. El libro primero puede considerarse introductorio a las materias astronómicas, fols. 1-86. Sobre esta obra, ver Pierluigi Pizzamiglio, *L'astrologia in Italia all'epoca di Galileo Galilei (1550-1650)*. Milán: Vita e Pensiero, 2004, 117-121. La práctica astrológica se centraba principalmente en los usos médicos (examen de las influencias astrales en los cuerpos humanos o cálculos de días propicios para realizar procedimientos) y meteorológicos. Esta práctica astrológica se distinguía de la llamada "astrología judiciaria", es decir, aquella que pretendía realizar pronósticos de eventos.

329 Deborah Jean Warner, *The sky explored: celestial cartography, 1500-1800*. Nueva York: A. R. Liss, 1979, xi. Anna Friedman Herlihy, "Renaissance Star Charts," en *The History of Cartography*, vol. 3.1: *Cartography in the European Renaissance*, David Woodward, ed., Chicago: University of Chicago Press, 2007, 99-122, matiza el entusiasmo de Warner respecto del aporte de Gallucci, ver p. 114.

La versión castellana en posesión de los jesuitas fue realizada por Miguel Pérez, capellán del Rey en Granada. Pérez procuró no solo mantener el uso de figuras en la presentación de los contenidos, sino también traducirlas y adaptarlas para un lector de habla hispana. Así lo reconocía la licencia real al destacar su arduo trabajo "por causa de las figuras que tenia"[330]. La versión impresa en Granada no era solamente una traducción, sino que su autor había incorporado además nueva información "al proposito desta ciencia, que faltavan en el Latin"[331]. Pérez agregaba también "unas sentencias sacadas de la Sagrada Escriptura, donde se ve la omnipotencia de Dios, y fragilidad humana"[332], indicando su intento por validar la práctica astrológica en un periodo de diversas condenas eclesiásticas a la misma[333].

En el frontispicio de la obra se inscribe la pertenencia del libro a la casa jesuita de San Juan[334]. Puesto que desconocemos el inventario de dicha residencia al momento de la expulsión de los jesuitas en 1767, no es posible confirmar su presencia allí en ese entonces[335]. El volumen tiene numerosas anotaciones manuscritas en diversas secciones. En la parte introductoria a la materia astronómica, un lector destaca algunas apostillas impresas que describen el contenido de ciertos párrafos: "La forma del mundo", "El hombre es mundo menor"; "Qué cosa es Polo", "División del Zodiaco"; "Nombre de los signos"; "El cielo 8 tiene tres movimientos" o bien sobre los movimientos del

[330] Giovanni Paolo Gallucci, *Theatro del mundo y del tiempo*. Granada: por Sebastián Muñoz a costa de Julio Castellon, 1611, Fol. A r.

[331] Gallucci, *Theatro,* frontispicio. La traducción era entendida como un proceso de transformación de la información, en el cual la incorporación, supresión o corrección de contenidos era habitual. Estos cambios, además, no siempre eran explicitados por los traductores.

[332] Gallucci, *Theatro*, frontispicio.

[333] La bula *Coeli et terrae Creator Deus* dictada por Sixto V en 1586 condenó la astrología predictiva o judiciaria, reprobación que fue reiterada en *Inscrutabilis iudiciorum Dei Altitudo* de Urbano VIII en 1631.

[334] Giovanni Paolo Gallucci, *Theatro del mundo y del tiempo.* Biblioteca Nacional de Chile. Fondo General, Bóveda. 8; (334-17). Ver frontispicio para anotación de procedencia. Se conservaba en la Biblioteca Nacional de Chile otro ejemplar de la misma edición que fue devuelto a la Biblioteca Nacional del Perú y que hoy se encuentra microfilmado para su consulta. Para un estudio de un ejemplar incompleto de la misma obra conservado en la Biblioteca Nacional de Colombia, ver Mario Alejandro Molano Vega, "Theatro y descripción universal del mundo: relaciones entre imagen y texto en un tratado astrológico del siglo XVII", en: *Lectores, editores y cultura impresa en Colombia: siglos XVI-XXI.* Diana P. Guzmán Méndez; Paula A. Marín Colorado; Juan D. Murillo Sandoval; Miguel Ángel Pineda Cupa, eds., Bogotá: Universidad de Bogotá Jorge Tadeo Lozano - Cerlalc, 2018, 70-94.

[335] Tomás Thayer Ojeda "Las bibliotecas coloniales de Chile," *Revista de bibliografía chilena y extranjera* I, 9 (1913): 141-144. Ver p. 143. Thayer Ojeda describe la información existente sobre los libros distribuidos en las diversas residencias, colegios, misiones y haciendas jesuitas, señalando que no contamos con información de los ejemplares conservados en la Residencia de San Juan.

firmamento[336]. Algunas páginas más adelante una línea lateral con una serie de puntos recorre el fragmento referido al problema de la cantidad de fuego existente en la región sublunar y la distancia entre la tierra y la luna. El argumento de Gallucci descansa en los fundamentos de la filosofía natural clásica. El primero dice relación con el ordenamiento de los elementos del mundo corruptible en cuatro esferas ascendentes de tierra, agua, aire y fuego. A partir de este principio el autor señalaba que puesto que "los rayos de nuestros ojos" son capaces de ver la esfera lunar, aquella que sigue inmediatamente al fuego, entonces los "doctos en Mathematicas" pueden calcular su cantidad[337]. Según la teoría óptica de la proyección conocida en la época, el ojo humano emitía rayos que llegaban a tocar los objetos haciendo posible el acto visual[338]. Si a esto se agregaba el cálculo realizado por Ptolomeo respecto de la distancia del orbe lunar del globo terrestre equivalente a algo más de 33 semidiámetros terrestres, entonces la tarea parecía simple para un experto del periodo[339]. Sin embargo es importante destacar que tanto la idea de una esfera de fuego como la teoría de la proyección habían sido cuestionadas por diversos autores antes de la redacción del *Theatrum* y para el momento de la publicación castellana estaban sin duda en retirada entre los científicos[340]. A pesar de esto, el usuario parece interesado en el problema de la distancia y su trazo manuscrito sigue la propuesta del autor al respecto. Dicha atención se expresa nuevamente varias páginas más adelante, cuando Gallucci aborda el vínculo entre las mareas y el movimiento de la luna. El lector destaca el párrafo con un signo y subraya la frase referida a la posición de la luna lo más "apartada que pueda estar del centro de la tierra" como razón de la elevación de las aguas[341]. (Imagen 5) El interés por dicha afirmación es relevante, pues se trata del otro extremo del

336 Gallucci, *Theatro*, fols. 2v, 3r, 4v y 9r.

337 Gallucci, *Theatro,* fol. 14r. El pasaje latino original en Gallucci, *Theatrum mundi et temporis,* 17.

338 Sobre esta y la teoría rival de la intromisión en el ojo humano de las emanaciones producidas por los objetos, ver la explicación de David Lindberg, *Los inicios de la ciencia occidental. La tradición científica europea en el contexto filosófico, religioso e institucional (desde el 600 a.C. hasta 1450).* Barcelona-Buenos Aires: Paidós, 2002, 145-149. Para la extraordinaria fusión de ambas de Ibn al-Hayṯam (965-1040), ver 388-392. Sobre la convivencia de estas teorías en el siglo XVI, ver James Ackerman, "Leonardo's Eye", *Journal of the Warburg and Courtauld Institutes,* 41 (1978): 108-146.

339 Gallucci resume este cálculo en el pasaje apostillado como "Distancia de la superficie de la tierra al convexo del cielo de la luna", fol. 14r. Sobre esta idea de Ptolomeo, ver James Evans, *The History and Practice of Ancient Astronomy.* Nueva York-Oxford: Oxford University Press, 1998, 386-387.

340 Girolamo Cardano (1501-1576) había expresado sus dudas sobre la existencia de una esfera de fuego en su popular *De subtilitate* (Nuremberg, 1550), mientras la teoría de la proyección había sido ampliamente cuestionada y reelaborada durante la Edad Media. La idea de los rayos provenientes de los ojos permaneció no obstante en el lenguaje científico de la época; ver Ackerman.

341 Gallucci, *Theatro*, fol. 64v.

cálculo ptolemaico mencionado a propósito del fuego, esto es, la distancia máxima entre la tierra y la luna de aproximadamente 64 semidiámetros terrestres[342]. Estas marcas darían cuenta de una coherencia temática que revela las inquietudes y preferencias de un entendido lector anónimo.

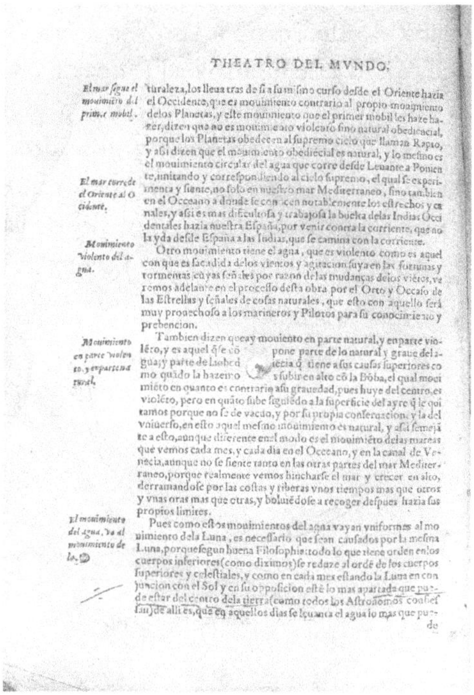

THEATRO DEL MVNDO.

El mar sigue el mouimiẽto del primer mobil.

turaleza, los lleua tras de si a su mismo curso desde el Oriente hazia el Occidente, que es mouimiento contrario al propio mouimiento delos Planetas, y este mouimiento que el primer mobil les haze hazer, dizen que no es mouimiento violento sino natural obediencial, porque los Planetas obedecen al supremo cielo que llaman Rapto, y assi dizen que el mouimiento obediẽcial es natural, y lo mesmo es el mouimiento circular del agua que corre desde Leuante a Poniente, imitando y correspondiendo al cielo supremo, el qual se experimenta y siente, no solo en nuestro mar Mediterraneo, sino tambien en el Occeano a donde se conocen notablemente los estrechos y canales, y assi es mas dificultosa y trabajosa la buelta delas Indias Occidentales hazia nuestra España, por venir contra la corriente, que no la yda desde España a las Indias, que se camina con la corriente.

El mar corre de el Oriente al Ocidente.

Mouimiento violento del agua.

Otro mouimiento tiene el agua, que es violento como es aquel con que es sacudida delos vientos y agitacion suya en las fortunas y tormentas, cuyas señales por razon delas mudanças delos viẽtos, veremos adelante en el processo desta obra por el Orto y Occaso de las Estrellas y señales de cosas naturales, que esto con aquello será muy prouechoso a los marineros y Pilotos para su conocimiento y prebencion.

Mouimiento en parte violento, y en parte natural.

Tambien dizen que ay mouiento en parte natural, y en parte violẽto, y es aquel q̃ se cõ[...]pone parte de lo natural y graue del agua, y parte de la obed[...]iẽcia q̃ tiene a sus causas superiores como quãdo la hazemo[...]s subir en alto cõ la Bõba, el qual mouimiẽto en quanto es contrario a su grauedad, pues huye del centro, es violẽto, pero en quãto sube siguiẽdo a la superficie del ayre q̃ le quitamos porque no se de vacuo, y por su propia conseruacion, y la del vniuerso, en esto aquel mesmo mouimiento es natural, y assi semejãte a esto, aunque diferente en el modo es el mouimiẽto delas mareas que vemos cada mes, y cada dia en el Occeano, y en la canal de Venecia, aunque no se siente tanto en las otras partes del mar Mediterraneo, porque realmente vemos hincharse el mar y crecer en alto, derramandose por las costas y riberas vnos tiempos mas que otros y vnas oras mas que otras, y boluiẽdose a recoger despues hazia sus propios limites.

El mouimiento del agua, va al mouimiento de la ☽

Pues como estos mouimientos del agua vayan vniformes al mouimiento dela Luna, es necessario que sean causados por la mesma Luna, porque segun buena Filosophia todo lo que tiene orden en los cuerpos inferiores (como diximos) se reduze al ordẽ de los cuerpos superiores y celestiales, y como en cada mes estando la Luna en conjuncion con el Sol y en su opposicion estẽ lo mas apartada que puede estar del centro dela tierra (como todos los Astronomos confiessan) de alli es, que ẽ aquellos dias se leuanta el agua lo mas que pue-

de

Imagen 5. Giovanni Paolo Gallucci. *Theatro del mundo y del tiempo.* Granada: por Sebastián Muñoz a costa de Julio Castellon, 1611. Fol. 64v. Fondo General, Biblioteca Nacional de Chile (reproducción Biblioteca Nacional de Chile).

Encontramos también en este ejemplar ciertas anotaciones numéricas. En la sección dedicada a exponer el movimiento de las esferas del orbe solar, el lector escribe al margen las cifras del traslado diario del excéntrico bajo el círculo zodiacal explicitadas en el texto[343]. Más adelante, un usuario realiza una serie de cálculos a un costado de la explicación sobre el empleo de la "postura del cielo" para la medicina, la agricultura y la navegación[344]. Estas notas dan cuenta de una lectura práctica de la obra y del interés por aplicar los cálculos astrológicos allí descritos. En ese mismo sentido, en algunas figuras móviles del ejemplar consultado, el hilo que unía los diversos discos de papel

342 El cálculo aparece en *Almagesto*, Libro V, capítulos 11-13.

343 Gallucci, *Theatro*, fol. 19v.

344 Gallucci, *Theatro*, fol. 103r.

se ha roto, lo que permite suponer que fueron utilizadas en algún momento. En otros casos, estas no parecen haber sido ensambladas[345].

Aunque la influencia de los astros en la vida humana era una idea cuestionada entonces por religiosos y científicos, el usuario del ejemplar no parece interesado en dicha polémica. La única excepción se aprecia en un extenso párrafo tarjado en el capítulo dedicado a las progresiones anuales (Imagen 6). Allí el autor se refiere al cálculo de las proyecciones de las revoluciones astrales a partir del momento en que el hombre comienza a vivir en el vientre de la madre[346]. Se trataba de una explicación que remitía directamente al determinismo astral y que por lo tanto aceptaba el principio de la astrología judiciaria, según el cual era posible pronosticar el devenir de las vidas humanas. La censura de este fragmento revela el intento por preservar los usos prácticos del cálculo de las posiciones estelares omitiendo aquellos elementos cuestionados directamente por la Iglesia.

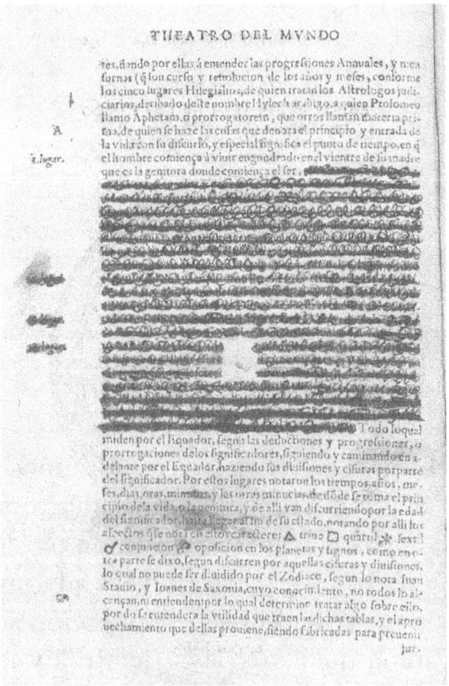

THEATRO DEL MVNDO

tes, dando por ellas á entender las progressiones Annuales, y mensurnas (q̃ son curso y revolucion de los años y meses, conforme los cinco lugares Hilegiales, de quien tratan los Astrologos judiciarios, derivado deste nombre Hylech arabigo, a quien Ptolomeo llamo Aphetam, o prorrogatorem, que otros llaman materia prima, de quien se haze las cosas que denota el principio y entrada de la vida con su discurso, y especial significa el punto de tiempo, en q̃ el hombre comiença à vivir engendrado en el vientre de su madre que es la genitura donde comiença el ser, [redacted] Todo lo qual miden por el Equador, segun las deductiones y progressiones, o prorrogaciones delos significadores, siguiendo y caminando en adelante por el Equador, haziendo sus divisiones y cifuras por parte del significador. Por estos lugares notaron los tiempos, años, meses, dias, oras, minutos, y las otras minucias, de dõde se toma el principio dela vida, o la genitura, y de alli van discurriendo por la edad del significador, hasta llegar al fin de su estado, notando por alli los aspectos q̃ se not[illegible] en estos caractere: △ trino □ quartil ✳ sextil ☌ conjuncion ☍ oposicion en los planetas y signos, como en otra parte se dixo, segun discurren por aquellas cifuras y divisiones, lo qual no puede ser dividido por el Zodiaco, segun lo nota Iuan Stadio, y Ioanes de Saxonia, cuyo conocimiento, no todos lo alcançan, ni entienden: por lo qual determine tratar algo sobre ello, por do se entendera la vtilidad que traen las dichas tablas, y el aprovechamiento que dellas proviene, siendo fabricadas para preveni[illegible]

ju[illegible].

Imagen 6. Giovanni Paolo Gallucci. *Theatro del mundo y del tiempo.* Granada: por Sebastián Muñoz a costa de Julio Castellon, 1611. Fol. 198v. Fondo General, Biblioteca Nacional de Chile (reproducción Biblioteca Nacional de Chile).

[345] Sobre las instrucciones para ensamblar las figuras en esta traducción, ver Molano Vega. "Theatro y descripcion universal del mundo".

[346] Gallucci, *Theatro,* 198v.

Si bien los libros de astronomía en posesión de los jesuitas eran escasos, es posible apreciar a través de ellos una visión parcial del estudio de la disciplina en el periodo colonial. La existencia de ciertos escritos y las anotaciones, los cálculos y las tachaduras dan cuenta de formas de lectura que permiten reconstruir fragmentariamente la aproximación al estudio libresco del universo en ese entonces. La astronomía fue posiblemente una ciencia de libros durante parte de este periodo y las inscripciones que se conservan en ellos son reflejo de los intereses e inquietudes de sus usuarios. Una perspectiva histórica que integre la actividad de los lectores a la evidencia disponible sobre documentos y observaciones prácticas permitiría delinear con mayor precisión los usos de la astronomía en esos años.

Fuentes primarias

Anotación en Borri, Cristoforo. 1631. *Collecta astronomica.* Lisboa: apud Matthiam Rodrigues. Biblioteca Nacional de Chile, Sección Fondo General. Bóveda, 8: (725-9).

Anotaciones en Clavius, Christoph. 1591. *In sphaeram Ioannis de Sacrobosco.*Venecia, Giovanni Battista Ciotti. Colección Sala Medina, Biblioteca Nacional de Chile, B1, T 28-13.

Anotaciones en Gallucci, Giovanni Paolo. 1611. *Theatro del mundo y del tiempo* (Granada: por Sebastián Muñoz a costa de Julio Castellon. Biblioteca Nacional de Chile, Sección Fondo General. Bóveda 8;(334-17).

Anotaciones en Rocamora y Torrano, Ginés. 1599. *Sphera del universo.* Madrid: por Iuan de Herrera. Colección Sala Medina, Biblioteca Nacional de Chile, SM 455 (microfilm).

Anotación en Riccioli, Giovanni Battista. 1665. *Astronomia reformata.* Boloña: ex Typographia Haeredis Victorii Benatii. Biblioteca Nacional de Chile, Sección Fondo General, Bóveda. 8; (984-15).

Anotaciones en Sacrobosco, Ioannis. 1545. *Sphaera Ioannis de Sacro Bosco typis auctior, quam antehac, atq; ex diligenti manu scriptorum impressorumque codicum collatione castigatior praemissa Philippi Melanchthonis praefatione.* París: apud Guilielmum Richardum. Colección Sala medina, Biblioteca Nacional de Chile, B1, T18-11.

Díaz Sebastián. 1783. *Noticia general de las cosas del mundo por el orden de su colocación. primera Parte.* Lima: Imprenta Real.

Gallucci Giovanni Paolo. 1588. *Theatrum mundi et temporis.*Venecia: apud Ioannem Baptistam Somascum.

Gallucci Giovanni Paolo. 1611. *Theatro del mundo y del tiempo.* Granada: por Sebastián Muñoz a costa de Julio Castellon.

Inventario de los libros encontrados en el Colegio Máximo de San Miguel, 1767 Archivo Nacional, Fondo Jesuitas de Chile, Santiago Chile. Vol. 7, fols. 296-331v.

Rocamora y Torrano Ginés. 1599. Sphera del universo. Madrid: por Iuan de Herrera.
Ruiz Lozano Francisco. 1665. *Tratado de cometas, observación y juicio del que se vio en esta ciudad de los reyes y generalmente en todo el mundo, por los fines del año 1664 y principios de este en 1665.* Lima: s.n.

Bibliografía

Ackerman James. Leonardo's Eye. *Journal of the Warburg and Courtauld Institutes,* 41 (1978): 108-146.
Argouse Aude. 2015. De libros y otras cosas: el legado del obispo De la Puebla González. Santiago de Chile, 1705. *Relaciones* 144: 13-53.
Barros Arana Diego. 1886. *Historia General de Chile.* Santiago: Rafael Jover Editor.
Bouza Álvarez Fernando J. 1997. *Del escribano a la biblioteca. La civilización escrita europea en la Alta Edad Moderna (siglos XV-XVII).* Madrid: Editorial Síntesis.
Burdick Bruce Stanley. 2009. *Mathematical Works Printed in the Americas* 1554-1700. Baltimore: The Johns Hopkins University Press.
Burdiles Francisco; Camacho Dina y Plaza Camila. 2019. *Inscribir, atesorar, recordar. Huellas de manipulación en libros de pequeño formato.* Sala Medina, Biblioteca Nacional. Santiago: Ohayo Ediciones.
Carolino Luís Miguel. 2008. The Making of a Tychonic Cosmology: Cristoforo Borri and the Development of Tycho Brahe's Astronomical System. *Journal for the History of Astronomy,* 39: 314-344.
Chartier Roger. 2005. *El orden de los libros. Lectores, autores, bibliotecas en Europa entre los siglos XIV y XVIII.* Barcelona: Gedisa.
Cruz de Amenábar Isabel. 1989. La cultura escrita en Chile 1650-1820. Libros y Bibliotecas. *Historia* 24: 107-213.
Deckmann Fleck Eliane C. y Biehl Maico. 2014. Sobre os céus e as marés do Pacífico: as observações astronômicas do jesuíta Nicolás Mascardi (Chile, século xvii). *Revista Brasileira de História & Ciências Sociais,* 6 (12): 104-124.
Evans James. 1998. *The History and Practice of Ancient Astronomy.* Nueva York-Oxford: Oxford University Press.
Friedman Herlihy Anna. 2007. Renaissance Star Charts. En *The History of Cartography,* vol. 3.1: *Cartography in the European Renaissance,* David Woodward, ed. Chicago: University of Chicago Press.
Gingerich Owen. 1999. Sacrobosco illustrated. En *Between demonstration and imagination. Essays in the History of Science and Philosophy,* eds. Lodi Nauta y Arjo J. Vanderjagt. Leiden: Brill.
Hanisch Walter. 1963. *En torno a la filosofía en Chile (1594-1810).* Santiago: Universidad Católica de Chile.
Iommi Echeverría Virginia y Uribe Martínez Ignacio. 2014. Esferas: una aproximación a la cosmología renacentista en Chile colonial. *Asclepio* 66: 59-68.
Jackson Heather J. 2001. *Marginalia. Readers writing in books.* New Haven: Yale University Press.

Kusukawa Sachiko. 2006. *The transformation of Natural Philosophy. The case of Philip Melanchthon* (Primera edición: 1995). Nueva York: Cambridge University Press.

Lattis James M. 1994. *Between Copernicus and Galileo. Christoph Clavius and the Collapse of Ptolemaic Cosmology.* Chicago-Londres: The University of Chicago Press.

Lerner Michel-Pierre. 2008. *Le monde des sphères.* París: Les Belles Lettres.

Lindberg David. 2002. *Los inicios de la ciencia occidental. La tradición científica europea en el contexto filosófico, religioso e institucional (desde el 600 a.C. hasta 1450).* (1ª edición en inglés: 1992) Barcelona-Buenos Aires: Paidós.

Marcacci Flavia. 2018. *Cieli in contraddizione. Giovanni Battista Riccioli e il terzo sistema del mondo.* Perugia: Aguaplano.

Martínez Baeza Sergio. 1982. *El libro en Chile.* Santiago, Ed. Lord Cochrane.

Medina José Toribio. 1926. *Catálogo breve de la biblioteca americana que obsequia a la Nacional de Santiago.* Santiago de Chile: Imprenta Universitaria.

Medina José Toribio. 1905. *La instrucción pública en Chile desde sus orígenes hasta el establecimiento de la Universidad de San Felipe.* Santiago: Imprenta Elzeviriana.

Medina, José Toribio. 1904. *La imprenta en Lima (1584-1824).* Santiago: impreso y grabado en casa del autor, vol. 2.

Molano Vega Mario Alejandro. 2018 Theatro y descripción universal del mundo: relaciones entre imagen y texto en un tratado astrológico del siglo xvii. En *Lectores, editores y cultura impresa en Colombia: siglos XVI-XXI,* eds. Diana P. Guzmán Méndez; Paula A. Marín Colorado; Juan D. Murillo Sandoval; Miguel Ángel Pineda Cupa. Bogotá: Universidad de Bogotá Jorge Tadeo Lozano-Cerlalc.

Pizzamiglio Pierluigi. 2004. *L'astrologia in Italia all'epoca di Galileo Galilei (1550-1650).* Milán: Vita e Pensiero.

Prieto Andrés I. 2011. *Missionary Scientists. Jesuit Science in Spanish South America, 1570-1810.* Nashville: Vanderbilt University Press.

Rosso Giuseppe. 1950. Nicolò Mascardi Missionario gesuita esploratore del Cile e della Patagonia (1624-1674). *Archivum Historicum Societatis Iesu* 19: 3-74.

Sagredo Rafael. 2019. *J.T. Medina y su Biblioteca Americana en el siglo XXI. Prácticas de un erudito.* Santiago: Ediciones Biblioteca Nacional.

Sherman William H. 2008. *Used books. Marking readers in Renaissance England* Philadelphia: University of Pennsylvania Press.

Suárez Margarita ed. 2019. *Astros, humores y cometas. Las obras de Juan Jerónimo Navarro, Joan de Figueroa y Francisco Ruíz Lozano (Lima, 1645-1665).* Lima: Fondo Editorial Pontificia Universidad Católica del Perú.

Thayer Ojeda Tomás. 1913. Las bibliotecas coloniales de Chile. *Revista de bibliografía chilena y extranjera* I, 9 (1913): 141-144.

Warner Deborah Jean. 1979. *The sky explored: celestial cartography, 1500-1800.* Nueva York: A. R. Liss.

2. Mediadores en comunidad. Un estudio a la obra "Viage al desierto de Atacama (1853-1860)"[347]

FELIPE VILO MUÑOZ[348]

Introducción

La construcción y transmisión del conocimiento se ha transformado en uno de los temas de mayor interés para la historia de la ciencia en las últimas décadas. De acuerdo con Lynn Nyhart, esta atención se debe a las preguntas sobre cómo el conocimiento se despliega en múltiples direcciones y qué vehículos de transmisión utiliza, entendiendo el sofisticado papel que juegan sus agentes: individuos, ideas y artefactos capaces de viajar y realizar diversas prácticas de comunicación permanente entre sí[349].

El fenómeno móvil que colecciona, centraliza y luego disemina el conocimiento elaborado de manera colectiva y repetitiva ha sido entendido como circulación[350]. Lo que ha puesto de relieve a las diversas comunidades de individuos y objetos que en su papel de transmisores fomentaron una interacción entre emisores y receptores.[351] Desde la historiografía el estudio de la circulación no ha estado ajeno a la controversia. En particular debido a su escasa conceptualización[352], lo que ha generado un extenso debate sobre sus límites y usos.

347 El presente capítulo recogió parte de mi tesis de magíster en historia titulada: "Inscripciones textuales en circulación: la zoología de Rudolph Philippi en Chile 1853-1904", realizada en el marco del Proyecto FONDECYT Regular N° 1130593: "El saber en una vitrina: El Museo Nacional de Santiago de Chile (1853-1929)", dirigido por el académico del Departamento de Ciencias Históricas de la Universidad de Chile Dr. Carlos Sanhueza Cerda. El autor de este capítulo, a su vez, agradece la contribución realizada por el historiador Patricio Leyton para la finalización de este. Sus hallazgos de archivo fueron fundamentales para explicar la interacción de Rudolph Philippi con las autoridades gubernamentales.

348 Becario Fulbright-BIO y doctorando del programa de Historia por la Universidad de Texas at Austin.

349 Lynn K. Nyhart, "historiography of the history of science," en *A companion to the History of Science*, ed. Bernard Lightman (UK-USA: Wiley Blackwell 2016), 12.

350 James, Secord "Knowledge in transit", *ISIS* 95 (December 2004): 654-672; Kapil Raj, *Relocating Modern Science Circulation and the Construction of Knowledge in South Asia and Europe, 1650-1900*, Basingstoke: Palgrave Mcmillan, 2007, 225-226; Johan Östling, *et al.*, *The history of knowledge and the circulation of knowledge*. Lund: Nordik Academic Press, 2018, 21.

351 Lynn K. Nyhart, *historiography of the history of science*, 15.

352 Stephanie Gänger "Circulation: reflections on circularity, entity, and liquidity in the language of global history", *Journal of Global History* 12. November 2017: 303-318.

Dentro de estas observaciones se ha criticado una excesiva uniformidad que transforma la circulación en un fenómeno homogéneo y simplificado sobre la construcción colectiva del conocimiento[353]. Ante esta problemática surge la alternativa propuesta por intelectuales como Kapil Raj, quien ha colocado el fenómeno desde otra perspectiva, interesándose no en cómo se moviliza el conocimiento, sino en los individuos que desde su propia experticia y realidad local transformaron en mayor o menor medida la circulación del saber[354]. Estos actores han sido denominados como "go-betweens" o intermediarios/mediadores en nuestra acepción castellana.

Los estudios sobre los agentes mediadores han tenido una reciente vitalidad al interesarse en las interconexiones que estas comunidades elaboraron desde heterogéneos espacios de negociación intercultural, entregándonos la existencia de una serie de audiencias que de acuerdo con su interés institucional, burocrático e intelectual han disputado una cierta apropiación de un conocimiento científico, participando constantemente en la transformación material de artículos en revistas científicas, libros de publicación académica y/o pedagógica[355], correspondencia privada o pública, reportes gubernamentales, entre otras. Esta transmisión del saber ha permeado una serie de esferas que rebasan las barreras de los circuitos intelectuales, entregándonos una nueva mirada acerca de cómo el conocimiento se construye bajo la participación colectiva de otras comunidades consideradas comúnmente ajenas al saber científico por parte de la historiografía tradicional[356].

Bajo estos principios los mediadores también pueden ser estudiados bajo el fenómeno de la divulgación, la cual será entendida, tomando la acepción de Paola Govoni: *divulgazione scientifica; science popularization/popularization of science*[357]. Concepto aplicado a públicos que formaron parte del desarrollo de

[353] Fan, Fa-Ti. "The global turn in the history of science." *East Asian Science, Technology and Society* 6 (2), (June 2012): 249-58.

[354] Simon Schaffer *et al.*, *The Brokered World Go-Betweens and global Intelligence 1770-1820.* Sagamore Beach, MA: Science History Publications, 2009, IX-XII.

[355] Jonathan Topham, "Publishing Popular Science in the Early Nineteenth-Century Britain," en *Science the Marketplace Nineteenth century sites and experience*, cords. Aileen Fyfe and Bernard Lightman. Chicago and London: University of Chicago Press, 2007, 135-168.

[356] En este punto aclaramos que por historiografía tradicional hacemos referencia a la historia de la ciencia de comienzos y mediados del siglo XX que colocó énfasis en los científicos, individualizando su tarea frente a la sociedad. Al contrario de esta tendencia, nuestro estudio representa un viraje desarrollado desde las últimas cuatro décadas y que busca establecer que el conocimiento es de por sí una empresa colectiva, en donde los grados de cooperación y conflicto resultan ser fundamentales para explorar la manera en cómo el conocimiento se fabrica.

[357] Paola Govoni, "The Historiography of Science Popularization, Reflections Inspired by the Italian Case," en *Popularizing Science and Technology in the European Periphery, 1800-2000*, eds. Faidra

estos artefactos o inscripciones textuales.[358] Lynn Nyhart ha aplicado estos principios hacia la formación de la zoología en la Alemania del siglo XIX, la que se conformó bajo el alero de instituciones públicas como museos, universidades, zoológicos y escuelas. Es decir, un aparato público que género una audiencia interesada en enseñar, leer y practicar esta disciplina científica[359].

Historiadores como Agustí Nieto-Galan han examinado este permanente ciclo de autores, editores, impresores, distribuidores, vendedores y finalmente lectores, quienes poseen una participación activa, reaccionando a un permanente proceso de retroalimentación continua, los cuales desde sus prácticas y mediaciones han reaccionado a las construcciones materiales como textos y colecciones, transformando a estos artefactos en verdaderos "objetos culturales con vida propia más que en productos fijos e inmóviles"[360].

Desde nuestro estudio indagaremos en la búsqueda de estos mediadores a partir del caso de la obra *Viage al Desierto de Atacama*, libro que permite conocer a estas comunidades de conocimiento que no destacaron por su masividad, pero sí por su incidencia en la fabricación del saber. Ellos tomaron el rol de naturalistas e intelectuales y burócratas, generando un ensamblaje fortuito y artesanal que sobrepasó las barreras socioculturales. Estos aspectos serán explorados en nuestro primer apartado, el que arrojará los antecedentes relacionados con los objetivos de la expedición y la generación de conocimiento en un ambiente hostil y ajeno a las comodidades científicas del naturalista prusiano. En la segunda sección conoceremos las diversas inscripciones textuales que derivaron de este viaje, para finalmente mencionar el proceso de fabricación y recepción del libro publicado en el año 1860.

El vínculo de Rudolph Philippi con estos grupos es lo que queremos desentrañar, comprendiendo lo que el célebre pensador Georg Simmel expresó a comienzos del siglo XX[361] acerca de cómo individuos lograron colocar a estos grupos que se encontraban en planos completamente desconectados o de poca relación entre sí, lo que Kapil Raj denominó: *mediador imparcial*[362].

Papanelopoulou, Agustí Nieto-Galan, y Enrique Perdiguero. Surrey England, Burlington USA: Ashgate, 2009, 24.

358 Paola Govoni, *The Historiography of Science Popularization*, 26-28.

359 Lynn Nyhart. *Modern Nature: The rise of the biological perspective in Germany*. Chicago, The University of Chicago Press, 2009, 17-19.

360 Agustí Nieto-Galan, *Los públicos de la ciencia. Expertos y profanos a través de la historia*. Madrid, Fundación Jorge Juan Marcial Pons Historia, 2011, 43.

361 Georg Simmel. "The isolated individual and the dyad," en *The Sociology of Georg Simmel,* editado por Kurt Heinrich Wolff. New York: Free Press, [1908] 1950, 118-44.

362 Kapil Raj, "Go-Betweens, Travelers, and Cultural Translators", en *A companion to the History of Science*, ed. por Bernard Lightman. UK-USA: Wiley Blackwell, 44.

En este sentido pretendemos examinar si Rudolph Philippi se incorporó o no en esta categoría, la que nos permitirá resolver algunas piezas del puzle de la circulación del conocimiento en Chile de la segunda mitad del siglo XIX.

Una expedición al desierto

Desde la formación de una república estable, a partir del año 1830, se realizó una activa edificación material e institucional a partir de una serie de espacios para su desarrollo político, económico y cultural[363]. En este último plano destacó la ciencia, que desde comienzos del siglo XIX "recibió una dirección gubernamental basada en la institucionalización de la educación laica, la apropiación del pensamiento positivista y científico, constitución de diversas disciplinas en los ámbitos de las ciencias y el desarrollo de un inventario y taxonomía de la realidad mineral, animal y vegetal del país"[364].

Estos antecedentes desplegaron el creciente interés por contar con sabios del viejo continente, ejemplo de lo cual son Claudio Gay (1800-1873), Ignacio Domeyko (1802-1889), Pedro José Amado Pissis (1812-1889) y en definitiva nuestro naturalista de estudio, el sabio prusiano Rudolph Philippi (1808-1904)[365]. Su aporte en el terreno de la historia natural incluyó la pesquisa de especies de botánica, zoología y mineralogía, también la creación de colecciones museológicas sobre las especies descubiertas y la publicación de sus hallazgos en prestigiosas revistas de la época, periódicos de circulación nacional y *Anales de la Universidad de Chile,* revista que representó el núcleo de los intelectuales chilenos, quienes compartieron el cultivo por la literatura, poesía, ensayo y del mismo modo las ciencias. Dichos eruditos también se presumen como actores interesados en el saber científico, al ser un público letrado y en no más de una oportunidad críticos en cuanto a la recepción de estos trabajos de historia natural[366].

La labor de Philippi también incorporó la realización de expediciones hacia diversos lugares del país, lugares en donde nuestro naturalista encontró su material

363 Bernardo Subercaseaux, *Historia de las ideas y cultura en Chile* Vol. 1 Tomo II. Santiago: Editorial Universitaria, 1997, 398-407.

364 Bernardo Subercaseaux, *Historia de las ideas,* 399.

365 Zenobio Saldivia. *La ciencia en el Chile Decimonónico,* Santiago: Ediciones Universidad Tecnológica Metropolitana, 2005, 37-50.

366 La revista *Anales de la Universidad de Chile* (AUCh) fue creada en el año de 1843, al alero de la fundación de la Universidad. No obstante, como publicación fue reformada en el año 1850, dividiéndose la publicación en dos secciones. La primera fue denominada como "parte literaria" y la segunda como "parte oficial". Los trabajos académicos pertenecen a la primera sección, mientras que los segundos representaban la administración burocrática de la Universidad de Chile. "Programa, N° 7", *Anales de la Universidad de Chile (AUCh)* 7 (1850): lV-V.

de estudio, generándose una serie de circuitos entre el interés burocrático con el intelectual. La expedición de Atacama es, de este modo, su primera experiencia en terreno bajo el financiamiento de las autoridades nacionales, coincidiendo con su llegada a la dirección al Museo Nacional de Santiago en el año 1853.

El objetivo de esta expedición fue, como señalaron Augusto Bruna y Andrea Larroucau: "por el creciente interés, tanto nacional como extranjero, de las riquezas económicas y a su vez, porque al constituir el límite norte de nuestro país era aconsejable precisar sus deslindes para evitar posibles tensiones limítrofes con los vecinos"[367]. Estos objetivos también fueron precisados por Diego Barros Arana al conocer la geología del territorio y examinar las diferentes especies minerales para así conocer sus datos geográficos de esta porción del país[368].

De acuerdo con estos objetivos el viaje partió el día 22 de noviembre. El naturalista no realizó solo esta importante empresa. Siendo asistido por sus dos sirvientes Domingo Morales y Carlos Núñez, quienes fueron sus principales ayudantes en la pesquisa de especímenes y en la extenuante tarea de llevar los pertrechos del viaje[369]. Guillermo Döll, por otra parte, conocido de anteriores viajes como al volcán Osorno en 1852, resultaría importante en la confección cartográfica de las demarcaciones costeras de esta zona[370]. Finalmente los encuentros más significativos de Philippi terminarían siendo sus guías, apodados *cateadores* o buscadores de minas y tesoros, siendo reconocidos por el célebre texto de Benjamin Vicuña Mackenna, *El Libro de la Plata*[371], entre este aguerrido grupo de hombres soñadores que se aventuraban sin medios de seguridad, se encontró a su principal guía de viaje, don Diego de Almeyda o "El loco Almeyda", como era apodado, quien colaboró con el naturalista en la búsqueda de recursos mineros[372]. Otros encuentros interesantes fueron los

367 Augusto Bruna y Andrea Larroucau, "La Epopeya de un sabio: Rodulfo Amando Philippi en el desierto de Atacama," en *Rodulfo Amando Philippi, Viaje al desierto de Atacama*, ed., Rafael Sagredo Baeza. Santiago de Chile: Biblioteca Fundamentos de la Construcción de Chile, Cámara Chilena de la Construcción-DIBAM-Pontificia Universidad Católica de Chile, 2008, XIV-XVI.

368 Diego Barros Arana, *El doctor Don Rodolfo Amando Philippi. Su vida y sus obras*, (Santiago: Imprenta Cervantes, 1904), 94.

369 Algunas actividades fueron: "(...) En la noche había helado como de costumbre. Al amanecer cantaban los pájaros, y las vizcachas jugaban fuera de sus guaridas entre los peñascos. Mi mozo cazó una viva con la mano; "(...) He visto muy pocos insectos: en el agua habia los Elmis y la Amphitoe andina. Mi mozo cazó la hermosa Leptoscelis Mitchelti." Rodulfo Amando Philippi, *Viage al Desierto de Atacama*, 2; 80.

370 En el segundo capítulo se retomará este aspecto.

371 Benjamín Vicuña Mackenna, *El libro de la plata*, (Buenos Aires: Editorial Francisco de Aguirre, 1978).

372 *Rodulfo Amando Philippi, Viage al Desierto de Atacama*, 7.

pobladores changos y atacameños[373], comunidades que apoyaron con su hospitalidad al pequeño grupo de expedicionarios que atravesaba el desierto en la temporada estival de 1853-1854[374].

A su retorno a Santiago, Rudolph Philippi contó con una extensa información sobre los posibles recursos para su eventual explotación. A su vez, había extraído un número importante de especímenes botánicos, zoológicos y mineralógicos, como él mismo atestiguó en su informe anual al Ministro de Justicia e Instrucción Pública de 1857, destacando más de 400 especies de plantas, recolectadas y clasificadas a lo largo de su expedición[375]. Sin embargo no fue sino hasta 1908, cuatro años después de su muerte, que su secretario Bernardo Gotschlich y su hijo Federico Philippi publicaron en obras póstumas el número exacto de especímenes recolectados en el viaje:

Categoría	Cantidad Federico Philippi 1908[376]	Cantidad Bernardo Gotschlich 1904[377]
Minerales	20 muestras	415 muestras
Un gran número de muestras de rocas	S/N	
Fósiles	29 especies	29 (petrificaciones)
Mamíferos	14 especies	18
Aves	33 especies	33
Reptiles	9 especies	9 (anfibios)
Crustáceos	10 especies	42
Insectos	50 especies	3 (ortópteros); 3 (hemípteros)
Moluscos	97 especies	97
Vermes	1 especies	1
Equinodermos	8 especies	8
Plantas	419 especies	419

[373] Siendo el caso más interesante el encuentro con Doña Serafina, con quien Philippi intercambió información y provisiones para continuar el viaje. Rodulfo Amando Philippi, *Viage al Desierto de Atacama*, 19.

[374] Augusto Bruna y Andrea Larroucau, *La Epopeya de un sabio*, XXV; Horacio B. Larrain, "Aportes de Rodulfo Amando Philippi al conocimiento del ethos y cultura de las etnias indígenas del norte de Chile. Homenaje al cumplirse los 90 años de su muerte", *Revista de Ciencias Sociales, Universidad Arturo Prat* 4 (1994): 3-18.

[375] "Santiago, julio 7 de 1857", *Archivo Nacional Ministerio de Educación (ANME)*, 84, (1857-1861): foja 1.

[376] Rudolph Philippi, "Historia del Museo Nacional de Chile por el Dr. R. A. Philippi". *Boletin del Museo Nacional de Santiago* 1 (1908): 13.

[377] Bernardo Gotschlich. *Dr. Rodulfo Amando Philippi 1808-1904*. Valdivia, Imprenta Central J. Lampert: 1904, 38-39.

El interés gubernamental de estas recolecciones fue inmediato, siendo el Ministro de Hacienda José María Berganza (1809-1876), el primero en solicitarle al naturalista un completo reporte sobre el estado geológico y mineralógico del territorio explorado y, también, "encargándole que indicase los medios de esplotación que pudieran emplearse"[378]. Con estos motivos en mente, Philippi respondió con un completo informe en el que acusó cuatro categorías de metales preciosos y útiles, tales como metales, combustibles, sales y rocas, poniendo énfasis en el método de recolección de datos basado en sus propias observaciones y los relatos de personas del lugar: "(...) pero no creo haber omitido ninguna observacion que pude hacer en mi camino, ni alguna oportunidad para obtener informaciones de otras personas que habian viajado en aquellos parajes"[379].

Dichas evidencias cultivaron un temprano optimismo político de mediados de siglo, magnificado por las ideas librecambistas y por el importante flujo comercial generado desde las exportaciones trigueras a California y Australia, y a importantes zonas mineras como el caso de Tamaya (Coquimbo) y Tres Puntas (Copiapó), insertando a Chile en el mapa de las transacciones de commodities globales[380]. Para el gobierno del Presidente de la República Manuel Montt (1809-1880), esta expedición podría aumentar aún más la cantidad de dichos beneficios, encontrándonos con un gobierno tan fascinado por el dorado del desierto de Atacama, como fueron los mismos *cateadores*, expresándolo en uno de sus discursos: "El desierto de Atacama ofrece productos de que la industria i el comercio del país podían sacar provecho (...) Para apreciar su importancia dispuse que un profesor competente en las ciencias físicas i naturales [Rudolph Philippi] lo reconociese; i no vacilo en anunciaros que se han obtenido buenos resultados. El mismo comisionado ha levantado un mapa del desierto, que contribuirá a hacer mas jeneral i ménos vago el conocimiento de esa parte del territorio de la república"[381].

De este modo la administración central requería que las evidencias se plasmaran en publicaciones; en el siguiente apartado se examinará la fabricación de ellas al finalizar la expedición.

[378] Documentos Parlamentarios. *Discursos de Apertura en las sesiones del Congreso i Memorias Ministeriales. En los tres últimos años del primer quinquenio de la administración Montt* (1854-1856) *Tomo V,* Santiago: Imprenta del Ferrocarril, 1859, 337-338.

[379] Documentos Parlamentarios. *Discursos de Apertura*, 337-344.

[380] Carmen Cariola y Osvaldo Sunkel. "El primer ciclo de expansión," en *Un siglo de historia económica de Chile.* Madrid: Ediciones Cultura Hispánica del Instituto de Cooperación Iberoamericana, 1982, 21-39.

[381] Documentos Parlamentarios. *Discursos de Apertura*, 13.

Desde el año 1854 Rudolph Philippi desarrolló el libro de su viaje. Estos años no estuvieron exentos de contratiempos, aspecto que nos interesa, dado que en ellos observamos la polivalencia del naturalista, quien para publicar sus conocimientos debió establecer un importante número de negociaciones con el aparato burocrático nacional, y desarrollar conexiones académicas trazadas fuera de los contornos nacionales incluso. Diversas observaciones realizadas en el viaje se traducirán a distintos idiomas, se publicarán en diferentes formatos (informes, libros, artículos) y todo ello implicará un ajuste y una acomodación, que va más allá del estilo escritural propiamente tal.

Entre las primeras publicaciones que atestiguaron la divulgación de la expedición al Desierto de Atacama se encontraron los documentos cartográficos elaborados por la Armada de Chile. Dicha institución expuso en sus informes un listado de los levantamientos cartográficos e hidrográficos realizados durante el viaje. En total, se realizó una serie de seis cartas, las cuales fueron publicadas en los *Apuntes hidrográficos sobre la costa de Chile* y también en los *Documentos Parlamentarios,* compendio burocrático de los reportes institucionales realizados durante la administración del presidente Manuel Montt (1851-1861)[382]. Estos trabajos encargados por las autoridades marítimas, obtuvieron el levantamiento hidrográfico de las áreas Chañaral, Taltal, Paposo, Caleta del Cobre, Bahía de la Chimba y Mejillones, impresos en los apuntes hidrográficos de la armada.[383] Así lo evidenció el capitán de la goleta *Janequeo* Manuel 2° Escala, quien en los *Partes del Comandante del Bergantin Goleta "Janequeo", relativos al viaje de reconocimiento sobre la Costa de Atacama*, expuso que estos seis mapas se realizaron gracias al "comisionado", nombre bajo el cual se identificó a Rudolph Philippi, quien como representante de la expedición cubrió los gastos de los tripulantes de la embarcación. Sin embargo la verdadera autoría de estos mapas se la debemos a Guillermo Döll[384], quien, con su usual destreza, pudo

382 "(...) Destinado el *Janequeo* a este servicio, se encargó a su comandante que al mismo tiempo que sirviese al trasporte del comisionado, se ocupasen él i sus oficiales, en hacer un prolijo reconocimiento de la costa, puertos i caletas del mismo territorio, levantando planos hidrográficos de los mismos. Esta órden fué bien cumplida, i los planos levantados por nuestros marinos i recibidos en este Ministerio, fueron comunicados al comisionado especial, para la formacion del plano jeneral de la parte del pais esplorada por él". Documentos Parlamentarios. *Discursos de Apertura,* 160.

383 Armada de Chile. *Apuntes hidrográficos sobre la costa de Chile. Acompañados de algunos planos levantados por los oficiales de la Armada de la República.* Santiago de Chile: Imprenta Nacional, 1866, 5-7.

384 Guillermo Döll fue un ingeniero geómetra, siendo un experto cartógrafo, como el propio Philippi mencionó: "(...) el mapa que acompagna esta obra hecho por el señor Döll da los nombres actualmente conocidos". Rodulfo Amando Philippi, *Viage al Desierto de Atacama*, 31.

plasmar en la cartografía los fondeaderos que la Armada necesitaba para mejorar su presencia en una zona limítrofe de escasa presencia nacional[385].

La divulgación cartográfica de los mapas de Atacama fue al principio bastante acotada. Reducida a las ramas de la Armada y a los documentos de la administración del presidente Montt, consiguiendo cimentar los frutos de una larga relación entre la Armada de Chile y Rudolph Philippi en las décadas venideras[386]. En cuanto a su utilidad, estos instrumentos cartográficos permitieron a la Armada de Chile contar con el conocimiento sobre los puntos en donde podían habilitarse nuevos puertos, siendo a su vez de gran utilidad para la marina mercante y sus actividades de cabotaje. También el Gobierno de Chile estaba deseoso de conocer esta información para comenzar la prospección de recursos económicos, validando contratos con empresarios extranjeros y solicitando nuevamente a Rudolph Philippi que actuase en calidad de perito para validar estas inversiones foráneas[387].

La importancia de estos levantamientos hidrográficos no terminó aquí. En efecto, estas inscripciones abrieron a Philippi un nuevo frente de divulgación intelectual. Sin ir más lejos, en Europa, en la ciudad de Gotha, la revista de Augusto Petermann: *Mittheilungen aus Justus Perte geographischer Anstalt*[388], abocada a los estudios cartográficos, publicó en su volumen N° 11 del año 1856 una serie de tres mapas del desierto, haciendo público al interés académico una región de escaso conocimiento. El propio Petermann realizaría observaciones interesantes en el año 1859, al mencionar la falta de datos limítrofes que señalasen con propiedad el inicio y término del Desierto, observación que fue recogida por el Informe del Instituto Imperial de Francia[389].

Por otro lado, los mapas de la expedición circularon en el reporte escrito a la Royal Geographical Society en 1855. En esta publicación se resumió para

385 En reportes posteriores el capitán de corbeta José M. Gonzalez a cargo de la jurisdicción en Caldera da cuenta de lugares como Paposo y Taltal. Información confirmada por el intendente de Atacama, Antonio de la Fuente, quien recibió una copia de los mapas. Documentos Parlamentarios, *Discursos de apertura*, 214-216.

386 En particular las expediciones realizadas por Francisco Vidal Gormaz (1837-1907) y la creación del actualmente llamado Servicio Hidrográfico de la Armada generaron una fructífera relación con el Museo Nacional de Santiago.

387 Boletin de las leyes i de las ordenes i decretos del Gobierno. *Libro XXIX*. Santiago: Imprenta Nacional 1861, 477-478.

388 Rudolph Philippi. "Die sogenannte Wüste Atacama," *Mittheilungen aus Justus Perte geographischer Anstalt*, (1856): 52-71.

389 "Instituto Imperial de Francia. Academia de Ciencias. Informes de M.M. Mathieu, Hermitte i Bienaymé, leído i aprobado en la Academia". Acta de sesión del Consejo Universitario del 14 de febrero de 1859. *Revista Anales de la Universidad de Chile (AUCh)*, 16 (1859): 432-435.

el público angloparlante las vicisitudes del viaje. En particular, el texto volvió a destacar a los mencionados cateadores, debido a que Philippi consideró sus argumentos válidos para entender la ubicación cartográfica en la que se encontraban. Es en este punto en donde se produce una curiosa controversia de escaso conocimiento. El redactor y traductor del reporte es el destacado químico y geógrafo William Bollaert (1807-1876),[390] quien desde una nota al pie mostró su desacuerdo sobre las opiniones cartográficas de la expedición. La razón argumentada se entendió sobre la base de que el naturalista confió en la opinión del saber popular más que en el saber científico-experto:

> (...) The error lies most probable in Dr. Philippi´s want of local knowledge of the part, and he evidently mistakes his position, not having visited these places. See Admiralty Chart of the coast, and particularly the plans, on a large scale[391].

En esta crítica también puede deducirse que las observaciones elaboradas por cateadores, vaqueanos y personas locales a las que Rudolph Philippi da crédito ponían en cuestionamiento las observaciones elaboradas por otras expediciones, en particular la realizada anteriormente por Fitz-Roy, a la que Philippi cuestionó su falta de precisión[392]. La réplica del Bollaert no se hizo esperar:

> (...) Chimba Bay is that called in our charts "Constitucion Bay." Isla Blanca is called in our Plan "Forsyth Island." Bolfin is a peninsula in nearly the same latitude, but farther east, which probably led to Dr. Philippi's mistake. Captain Fitz-Roy thinks that the Doctor visited Forsyth Island and Constitucion Bay, and finding them called "Isla Blanca" and "Chimba Bay,"

390 Bollaert era sin duda un intelectual que hablaba con cierto fundamento sobre esta zona, como lo estudiado por Luis Castro Castro, Carolina Figueroa Cerna. "William Bollaert y sus descripciones geográficas, cartográficas y antropológicas sobre la provincia de Tarapacá en la etapa inicial de la formación republicana del Perú, 1827-1854". *Historelo*, 9 (18) (2017): 121-164.

391 William Bollaert, "Abstract of a report made by Dr. R.A. Philippi to the Government of Chile, of a Journey into the de Desert of Atacama in 1853-54", *Journal of the Royal Geographical Society of London*, 25 (1855): 160.

392 "(...) En la foja del mapa de Fitzroy que comprende esta región, y que teníamos a bordo, la isla es dibujado erróneamente como península. Seria de desear, que el Gobierno chileno mandase publicar los planes de los puertos y caletas de Chañaral, Tartal, Paposo, el Cobre, Isla Blanca y Mejillones, que los oficiales de la Janequeo han levantado durante este viage, las que en muchos casos podrían ser muy utiles a los navegantes. Observaré que casi todos los nombres del mapa de Fitzroy son desconocidos de los moradores de la costa como v.g. punta Jara, Chancaca etc;." Rodulfo Amando Philippi, *Viage al Desierto de Atacama*, 31.

naturally enough accused the Charts. In coasting along by latitude and estimation, he seems to have passed by Bolfin peninsula. No part of the coast was much better explored by Messrs. Usborne, Forsyth, Davis, and Stewart, under Captain Fitz-Roy, than that about Morro Jorge, between Moreno Bay and that of Mejillones. – ED.[393].

Finalmente, de acuerdo con Diego Barros Arana, este reporte también contó con el interés de intelectuales franceses como M.Vivien de Saint Martin, quien citó este viaje en el *Dictionnaire de géographie moderne,* ampliando así la repercusión global de esta travesía, que previo a ser el texto que conoceríamos, ya generaba el impacto necesario en los públicos burocráticos e intelectuales[394].

Adicionalmente, la expedición generó la activa realización de publicaciones académicas, principalmente en la revista *Anales de la Universidad de Chile*, la que entre los años 1854 y 1860 publicó los siguientes trabajos vinculados a la expedición.

Año	Titulo
1854	R.A. Philippi. Memoria sobre el hierro meteórico de la Facultad de Ciencias Físicas y Matemáticas Anales de la UCH, Tomo XII: serie 1.
1854	Descripción de una nueva especie de flamenco. Anales de la UCH, Tomo XII: serie 1.
1855	Observaciones sobre las especies del jénero Helix. Anales de la UCH, Tomo XIII: serie 1.
1855	R. A. Philippi. Botánica. Observaciones sobre la Huidobria fruticosa, especie de planta de la familia de las loáseas. Sesión de 23 de mayo. Anales de la UCH, Tomo XIII: serie 1., pág., 217-219.
1857	Noticias relativas a la Fauna chilena, Anales de la UCH, Tomo XV: serie 1.
1857	R.A. Philippi. Estadística de la flora chilena. Anales de la UCH, Tomo XV, serie 1.
1857	R.A. Philippi. Observaciones generales sobre la flora del desierto de Atacama. Anales de la UCH, Tomo XV: serie 1.

Estas publicaciones poseían una amplia divulgación en los espacios nacionales, siendo su tiraje de 500 ejemplares, ampliada desde 1858 a 800, a solicitud de José Victorino Lastarria[395]. De este modo, dentro del universo de revistas nacionales, los *Anales de la Universidad de Chile* poseían un estatus de primer nivel al repercutir en el grueso de los intelectuales chilenos, varios de ellos exponentes de la generación de 1842.

393 William Bollaert, *Abstract of a report made by Dr. R.A. Philippi*, 160.

394 Diego Barros Arana. *El Doctor Rodulfo Philippi*, 100-101.

395 "Actas del Consejo Universitario, sesión del 14 de mayo 1859". *Anales de la Universidad de Chile (AUCh)*, N° 16, 1 (1859): 503.

En paralelo, Rudolph Philippi publicó sus primeros hallazgos en el extranjero, en particular en revistas de habla alemana, destacando de sobremanera el *Botanische Zeitung*[396] y la *Zeitschrift für die gesammten Naturwissenschaft.*[397] En estas, Philippi publicó las versiones en alemán de los mismos trabajos publicados Chile, generando que fueran un vehículo de transmisión que traspasó las barreras nacionales. Todos estos esfuerzos relegaron la escritura del libro *Viage al Desierto de Atacama* a un segundo plano durante casi toda la década, viendo recién su materialización hacia el año de 1857, aspecto que trataremos a continuación.

Publicación y recepción de la obra

La realización de *Viage al Desierto de Atacama* fue una empresa agotadora. Contó con numerosas dificultades iniciales, motivadas por las múltiples tareas que en paralelo debían hacerse para su publicación, que como se demostró en el apartado anterior, ralentizaron su publicación. Bajo estos parámetros antes de siquiera escribir una línea del texto, Rudolph Philippi tuvo que establecer los catálogos de plantas y animales recopilados en el desierto.

Esta tarea comenzó en 1854: "(…) En esta enumeracion no he hecho entrar los animales que recojí durante el viaje de esploracion al desierto de Atacama"[398]. Un año más tarde Philippi presentó las mismas dificultades: "(…) No he incluido en este número las especies recojidas en mi viaje al desierto de Atacama, cuyo catálogo no está todavía concluido"[399]. Finalmente logró concluirlo en 1856:

> (…) MUSEO NACIONAL.
> Santiago, mayo 1.º de 1856.
> Señor Ministro:
>
> El número total de las especies[400] clasificadas asciende a unas 1,800, de modo que he podido agregar mas de cincuenta por ciento a las especies

[396] Revista de Botánica que editó sus artículos en alemán: Rudolph Philippi. "Bemerkungen über die Flora der Wüste Atacama". *Botanische Zeitung* 15, (1857): 681-690.

[397] Rudolph Philippi. "Bermekungen über die in Chile einheimischen Arten Helix" *Zeitschrift für die gesammten Naturwissenschaft* 8, (1856): 89-94.

[398] Documentos Parlamentarios. *Discursos de Apertura*, 120. .

[399] Documentos Parlamentarios. *Discursos de Apertura*, 319.

[400] Hace alusión a las especies de flora.

> dejadas por el señor Gay. Este aumento proviene de las plantas de Bertero i del señor Bustillos, pero en la mayor parte de mis viajes al desierto de Atacama i la provincia de Valdivia (...) He clasificado las conchas chilenas que he recojido en el viaje de Atacama i en mis viajes a Valdivia, (...), poseemos ahora ciento cuarenta i cinco especies, es decir, mas de la mitad de las especies que se conocen de Chile[401].

En la medida en que el catálogo se conformaba, Philippi de forma simultánea escribía el texto. Enviando los borradores a su impresión, los que a su vez eran acompañados por las imágenes, también borradores, que terminarían siendo las litografías que aparecen como anexo a la obra. Durante el año 1857 esto se materializó, optando por una edición europea y no chilena. La práctica de enviar obras a imprimirse al extranjero no era nueva, siendo común la compra de libros desde Europa, en particular Francia y Alemania, en donde se hacían los encargos científicos[402]. Adicionalmente, una obra de esta envergadura requería un coste mayor. Esto es importante debido al precedente que Philippi tuvo en el año 1854, cuando solicitó litografiar 500 imágenes de su publicación *Descripción de una nueva especie de flamenco*, para que aparecieran en cada volumen publicado de la *Revista Anales*. Para dicha tarea se cotizó el precio al afamado ilustrador Narciso Desmadryl (1801-1881); no obstante, el precio demandado terminó siendo mayor al que el Consejo Universitario de la Universidad de Chile se disponía cancelar[403].

En el año 1857 la obra comenzó a cobrar forma. Se optó por imprimir dos versiones de este texto, uno en español y otro en alemán. La doble edición fue producto de que Philippi se reservó para sí el derecho de poder publicar la obra en otros idiomas que no fuesen el español, como bien lo reflejó su portada de la edición alemana[404]. La editorial encargada por el gobierno de Chile para su impresión y encuadernación fue la Librería de Eduardo Anton, en sus talleres de Halle Sajonia. En cuanto a los contactos con la librería, se tiene conocimiento de la activa labor realizada por los cónsules, quienes en aquellos

[401] Documentos Parlamentarios. *Discursos de Apertura*, 574-577.

[402] Los informes anuales que realizó Rudolph Philippi al Ministerio de Justicia e Instrucción Pública durante esta década, más otros reportes, han recogido estos pedidos de textos e instrumentos científicos. Otro caso notable es el del Observatorio Nacional.

[403] "Sesión del 4 de noviembre de 1854". Actas de Sesión del Consejo Universitario, *Anales de la Universidad de Chile (AUCh)* 12 (1854): 450; "Sesión del 18 de Noviembre de 1854". Actas de sesión del Consejo Universitario, *Anales de la Universidad de Chile (AUCh)* 12 (1854): 452.

[404] Rudolph Philippi. *Reise durch die Wüste Atacama auf Befehl der chilenischen Regierung im Sommer 1853–54 unternommen und bechrieben, von DR. ... nebst einer Karte und XXVII Tafeln*. Halle: Eduard Anton 1860.

tiempos no solo se abocaron al cultivo de la diplomacia y la inmigración, sino también a granjear amistades, siendo los intelectuales y personas cultas el blanco preferido por las autoridades diplomáticas. En este sentido Vicente Pérez Rosales, cónsul en Hamburgo en aquellos años (1855-1859), realizó una activa labor, que incluyó su cercanía a importantes figuras de la historia natural, como "Karl Andew (sic), de Leipsig; a Wappaus i a Ausmann, de Gotinga; al barón de Bibra, de Nuremberg; a Carl. C. Rafo, de Copenhague; a Gülich, de Berlín; al acaudalado Rossi, de Viena; a Poepig, todos hombres respetados o notabilidadades científicas de la culta Europa setentrional"[405]. No obstante, el secretario de Rosales Lumé de Lunie sería la fuerza dinamizadora en la realización de los despachos que el gobierno chileno demandaba del consulado.

Estos mediadores son reconocidos por Philippi bajo el nombre de "corresponsales" como eran llamados en sus informes al Ministerio, destacando las noticias acerca de los avances de la obra:

> (...) Santiago, julio 7 de 1857.
> Señor Ministro!
>
> Habiéndome llegado en estos días una carta de mi corresponsal en Alemania, fecha 28 de febrero, en la cual me da cuenta del adelanto de la publicación de mi viaje al Desierto de Atacama me apresuro en comunicar a Vs., que las doce vistas debían estar concluidas en el mes de marzo; probablemente podré someterlas al juicio de Vs., en el mes que entra. Mi corresponsal me dice que está satisfecho de la ejecución por el litógrafo. Me acusa además el recibo de mis dibujos, que representan los cuadrúpedos pájaros y reptiles, y ya los había entregado al litógrafo. Dentro de un mes espero enviarle los dibujos que representan las plantas nuevas más interesantes"[406].

En cuanto al formato, este también comenzaba a volverse claro. La sección de botánica es un ejemplo; si recordamos la generación de catálogos, este comprendió la enumeración de 400 especies de flora y entre ellas 300 nuevas para la ciencia. Dichos avances tuvieron más de un traspié, provocados por las demandantes tareas del Museo Nacional, como el propio Philippi agregó:

[405] Vicente Pérez Rosales, *Recuerdos del pasado: 1814 -1860*, 3ª ed. Santiago de Chile: Imprenta Gutenberg, 1886, 409.

[406] "Santiago, julio 7 de 1857". *Archivo Nacional Ministerio de Educación (ANME)*, 84, (1857-1861): foja 1.

"(...) es inútil enviarle ahora a Alemania para que se imprima luego. Acaso le parecerá a Vs., que el trabajo habría podido adelantar con más rapidez, pero le suplico considerar, que lo hago solo en las noches y en los días de fiesta"[407].

A pesar de los contratiempos Philippi anunció en su informe de 1858 que "he concluido la Flora del Desierto de Atacama, y las tablas relativas a este trabajo, como el texto ya están bajo la prensa, en este invierno concluiré con el texto del *Viaje al Desierto de Atacama*. Todas las láminas de zoología y las vistas ya son hechas, y Vs., se ha podido convencer que su ejecución es satisfactoria"[408].

Los dos últimos años Philippi muestra algo de pesar por la demora[409]. Sin embargo es en el año 1860 cuando la obra se puso en manos del encuadernador de la librería Anton, cuyo trabajo se concluiría a fines del mes de mayo[410]. Finalmente en 1861 Philippi oficializó la entrega de la obra a las autoridades gubernamentales nacionales. El estimado de obras a publicar en el año de 1857 fue de un número considerable: "300 en idioma alemán" y "600 en español"[411]. Sin embargo, para 1861 este número, al menos en español, se adecuó a 500, quedando como el propio Philippi expuso:

> (...) Santiago, marzo 5 de 1861.
> Señor Ministro!
>
> Habiendo llegado obra: Viaje al Desierto de Atacama hecho de orden del Gobierno de Chile y publicado bajo sus auspicios, le suplico se sirva indicar la persona que se ha de recibir de ella, observando, que en virtud de la autorización verbal de Vs., he retenido 25 ejemplares, teniendo que entregar por consiguiente 475 ejemplares.
> Presentaré la cuenta de los costos de la obra tan luego como me llegue la planilla del flete de Hamburgo a Valparaíso.
> Dios guarde a Vs., Dr. R. A. Philippi"[412].

[407] "Santiago, julio 7 de 1857". *Archivo Nacional Ministerio de Educación (ANME)*, 84, (1857-1861): foja 1.

[408] Informe Anual del Museo Nacional de Santiago, "Santiago, mayo 07 de 1858". *Archivo Nacional Ministerio de Educación (ANME)*, 84, (1857-1861): foja 2.

[409] Informe Anual del Museo Nacional de Santiago, "Santiago, mayo 22 de 1859", *Archivo Nacional Ministerio de Educación (ANME)*, 84, (1857-1861): foja 2.

[410] Informe Anual del Museo Nacional de Santiago, "Santiago, abril 30 de 1860", *Archivo Nacional Ministerio de Educación (ANME)*, 84, (1857-1861): foja 3.

[411] "Santiago, julio 7 de 1857". *Archivo Nacional Ministerio de Educación (ANME)*, 84, (1857-1861): foja 1.

[412] Informe Anual del Museo Nacional de Santiago, "Santiago, marzo 5 de 1861". *Archivo Nacional Ministerio de Educación* (ANME), 84 (1857-1861): foja 1.

De estos 475, otras 50 adicionales pasaron de forma exclusiva al control de la Universidad de Chile, quien repartió estas copias entre el "Gabinete de lectura, corporaciones científicas extranjeras con que mantiene correspondencia la Universidad, los Miembros del Consejo, los Secretarios de las Facultades i algunos otros Miembros universitarios de los que prestan mas servicios al cultivo de las Ciencias o a la Instruccion pública."[413] Esta divulgación dirigida hacia intelectuales y autoridades repercutirá en su pronta recepción y reacción de la época. Desde la publicación de la *Historia Física y Política de Chile* de Claudio Gay, no se observaba una publicación de esta envergadura. Sin embargo y de manera insólita, Philippi no gozaría de la misma recepción, siendo homenajeada por sus pares naturalistas, mas no por la administración pública.

El propio Philippi destacó que los libros puramente científicos no pueden contar con un gran número de lectores"[414]. Su activa correspondencia con directores de otros museos extranjeros, demostró lo contrario, siendo esta obra una pieza que interesó al mundo académico y para el naturalista esto implicó su uso como moneda de cambio para conseguir otros textos bajo la modalidad de canje, ahorrándose el dinero de su compra. Es el caso del doctor Antonio Raimondi, profesor de historia natural en la escuela de Medicina de Lima: "Deseando mostrarme agradecido por este obsequio quisiera enviarle mi *Viaje al Desierto de Atacama*"[415]. De igual modo esta el caso del Director Fernando Müller del Jardin Botánico de Melbourne: "suplicándome (...) mi viaje al Desierto de Atacama en cambio de sus publicaciones de un mérito notorio"[416]. Estos intercambios terminaron por levantar la figura de Philippi en los circuitos intelectuales, siendo quizá el más relevante el naturalista Louis Agassiz (1807-1873), quien también recibió dicha publicación:

> (...) Santiago, septiembre 5 de 1865.
> Señor Ministro!
>
> Acabo de recibir para el instituto que tengo la honra de dirigir del célebre naturalista Agassiz sus contribuciones a la Zoología Norteamericana, que son cuatro gruesos volúmenes en cuarto grande con 65 láminas de una ejecución superior. El señor Agassiz me promete, que seguirá enviándome

413 "9 de marzo de 1861", Actas del Consejo Universitario, *Anales de la Universidad de Chile (AUCh)*, 17 (1) (1861): 429.

414 "Santiago, julio 7 de 1857". *Archivo Nacional Ministerio de Educación* (ANME), 84 (1857-1861): foja 1.

415 "Santiago, julio 14 de 1863". *Archivo Nacional Ministerio de Educación* (ANME) 138 Documento 8 (1862-1883): Foja 1.

416 "Santiago, octubre 10 de 1866". *Archivo Nacional Ministerio de Educación* (ANME), 138 Documento 25 (1862-1883), Foja 1.

los nuevos trabajos que está preparando. Siendo justo que reciba en cambio las publicaciones sobre la historia natural de Chile me permito indicar a Vs., que sería tal vez conveniente enviarle la obra de D. Claudio Gay y mi *Viaje al Desierto de Atacama*, pero Vs., resolverá lo que mejor le parezca.

Dios guarde a Vs., Dr. R. A. Philippi"[417].

Sin embargo el naturalista no imaginó el impacto que esta obra tendría fuera de sus circuitos de historia natural, siendo también el menos fructífero, como lo mencionó su biógrafo Diego Barros Arana:

> (...) la obra de Philippi fue recibida con indiferencia, i aun con disgusto por algunos de los que trataron de leerla. Se había esperado que ella contuviese la revelación de la existencia de grandes riquezas. En cambio de esto, en un parágrafo titulado "Recursos del desierto. Posibilidad de hacerlo cultivable," consignaba Philippi estas desconsoladoras palabras: "La narración de mi viaje ha puesto de manifiesto que el despoblado carece de todo recurso para hacerlo habitable i para permitir que sea una via de comunicación i de comercio;" i pasaba en seguida a confirmar i a demostrar esta proposicion[418].

Dicha carencia en el terreno económico contrastó con los comunicados que el propio Philippi había desarrollado en sus reportes al Ministerio de Hacienda y Armada de Chile. La explicación entonces puede rastrearse en la crisis de expectativas que esta obra consiguió en la élite gubernamental. Si comprendemos que en estos años Chile atravesaba por una pérdida sustantiva de sus yacimientos mineros, que no pocos se habrían ilusionado, que este libro podría revertir esta situación. Paralelamente el mundo intelectual ligado a la Universidad de Chile, también fustigó la obra, pero desde una vía distinta, argumentando su carencia de lenguaje y falta de riqueza poética en la transmisión de sus ideas:

> (...) Este defecto unido a ciertas faltas de lójica en la exposición, aunque mui insignificantes, i el pésimo lenguaje de la obra hacen ingratas sus formas i la privan de todo mérito literario; lo cual no es para nosotros insignificante, desde que estamos ciertos de que un libro de esta clase, no solamente debía ser destinado a los sabios, sino también debería poseer

417 "Santiago, septiembre 5 de 1865". *Archivo Nacional Ministerio de Educación* (ANME), 138 Documento 17 (1862-1883): foja 1.

418 Diego Barros Arana, *El Doctor Rodulfo Philippi*, 98.

> los atractivos para poner al alcance de todos la jeografia i las condiciones jenerales de una rejion desconocida, como el Desierto de Atacama, i que tanto nos interesa conocer[419].

La crítica manifestada por José Victorino Lastarria (1817-1888) tuvo una fuerte amplificación en los círculos intelectuales, esto debido a que este artículo tuvo dos ediciones: una en la citada *Revista del Pacífico*, pero también en el N° 17 de la *Revista Anales*. A pesar de la prosa, Lastarria se mostró a favor de los juicios cartográficos expuestos por Philippi, en especial atención a la controversia sobre los puntos costeros con las cartas de Fitz Roy, en donde defendió la posición del naturalista prusiano[420].

En resumen, la obra del Desierto de Atacama generó una activa divulgación en donde las discusiones traspasaron las barreras geográficas y socioculturales.

En las décadas venideras se renovarían los esfuerzos por volver a explorar el desierto. En 1885 Federico Philippi volvió al lugar que su padre había explorado hacía tres décadas[421]. Así, la búsqueda incansable por los recursos naturales y conocimiento de sus especies continuaría desplegando en Chile un activo circuito de transmisión entre intelectuales, burócratas, lugareños y naturalistas, en donde la circulación no terminaría, como en un verdadero bucle desplegado en todo el largo siglo XIX.

Conclusión

La publicación del libro *Viage al Desierto de Atacama* sigue siendo uno de los textos de mayor interés que ha atrapado a historiadores pero también a especialistas del mundo de las ciencias naturales. En este punto corresponde realizar un balance con respecto a nuestros objetivos iniciales.

En este texto hemos demostrado el fenómeno de la circulación del conocimiento, generado por un heterogéneo circuito de mediadores. Iniciada por las comunidades locales del desierto y desarrollada por sus principales ministerios e instituciones como la Armada de Chile y la Universidad de Chile, consiguió explicarse, bajo la participación colectiva de estos actores, que se

[419] José Victorino Lastarria. "Apreciaciones sobre el viaje al desierto de Atacama del Doctor Philippi". *Revista del Pacífico,* Tomo lV (1861): 466.

[420] José Victorino Lastarria. *Apreciaciones*, 468 – 470.

[421] Federico Philippi. *Escursion Botanica hecha de orden del supremo gobierno en setiembre de 1885 a la Provincia de Atacama*. Santiago de Chile: Imprenta Nacional 1886.

apreciaron en aquellos detalles azarosos que dieron vida a esta publicación. En este sentido también destacamos que la expedición no solo produjo el libro, sino también una serie de artefactos como mapas, reportes y del mismo modo otras publicaciones académicas. La fabricación de estos saberes no hizo más que ampliar los espacios de divulgación de una obra que se pensaba tendría un público reducido, pero que sin embargo resultó siendo mayor al que se había considerado para una obra de historia natural.

A pesar de reconocer a los múltiples actores que influenciaron esta obra, siguen abiertas muchas preguntas con respecto al papel desempeñado por los mediadores o *go-betweens*. Los vínculos que Rudolph Philippi sostuvo con ellos siguen siendo una tarea pendiente, sobre todo con respecto a los grados de incidencia o control que este tuvo sobre ellos, o muy por el contrario si sus espacios de negociación fueron más líquidos o ambiguos de lo que se pensaría. Esto nos invita a reflexionar acerca de la necesidad o no de un mediador imparcial, entendiendo por imparcialidad el grado de control frente a varios grupos que un mediador poseería. También debemos plantearnos sobre si es necesaria una jerarquía entre los mediadores, teniendo en cuenta que esto provocaría, de forma irrevocable, que los científicos o naturalistas pasarían de nuevo a un primer plano, restando importancia al resto de los actores.

Fuentes primarias

Anales de la Universidad de Chile (AUCH) Tomos: N° 7 (1850); N° 11 (1854); N° 16 1859; N° 18 1861 (1).

Archivo Nacional del Ministerio de Educación (ANME), Santiago de Chile, Chile. Volúmenes: N° 84 (1857-1861); N° 138 (1862-1883). Fondo del Ministerio de Educación.

ARMADA DE CHILE. 1866. *Apuntes hidrográficos sobre la costa de Chile. Acompañados de algunos planos levantados por los oficiales de la Armada de la República.* Santiago de Chile: Imprenta Nacional, N° 46.

BARROS ARANA DIEGO. 1904. *El doctor Don Rodulfo Amando Philippi. Su vida y sus obras.* Santiago: Imprenta Cervantes.

Boletín de las leyes i de las ordenes i decretos del Gobierno. 1861. *Libro XXIX*. Santiago: Imprenta Nacional.

BOLLAERT WILLIAM. 1855. Abstract of a report made by Dr. R.A. Philippi to the Government of Chile, of a Journey into the de Desert of Atacama in 1853-54. *Journal of the Royal Geographical Society of London*, 25 (1855): 158-171.

DOCUMENTOS PARLAMENTARIOS. 1859. *Discursos de Apertura en las sesiones del Congreso i Memorias Ministeriales. En los tres últimos años del primer quinquenio de la administración Montt (1854-1856) Tomo V.* Santiago: Imprenta del Ferrocarril.

Gotschlilch Bernardo. 1904. *Biografía del Dr. Rodolfo Amado Philippi: 1808-1904*. Valdivia: Imprenta Central, J. Lampert.

Lastarria José Victorino. 1861. Apreciaciones sobre el viaje al desierto de Atacama del Doctor Philippi. *Revista del Pacífico, Tomo IV* (1861): 465-478.

Philippi Rudolph. 1856. "Bermekungen über die in Chile einheimischen Arten Helix" *Zeitschrift für die gesammten Naturwissenschaft* 8 (1856): 89-94.

___________. 1856. "Die sogenannte Wüste Atacama". *Mittheilungen aus Justus Perte geographischer Anstalt. Gotha: Petermann; Justus Perthes (1856)*: 52-71.

___________. 1857. "Bemerkungen über die Flora der Wüste Atacama". *Botanische Zeitung* 15 (1857): 681-690.

___________. 1860. *Reise durch die Wüste Atacama auf Befehl der chilenischen Regierung im Sommer 1853-54 unternommen und bechrieben, von DR. ... nebst einer Karte und XXVII Tafeln*. Halle: Eduard Anton.

___________. 1860. *Viage al Desierto de Atacama hecho de orden del Gobierno de Chile en el verano de 1853-1854*. Halle en Sajonia: Libreria de Eduardo Anton.

___________. 1908. Historia del Museo Nacional de Chile. *Boletin del Museo Nacional de Santiago* 1 (1908), 13-47.

Philippi Federico. 1886. *Escursion Botanica hecha de orden del supremo gobierno en setiembre de 1885 a la Provincia de Atacama*. Santiago de Chile: Imprenta Nacional.

Pérez Rosales Vicente. 1886. *Recuerdos del Pasado: 1814-1860, Tercera Edición*, Santiago de Chile: Imprenta Gutenberg.

Vicuña Mackenna Benjamín. 1978. *El libro de la plata*. Buenos Aires: Editorial Francisco de Aguirre.

Bibliografía

Bruna Augusto y Larroucau Andrea. 2008. "La Epopeya de un sabio: Rodulfo Amando Philippi en el desierto de Atacama". En *Rodulfo Amando Philippi, Viaje al desierto de Atacama*. Editado por Rafael Sagredo Baeza, XI-LIX. Santiago de Chile: Biblioteca Fundamentos de la Construcción de Chile, Cámara Chilena de la Construcción-dibam-Pontificia Universidad Católica de Chile.

Castro Luis; Figueroa Carolina; Guerrero Pablo y Silva Benjamin. 2017. William Bollaert y sus descripciones geográficas, cartográficas y antropológicas sobre la provincia de Tarapacá en la etapa inicial de la formación republicana del Perú, 1827-1854. *Historelo*, 9, (18): 121-164.

Cariola Carmen y Sunkel Osvaldo 1982. "El primer ciclo de expansión". En *Un siglo de historia económica de Chile 1830-1930*. 21-39. Madrid: Ediciones Cultura Hispánica del Instituto de Cooperación Iberoamericana.

Fa-Ti Fan. 2012. The global turn in the history of science. *East Asian Science, Technology and Society* 6 (2) (June 2012): 249-58.

Gänger Stephanie. 2017. Circulation: reflections on circularity, entity, and liquidity in the language of global history. *Journal of Global History*, University of Cambridge 12 (November 2017): 303-318.

Govoni Paola. 2009. The Historiography of Science Popularization, Reflections Inspired by the Italian Case. En *Popularizing Science and Technology in the European Periphery, 1800-2000*, eds. Faidra Papanelopoulou, Agustí Nieto-Galán, y Enrique Perdiguero, 21-42. Surrey England, Burlington USA: Ashgate.

Larraín Horacio B. 1994. Aportes de Rodulfo Amando Philippi al conocimiento del ethos y cultura de las etnias indígenas del norte de Chile. Homenaje al cumplirse los 90 años de su muerte. *Revista de Ciencias Sociales,* Universidad Arturo Prat 4 (1994): 3-18.

Nieto-Galán Agustí. 2011. *Los públicos de la ciencia. Expertos y profanos a través de la historia*, Madrid: Fundación Jorge Juan Marcial Pons Historia.

Nyhart Lynn K. 2009. *Modern Nature: The rise of the biological perspective in Germany*. Chicago: The University of Chicago Press.

___________. 2016. Historiography of the history of science. En *A companion to the History of Science*, ed. Bernard Lightman, 7-22. UK-USA: Wiley Blackwell.

Östling Johan; Erling Sandmo; David Larsson Heidenblad; Anna Nilsson Hammar & Kari H. Nordberg, eds. 2018. *The history of knowledge and the circulation of knowledge*. Lund: Nordik Academic Press.

Raj Kapil. 2007. *Relocating Modern Science Circulation and the Construction of Knowledge in South Asia and Europe, 1650-1900.* Basingstoke: Palgrave Mcmillan.

___________. 2016. Go-Betweens, Travelers, and Cultural Translators. En: *A companion to the History of Science*, ed. Bernard Lightman, 39-57, UK-USA: Wiley Blackwell.

Saldivia Zenobio. 2005. *La ciencia en el Chile Decimonónico*, Santiago: Ediciones Universidad Tecnológica Metropolitana.

Schaffer Simon, Lissa Roberts, Kapil Raj and James Delbourgo eds. 2009. *The Brokered World Go-Betweens and global Intelligence 1770-1820*. Sagamore Beach, MA: Science History Publications.

Secord James. 2004. Knowledge in transit, *ISIS, University of Chicago* 95 (December 2004): 654-672.

Simmel Georg. [1908] 1950. "The isolated individual and the dyad"; "The triad,"; "The stranger". En *The Sociology of Georg Simmel,* ed. Kurt Heinrich Wolff. New York: Free Press, 118-44; 145-69; 402-8.

Subercaseaux Bernardo. 1997. *Historia de las ideas y cultura en Chile Vol. 1 Tomo ll.* Santiago: Editorial Universitaria, 398-407.

Topham Jonathan. 2007. Publishing Popular Science in the Early Nineteenth-Century Britain. En *Science the Marketplace Nineteenth century sites and experience*, cords. Aileen Fyfe and Bernard Lightman, 135-168, Chicago and London: University of Chicago Press.

3. El fomento del gusto por la ciencia a partir de lecturas magazinescas (1851-1898)[422]

Marina Alvarado Cornejo, Manuel Alvarado Cornejo

Introducción

Los almanaques seculares fueron publicaciones anuales impresas en Chile a partir de la segunda década del siglo XIX. Estos textos, organizados en función del calendario gregoriano[423], inicialmente fueron instrumentos de la Iglesia Católica para recordar las festividades religiosas y el santoral, pero con el tiempo fueron apropiados por los impresores nacionales decimonónicos, sufriendo una serie de transformaciones editoriales[424]. El almanaque secular mantuvo al calendario como eje de construcción, distribución y motivación de la información, pero ya no fueron las festividades eclesiásticas el único contenido, incorporándose como elementos novedosos el horóscopo, los cambios de estación, los fenómenos astronómicos, las fiestas nacionales y los avisos comerciales e industriales adecuados para mejorar la productividad del país en distintos ámbitos: científico, agrícola, ganadero, artístico, doméstico, textil, entre los más recurrentes[425].

[422] Este trabajo se enmarca en el desarrollo del proyecto FONDECYT Regular N° 1170993, titulado "Almanaques seculares chilenos (1850-1930): el origen desconocido del magazín en Chile", y del FONDECYT Regular N° 1211785 titulado "Sección Variedades de la prensa en Chile (1830-1899): características e impactos hasta ahora desconocidos, claves para el campo cultural nacional" de los cuales Marina Alvarado Cornejo es la Investigadora Responsable.

[423] Manuel Loyola, a propósito de la etimología del nombre de los almanaques, explica que: "proveniente del árabe, la palabra almanaque remite, en términos de la noción común que tenemos de ella, a determinados registros que, con base en el calendario solar (Gregoriano) que nos rige, conjugan los meses y días del año con una diversidad de datos sobre festividades religiosas y civiles, además de numerosas noticias de carácter geográfico, históricas, de adelantos técnicos, y otras particularidades más o menos pintorescas y anecdóticas". Manuel Loyola, "Los almanaques y la construcción de sentido de la modernidad chilena", *Revista Mapocho,* 71 (enero-junio 2012): 243.

[424] Es necesario aclarar que Chile no fue el único país que secularizó a los almanaques, ya que esta tendencia venía desde Estados Unidos de Norteamérica, país donde desde el siglo XVIII se publicaban almanaques con la finalidad de promocionar diversos procesos ligados a la industrialización de diferentes ámbitos del desarrollo nacional, siendo en las agrícola y ganadera donde mayor asidero tuvieron.

[425] Para ahondar en este punto véase: Marina Alvarado, "*Del Almanaque Divertido* (1879) a *Zig-Zag* (1905): Vínculos, continuidades y orígenes del magazín", *Revista Iberoamericana* 85, 267 (abril-junio 2019): 397-423; Marina Alvarado, "Almanaque de La Mujer para el año 1899: construcción de un

De acuerdo con los resultados que ha arrojado la investigación FONDECYT Regular[426] en curso y los avances realizados en esta materia por Juan Poblete[427], los almanaques seculares, cuya extensión no superaba las 100 páginas, fueron materializados por diversas imprentas: Tomás Wells, Jacinto Núñez, Santos Tornero, la República, del Mercurio, Colón, La Libertad Electoral, Barcelona, del Comercio, Carlos 2do Lathrop. En cuanto a los nombres de los almanaques, estos eran diversos y dependían de los temas que tratasen; a modo de ejemplo: el *Almanaque de Agricultura para el año 1870*, el *Almanaque de la Mujer para el año 1899*, el *Almanaque Popular e Instructivo para el año 1860*. Los títulos se reiteraban, cambiando solo el año conforme al periodo venidero, ya que los almanaques se proponían como "guía de navegación" para el año entrante. Los mecanismos de distribución, por su parte, eran la venta directa o suscripción de los lectores, quienes podían retirar sus ejemplares en las mismas imprentas y/o librerías que los distribuían (en la mayoría de los casos, las imprentas tenían sus propias librerías). Las principales ciudades en donde se imprimieron y distribuyeron fueron Santiago y Valparaíso.

Los temas de los almanaques seculares fueron tan variados como diferentes fueron los productores que los publicaron y los intereses que plasmaron a través de ellos (según se observó en los títulos con los que se ejemplificó). Misma cuestión ocurrió con los formatos: pese a que sus medidas eran en promedio de 25 por 15 centímetros, la mayor o menor presencia de imágenes es un elemento constitutivo clave que permite distinguir la preocupación de dichos textos por los lectores, puntualmente en lo relativo a los temas vinculados con la ciencia en el 1800, asociada al progreso industrial, tecnológico, a los descubrimientos médicos, químicos, astronómicos, geográficos, entre los más recurrentes. Es decir, las imágenes se transformaron en la herramienta que permitió acercar a los lectores a la información que ni siquiera era imaginable por estos debido a su carácter en extremo novedoso. Así también, estos elementos gráficos y su sucesiva presencia y sofisticación en los almanaques dieron

nuevo relato para las lectoras modernas", *Revista Historia y Sociedad* 37 (julio-diciembre 2019): 146-172; Marina Alvarado, "La ciencia en la prensa. El caso del proyecto modernizador del periódico *El correo de la exposición*", *Revista de Literaturas Modernas* 46, 2 (julio-diciembre 2016): 9-31; Juan Poblete, *Literatura chilena del siglo XIX: entre públicos lectores y figuras autoriales*. Santiago de Chile: Cuarto Propio, 2002.

426 FONDECYT Regular N° 1170993, titulado "Almanaques seculares chilenos (1850- 1930): el origen desconocido del magazín en Chile", del cual Marina Alvarado Cornejo es la Investigadora Responsable.

427 Juan Poblete, *Literatura chilena del siglo XIX: entre públicos lectores y figuras autoriales*. Santiago de Chile: Cuarto Propio, 2002.

cuenta de la modernización de este tipo de textos, en específico, como de la prensa en general; Hernán Pas explica la relevancia de los elementos visuales en la prensa decimonónica:

> Uno de los rasgos novedosos que caracterizó el espesor discursivo de la prensa periódica a principios y mediados del siglo XIX fue la incorporación de lo que algunos estudiosos llamaron "cultura de lo visible", que fue explotando y expandiéndose con el desarrollo de nuevas técnicas de reproducción pictórica, como fue el caso de la litografía, que suplantó a la xilografía y a la práctica tradicional del huecograbado[428].

Fue a través del análisis de las imágenes y del seguimiento que se hizo de las firmas de los grabadores inscritas dentro de estas[429], realizadas en investigaciones anteriores, que se constató que en varias ocasiones y en diferentes almanaques, las ilustraciones habían sido extraídas directamente de magazines europeos, lo mismo que los contenidos que acompañaban a dichas ilustraciones. Por lo tanto, los almanaques seculares del siglo XIX en Santiago y Valparaíso fueron pioneros en la organización del material escritural y gráfico a la usanza de los magazines parisinos, londinenses y madrileños de inicios del siglo XIX, llegando incluso a copiar secciones e imágenes[430].

El objetivo principal de este trabajo es estudiar el fomento de la ciencia entre los públicos letrados no expertos en Chile a través de la literatura de temas misceláneos que fue introducida en el país desde mediados del siglo XIX por los almanaques seculares, que imitaron, copiaron y tradujeron el formato de las revistas magazinescas francesas publicadas en la misma centuria, como, por ejemplo, el *Journal pour tous*, *Petit Journal*, entre otros. Es por ello que nos planteamos las siguientes preguntas: ¿De qué modo y mediante qué estrategias se vulgarizaron los contenidos científicos en Chile? ¿Cómo los almanaques seculares, se diferenciaron respecto de su exposición de contenidos científicos,

428 Hernán Pas, "La seducción de las imágenes. El ingreso de la litografía y los nuevos modos de publicidad en Latinoamérica", *Caracol*, 2 (enero-diciembre 2011): 14.

429 Marina Alvarado, "Del *Almanaque Divertido* (1879) a *Zig-Zag* (1905): Vínculos, continuidades y orígenes del magazín", *Revista Iberoamericana* 85, 267 (abril-junio 2019): 397-423.

430 Marina Alvarado, "Del *Almanaque Divertido* (1879) a *Zig-Zag* (1905): Vínculos, continuidades y orígenes del magazín", *Revista Iberoamericana* 85, 267 (abril-junio 2019): 397-423; Marina Alvarado, "*Almanaque de La Mujer para el año 1899*: construcción de un nuevo relato para las lectoras modernas", *Revista Historia y Sociedad* 37 (julio-diciembre 2019): 146-172; Marina Alvarado, "La ciencia en la prensa. El caso del proyecto modernizador del periódico *El correo de la exposición*", *Revista de Literaturas Modernas* 46, 2 (julio-diciembre 2016): 9-31; Juan Poblete, *Literatura chilena del siglo XIX: entre públicos lectores y figuras autoriales*. Santiago de Chile: Cuarto Propio, 2002.

de otros medios? ¿En qué medida los almanaques seculares propusieron nuevas prácticas lectoras? La hipótesis que engloba las cuestiones antes mencionadas plantea que, previo al surgimiento de los magazines en Chile en el siglo XX, donde el principal fue *Zig-Zag*, ya existía un "público lector"[431] cautivo de esta nueva forma "extensiva"[432] de leer, con una marca distintiva específica, asiduo a los contenidos cuyo fin era vulgarizar y popularizar los avances científicos, tanto en su vinculación directa con el progreso tecnológico e industrial, como en todo lo relacionado con los nuevos descubrimientos.

El marco teórico que respalda este trabajo articula los aportes a la sociología de la cultura de Pierre Bourdieu, los de Roger Chartier a la historia de la lectura, la interpretación que Juan Poblete plantea de los conceptos de Rolf Engelsing al contexto lector chileno, y la propuesta de Philip Ball sobre la "curiosidad". Respecto del primero, Bourdieu, nos interesan "gusto" y *habitus*, sobre los cuales explica que el "gusto" es una propensión y aptitud para la apropiación (material y/o simbólica) de una clase determinada de objetos o de prácticas clasificadas o clasificadoras, que genera un estilo de vida, es decir, un grupo puntual de preferencias distintas que expresan y que se arraigan en los *habitus* o disposiciones que operan sobre cada agente de la sociedad. Por lo tanto, a partir de lo señalado por el sociólogo, es factible estudiar las prácticas contrastándolas entre sí, cuestión que es coherente con lo señalado por Chartier a propósito de las "prácticas lectoras", explicando que son los modos de apropiación que los lectores realizan en cierto momento de los textos, apoderándose de estos en tanto bienes simbólicos que producen usos y significaciones diferenciadas. Los modos de la apropiación dependerán, entre otras cosas, de los modos de circulación, del número de alfabetos, y de los mecanismos de regulación de los textos (o de la imprenta, para el caso que se estudia en este trabajo). En este sentido, una buena forma de comprender y clasificar los modos de leer es lo explicado por Poblete, a propósito de los aportes de Engelsing, ya que distingue entre lectura intensiva, lectura semiintensiva, y lectura extensiva. La primera corresponde a la lectura reiterada de muy pocos textos, adoptando una actitud concentrada propia del estudio criterioso y detenido. El segundo tipo corresponde al medio camino entre esa lectura reducida y la

[431] Lo que se plantea haciendo uso del concepto de público lector de Roger Chartier es que previo al siglo XX se generó una audiencia interesada en las publicaciones de tipo magazín, sin que este aún se implantara como tal en el país. Roger Chartier, *El mundo como representación. Estudios sobre historia cultural*. Barcelona: Gedisa, 2005.

[432] Carlos Ossandón y Eduardo Santa Cruz, *El estallido de las formas: Chile en los albores de la cultura de masas*. Santiago de Chile: LOM Ediciones, 2005.

lectura variada. El tercer tipo, finalmente, apunta a una lectura más rápida de diferentes textos en circulación, y que, por cierto, no requiere de un conocimiento previo acabado sobre el tema que se lee. A las categorías explicadas nos interesa agregar la de "lector curioso", la que levantamos a propósito de lo que Philip Ball[433] señala sobre la "curiosidad", indicando que esta –del latín *cura*, "cuidar"–, debe ser entendida como un atributo que se puede aplicar sobre ciertos objetos o prácticas, pero también como un estado mental. En Occidente la curiosidad fue considerada, al menos hasta el siglo XVII, como un vicio, pues el afán por querer saber más y, de paso, cuestionar aquello tenido por cierto, ponía en riesgo el *statu quo* de las sociedades del Antiguo Régimen. No obstante, desde allí en adelante esta actitud fue el principal motor del desarrollo científico, por tanto no se puede entender a este último sin referirse a la curiosidad. El filósofo francés Michel Foucault señaló al respecto que:

> La curiosidad es un vicio que se ha visto estigmatizado una y otra vez por el cristianismo, la filosofía e incluso cierta concepción de la ciencia. Curiosidad, futilidad. La palabra, sin embargo, me agrada; me sugiere otra cosa por completo: evoca 'intranquilidad'; la preocupación que se tiene por lo que existe y por lo que podría existir; la disposición a encontrar extraño y singular lo que nos rodea; una cierta ansiedad por desligarnos de nuestras familiaridades y ver los objetos cotidianos bajo otra luz; un ardor por captar lo que sucede; una despreocupación por las jerarquías tradicionales de lo importante y lo fundamental[434].

Durante el siglo XIX el rápido avance de las ciencias y la industria propició el aumento del número de curiosos y, en menor medida, curiosas, que sin ser expertos ni especialistas en estas materias buscaban conocer las novedades con las que de manera periódica sorprendían científicos e industriales[435]. En este contexto la prensa jugó un papel fundamental pues vehiculizó las inquietudes de los cientos de "lectores curiosos" que buscaban emplear su tiempo de ocio productivamente poniéndose al corriente de los descubrimientos, inventos y

433 Philip Ball, *Curiosidad: por qué todo nos interesa*. Madrid: Turner, 2013.

434 Michel Foucault, "El filósofo enmascarado", en *Estética, ética y hermenéutica. Obras esenciales Volumen III*. Bacelona: Paidós, 1999, 222.

435 Agustí Nieto Galan desarrolla el vínculo entre la curiosidad y la ciencia en su afán por periodizar los modos de apropiación y producción de la científica. No obstante, en este trabajo hemos ahondado en la categoría de "lector curioso" debido al marco teórico y a la metodología que adoptamos. Agustí Nieto Galan, *Los públicos de la ciencia. Expertos y profanos a través de la historia*. Madrid: Marcial Pons Historia, 2011.

nuevas técnicas que proliferaban como nunca en la historia de la humanidad. La práctica lectora del "lector curioso" fue estimulada por las estrategias compositivas de los textos sobre ciencias de los almanaques, gracias a los títulos, a las imágenes, a los comentarios y a la disposición gráfica, al decir de Gerard Genette, los elementos paratextuales.[436] La paratextualidad aporta directamente en la significación que los lectores darán al texto antes que estos se confronten con la lectura, construyéndose una idea predeterminada sobre este basándose en aquellos elementos que lo sostienen, como el soporte o medio, el tipo de letra, los colores, el tipo de papel, la información aledaña al texto en cuestión, la sección donde está contenido el texto, e incluso los comentarios que otros les hayan manifestado.

Respecto de la concepción de la ciencia en el siglo XIX, se debe destacar que los trabajos de Agustí Nieto Galan y Elena del Río Parra, entre los principales, consideran que la construcción y presentación de fenómenos científicos (rarezas y fenómenos de la naturaleza, avances tecnológicos e industriales) a través de la prensa, estaban férreamente ligados con la idea de espectáculo, precisamente por la curiosidad que pretendían despertar en el público, según se explicó anteriormente. Sobre esto, Nieto Galan explica que la ciencia se volvió interesante en la medida que desplazó los tecnicismos de la Ilustración, privilegiando lo visual, lo demostrativo y todo aquello que, aunque resulte paradójico, provocara la exacerbación de emociones del público.[437] En esa misma línea, Del Río Parra señala que la construcción de discursos "espectacularizantes" en la prensa en torno a los sucesos catalogables como científicos se debe a la delgada línea que existía en esta centuria entre la objetividad de la técnica (o literatura científica), y la difusión popular, siendo las exposiciones el mejor ejemplo de esa simbiosis, ya que satisficieron tanto al investigador experto como al espectador interesado en la rareza únicamente[438].

El marco teórico lo operacionalizamos para desarrollar la metodología de análisis del corpus. Distante de la consideración de los textos y del lector como abstracciones, adscribimos a la propuesta de Chartier que señala que:

> No hay texto fuera del soporte que lo da a leer, que no hay comprensión de un escrito, cualquiera que sea, que no dependa de las formas en que alcanza

[436] Gerard Genette, *Umbrales.* México: Siglo XXI, 2001.

[437] Agustí Nieto Galan, *Los públicos de la ciencia. Expertos y profanos a través de la historia.* Madrid: Marcial Pons Historia, 2011.

[438] Elena Del Río Parra, Eslabones perdidos: una nota sobre prensa científica y espectáculo en el siglo XIX transatlántico, *Revista Iberoamericana,* 3 (marzo 2003): 161- 170.

> a su lector. De ahí la necesaria selección entre dos tipos de dispositivos: los que derivan de su puesta en texto, de las estrategias de escritura, de las intenciones del 'autor'; las que resultan de la puesta en libro o en impreso producidos por la decisión editorial o el trabajo del taller, apuntando a lectores o lecturas que pueden no ser conformes con los deseados por el autor. Esa diferencia, que es el espacio en que se construye el sentido, ha sido olvidada con demasiada frecuencia por los enfoques clásicos que piensan[439].

A lo señalado por Chartier sumamos lo indicado por Pierre Bourdieu sobre el "gusto" y *habitus*, en tanto categoría que permite analizar descriptivamente a los mismos periódicos y a los lectores.

El corte temporal propuesto en esta investigación (1851-1898), se debe a que en dicho periodo se desplegó con nitidez y fuerza el discurso de la modernización y progreso, observable a partir del almanaque *Pintoresco e Instructivo* de 1851, pionero en acompañar texto e imagen en todo aquello que se vinculara con contenidos científicos. Asimismo, *El Almanaque literario ilustrado de Chile* de 1898 completa la serie de 10 almanaques que componen el corpus de trabajo, debido a que, dentro del conjunto revisado, este fue el último del siglo XIX en difundir información científica. En síntesis, el corpus de la investigación permite llenar un vacío en los estudios de la construcción del gusto (Bourdieu 2012) por la ciencia en Chile, por el discurso científico (Agustí Nieto-Galan 2010), la vulgarización de la ciencia, y las especificidades del medio y público para el que se ofrecieron dichos asuntos. Otra motivación al corte temporal se debe a que, una vez entrado el siglo XX, la publicación de los almanaques decayó notoriamente debido a que los magazines acapararon la atención del lectorado y los temas que, otrora, los almanaques abordaban.

Respecto de los estudios locales recientes sobre las ciencias en tanto espectáculo y/o suceso "fantástico" en los medios de comunicación escritos de mediados del siglo XIX e inicios del XX, destacan aquellos trabajos cuyo propósito es dar cuenta de lo acontecido con dicho contenido en la prensa en general, como es el caso del texto "Predicciones del fin del mundo: Astronomía y ciencia ficción en los magazines de editorial Zig-Zag (1900-1920)" (2019) de Verónica Ramírez, del capítulo de Lorena Valderrama titulado "La catástrofe anunciada. Terremotos y predicciones en la prensa diaria chilena 1906-1912" (2016), y el artículo de Rodrigo Ruz, Michel Meza y Luis Galdames, "El género magazine en Chile. Imagen e imaginario en las

[439] Roger Chartier, *Libros, lecturas y lectores en la Edad Moderna*. Madrid: Alianza Universidad, 1994, 46.

primeras décadas del siglo XX" (2018). En otra línea se ubican las investigaciones que resaltan la creación de un espacio público para la ciencia durante el siglo XIX o el carácter de espectáculo que se le otorgó en América Latina. Este es el caso del artículo de Leoncio López-Ocón Cabrera, "La formación de un espacio público para la ciencia en la América Latina durante el Siglo XIX" (1998) y los libros *Cuando la ciencia despertaba fantasías. Prensa, literatura y ocultismo en la Argentina de entresiglos* (2016) de Soledad Quereilhac, *Ciencia y espectáculo. Circulación de saberes científicos en América Latina, siglos XIX y XX* (2016), editado por María José Correa, Andrea Kottow y Silvana Vetö, *Espectro de la ciencia. Fantasías científicas de la Argentina del siglo XIX* (2012) de Sandra Gasparini, y *La imaginación técnica: sueños modernos de la cultura argentina* (1992) de Beatriz Sarlo. Por último está la línea de investigaciones documentales que rearman el panorama de apreciaciones que despertó la ciencia en el XIX tomando como base crónicas u otros textos similares, como es lo que Beatriz González Stephan construye en "Invenciones tecnológicas. Mirada poscolonial y nuevas pedagogías: José Martí en las Exposiciones Universales" (2006) y en "¡Con leer no basta! Límites de la ciudad letrada (la cultura de las exposiciones)" (2006).

Los almanaques nacionales están archivados, en su gran mayoría, en la Biblioteca Nacional de Chile, sitio donde es posible rescatar estos impresos desde 1815: el *Almanak o Calendario y diarios de cuartos de luna según el meridiando de Santiago de Chile para el año 1815*. Hacia mediados del siglo XIX el número y la variedad de almanaques aumentaron ostensiblemente debido al incremento de impresores en Santiago y Valparaíso, las ciudades más urbanizadas de la época. Por otro lado, los almanaques fueron representantes de los cambios y de la modernización de la prensa, debido a que el formato varió en favor de la captación de los intereses de los lectores, como, por ejemplo, la incorporación de imágenes en diálogo con los textos; estilos tipográficos amigables (letra más grande, mayor espacio entre líneas, doble columnas); y temas variados (moda, ciencia, tecnología, literatura recreativa).

Los almanaques revisados para la realización de este artículo fueron publicados entre 1851 y 1897 –periodo en el que la tematización de la ciencia a través de este tipo de prensa comenzó a ser acusado–, por diferentes imprentas de las ya mencionadas ciudades de Santiago y Valparaíso. Entre el material estudiado se cuenta: *Almanaque Pintoresco e Instructivo para el año 1851* (1850), *Almanaque Pintoresco para el año Bisiesto de 1860* (1859), *Almanaque nacional para 1876* (1875), *Almanaque de novedades. Miscelanea literaria, cientifica, artistica, anecdotica e ilustrada* de 1879 (1879), *Almanaque Divertido para el año 1879* (1879),

Almanaque album para el año bisiesto de 1880 (1879) y *El Almanaque literario ilustrado de Chile para el año 1898* (1897).

La estructura de este trabajo considera los siguientes temas. El primer apartado, "Almanaques en Chile y modernización", se propone profundizar el detalle de los almanaques publicados en Chile durante el siglo XIX, identificando sus particularidades y mecanismos de transformación que experimentaron año tras año. El segundo apartado corresponde a "Breve semblanza a los almanaques de mediados del XIX". El tercer apartado, "La ciencia magazinesca de los almanaques", expone las ideas que circularon en torno a la ciencia en la segunda mitad del 1800, y el modo en que dichas configuraciones culturales fueron apropiadas y difundidas por los textos en cuestión, distinguiendo los temas predilectos, los modos de abordarlos, y los cambios experimentados por los mismos durante el periodo que abarca este trabajo. Se cierra el capítulo con las conclusiones de este trabajo.

Almanaques en Chile y modernización

Los almanaques seculares surgieron en Chile tempranamente desde la segunda década de los años 1800, lo que demuestra la necesidad de los letrados de la época por impulsar la laicización del Estado y la separación de los poderes, razón por la cual, valiéndose de un formato otrora religioso, lo utilizaron, en primera instancia, como un instrumento de propaganda para la reciente República[440]. Huelga señalar que los almanaques no fueron el primer ejercicio de secularización textual hecho en el país, ya que Camilo Henríquez, religioso, patriota, letrado y periodista del primer diario chileno, *La Aurora de Chile*, ya había realizado algo similar con su conocido *Catecismo a los Patriotas* (1813).

El carácter netamente utilitario de los almanaques cambió ya entrada la segunda década del siglo XIX, época marcada por la incipiente industrialización

[440] El desarrollo de estas ideas estuvo fuertemente imbricado con la vigencia del liberalismo en Chile desde los albores de la Independencia. De acuerdo con Bernardo Subercaseaux "algunos postulados europeos de los siglos XVII y XVIII, que constituyen el sustrato ideológico en que fermenta el idealismo político del siglo XIX –como la fe en la educación, el relativismo histórico, la creencia de que se debía reformar al hombre reformando la conciencia y los principios de igualdad ante la ley y libertad de pensamiento– ejercieron en Chile, ya en el momento de la Independencia, una gran atracción, puesto que encarnaban algunos intereses de la sociedad criolla, restringida entonces por su subordinación política y económica a la metrópoli". Bernardo Subercaseaux, *Historia de las ideas y de la cultura en Chile.* Tomo I. Santiago de Chile: Editorial Universitaria, 29.

del país que se propuso impulsar el gobierno de Manuel Bulnes (1799-1866)[441]. Sobre este proceso, Luis Ortega explica que hacia mediados de siglo Chile fue parte del movimiento internacional abocado en el desarrollo de la producción industrial y comercial[442]; todo esto trajo como consecuencia cambios sociales profundos, mediados, en su gran mayoría, por el mercado. En este sentido, según aporta Julio Pinto, estos sucesos se enmarcan en la creciente modernización, la que tuvo tintes específicos: primero, acentuando la "experiencia de mercado" (para ello Pinto se basa en las categorías de E.P. Thompson), que para el caso chileno fue más bien una "experiencia de capitalismo" debido a su fuerte poder en los procesos de mediaciones sociales[443].

Hacia los años 1840 encontramos al grupo de almanaques que hemos denominado de "conversión", caracterizados por marcar el paso entre los discursos propagandísticos pro independentistas y de reafirmación de la República independiente. Los impulsores de estos impresos fueron intelectuales afines a la corriente liberal, razón por la cual las temáticas hacia donde se expandieron estos textos fueron la educación y el progreso científico y cultural de la nación. Este nuevo grupo de almanaques, además, acentuó lo que Juan Poblete denomina el desencantamiento del mundo, observándose el tránsito desde la ciudad patricia hacia la ciudad burguesa[444]. Lo novedoso fue su transformación "tanto gráfica como semántica, las formas de su comercialización y el tipo de lectores implícitos en dicha renovación"[445], ya que las mujeres, los niños, los alfabetos iletrados y los analfabetos, comenzaron a ser interpelados por este renovado formato de periódico, tanto por sus temas como por sus imágenes.

Los almanaques se constituyeron en la estrategia predilecta de los impresores y de los productores que estaban tras los almanaques para difundir esta nueva "experiencia" que, a nuestro entender, fue mucho más que una "experiencia de capitalismo", sino que fue una "experiencia de lo social". Es por ello que a los almanaques del tercer grupo los denominamos "publicistas",

[441] Manuel Bulnes Prieto (1799-1866) gobernó el país desde 1841 a 1851, siendo el segundo presidente del periodo denominado "República Conservadora". Durante su mandato se sentaron las bases del sistema republicano y de la institucionalidad educativa y cultural chilena vigente durante la segunda mitad del siglo XIX.

[442] Luis Ortega, "Los límites de la modernización en Chile. Siglos XIX y XX", *Proposiciones* 24 (enero-diciembre 1994): 33-41.

[443] Julio Pinto, "De proyectos y desarraigos: La sociedad Latinoamericana frente a la experiencia de la modernidad (1780-1914)", *Contribuciones Científicas y Tecnológicas*, 130 (abril 2002): 95-113.

[444] Juan Poblete, *Literatura chilena del siglo XIX: entre públicos lectores y figuras autoriales.* Santiago de Chile: Cuarto Propio, 2002.

[445] Juan Poblete, *Literatura chilena del siglo XIX: entre públicos lectores y figuras autoriales.* Santiago de Chile: Cuarto Propio, 2002, 100.

por cuanto estos textos post 50 demostraron una particular preocupación en el público lector, gracias al uso de un lenguaje más simple, distante de tecnicismos y apelando a la utilidad y potencial necesidad de todo aquello que se mostrase a través de las palabras y de las imágenes.

Breve semblanza a los almanaques de mediados del siglo XIX

El *Almanaque Pintoresco e Instructivo para el año 1851*, de la imprenta de Julio Belin y Compañía, destacó precisamente por las ilustraciones y los textos. Se suma un elemento novedoso que no vino más que a acentuar el espacio común que de ese momento en adelante deberían compartir asuntos religiosos con otros ligados al paganismo: la incorporación de la representación de los signos del zodiaco al costado de cada mes, seguido del santoral católico, según se observa en la Figura 1:

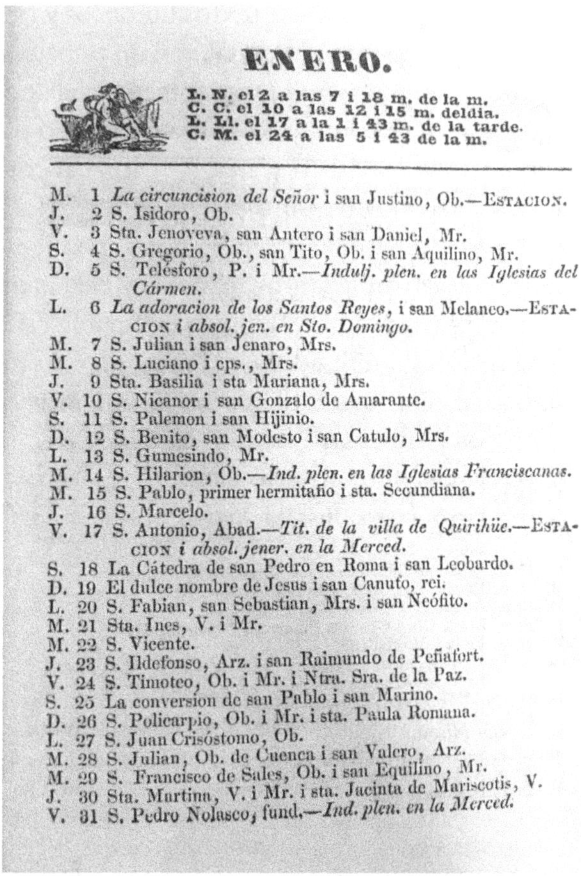

ENERO.

L. N. el 2 a las 7 i 18 m. de la m.
C. C. el 10 a las 12 i 15 m. deldia.
L. Ll. el 17 a la 1 i 43 m. de la tarde.
C. M. el 24 a las 5 i 43 de la m.

M. 1 *La circuncision del Señor* i san Justino, Ob.—Estacion.
J. 2 S. Isidoro, Ob.
V. 3 Sta. Jenoveva, san Antero i san Daniel, Mr.
S. 4 S. Gregorio, Ob., san Tito, Ob. i san Aquilino, Mr.
D. 5 S. Telésforo, P. i Mr.—*Indulj. plen. en las Iglesias del Cármen.*
L. 6 *La adoracion de los Santos Reyes*, i san Melaneo.—Estacion *i absol. jen. en Sto. Domingo.*
M. 7 S. Julian i san Jenaro, Mrs.
M. 8 S. Luciano i cps., Mrs.
J. 9 Sta. Basilia i sta Mariana, Mrs.
V. 10 S. Nicanor i san Gonzalo de Amarante.
S. 11 S. Palemon i san Hijinio.
D. 12 S. Benito, san Modesto i san Catulo, Mrs.
L. 13 S. Gumesindo, Mr.
M. 14 S. Hilarion, Ob.—*Ind. plen. en las Iglesias Franciscanas.*
M. 15 S. Pablo, primer hermitaño i sta. Secundiana.
J. 16 S. Marcelo.
V. 17 S. Antonio, Abad.—*Tit. de la villa de Quirihüe.*—Estacion *i absol. jener. en la Merced.*
S. 18 La Cátedra de san Pedro en Roma i san Leobardo.
D. 19 El dulce nombre de Jesus i san Canuto, rei.
L. 20 S. Fabian, san Sebastian, Mrs. i san Neófito.
M. 21 Sta. Ines, V. i Mr.
M. 22 S. Vicente.
J. 23 S. Ildefonso, Arz. i san Raimundo de Peñafort.
V. 24 S. Timoteo, Ob. i Mr. i Ntra. Sra. de la Paz.
S. 25 La conversion de san Pablo i san Marino.
D. 26 S. Policarpio, Ob. i Mr. i sta. Paula Romana.
L. 27 S. Juan Crisóstomo, Ob.
M. 28 S. Julian, Ob. de Cuenca i san Valero, Arz.
M. 29 S. Francisco de Sales, Ob. i san Equilino, Mr.
J. 30 Sta. Martina, V. i Mr. i sta. Jacinta de Mariscotis, V.
V. 31 S. Pedro Nolasco, fund.—*Ind. plen. en la Merced.*

Figura 1: Almanaque Pintoresco e Instructivo para el año 1851, s/p.

El sentido comercial del almanaque de Julio Belin y Compañía se debe a la larga trayectoria que dicha empresa tuvo en este rubro, fundada en 1848 en la ciudad de Santiago. Su dueño era Julio Belin (1815-1865), un migrante francés proveniente de una familia dedicada al mismo oficio. Los primeros impresos que materializó fueron: Comunicaciones oficiales, Contestaciones Judiciales Informes Gubernamentales, los libros de Domingo F. Sarmiento (*El Facundo* entre ellos), periódicos y semanarios que difundieron las ideas pedagógicas del argentino, así como también textos pedagógicos. Respecto de los almanaques, también publicó *El almanaque popular para el año de ...* (1851 a 1918), *El almanaque estadístico y comercial para el año de...* (1853-1854), y el *El Almanaque Pintoresco e Instructivo para el año de...* (1851-1852).

El Almanaque Pintoresco e Instructivo para el año 1852, por su parte, de la misma imprenta que el anterior, continuó el modelo del año 51, aunque aumentó considerablemente el número de ilustraciones. Mantuvo la incorporación del zodiaco junto a otras informaciones tanto religiosas (fiestas católicas) como gubernamentales (reuniones del congreso), textos literarios y otras de utilidad pública (frecuencia de los trenes). Como se señaló en un trabajo anterior, "pese a lo irrelevante o superfluo que parezca el protagonismo del zodiaco, Graciela Batticuore (2017) explica que ese contenido estaba orientado para las mujeres alfabetas que buscaban un espacio lúdico y 'mágico', lo cual confirma que los almanaques fueron periódicos que diversificaron los públicos lectores"[446]. Y así como el ya señalado almanaque se orientó hacia el público femenino, dos almanaques del 1854, *El Chileno* (Impr. Santos Tornero) y el *Almanaque estadistico i comercial para el año de 1854* (Impr. Julio Belin y Compañía), se concentraron en satisfacer el gusto de lectores interesados en el mercadeo, por cuanto ambos incluyeron dentro de sus páginas una tabla para pago de salarios y alquileres, y el nuevo sistema de pesos y medidas[447].

El Almanaque chileno del año 1855 mostró cambios respecto de las tradicionales publicaciones, situación que constata Juan Poblete, pues "se aprecia así

[446] Marina Alvarado, "Almanaque de La Mujer para el año 1899: construcción de un nuevo relato para las lectoras modernas", *Revista Historia y Sociedad* 37 (julio-diciembre, 2019): 156.

[447] De acuerdo con los datos aportados por B. Subercaseaux, mientras que hacia 1865 el número de comerciantes ascendía a 15.185, ya en 1895 el número era de 51.612. Bernardo Subercaseaux, *Historia del libro en Chile (Alma y Cuerpo)*. Santiago de Chile: LOM, 2000). Bajo este marco, proliferaron las gacetas comerciales, los folletos mercantiles y, por supuesto, los almanaques dedicados a difundir estas materias, como, por ejemplo: *Almanaque estadistico i comercial para el año de 1854; Almanaque cultural agricola enciclopédico para 1898; Almanaque comercial de Punta Arenas para 1899.*

el progresivo avance de una lógica de la gubernamentalidad civil"[448] debido a que los contenidos propios de la Iglesia pasaron definitivamente a segundo plano. Ejemplo de esto es su portada, la cual expuso al centro el escudo nacional rodeado por los 12 signos del zodiaco. Similar es el caso del *Almanaque para el año bisiesto de 1856* de la Imprenta La Sociedad, lo que demuestra que dicho cambio se constituyó en una práctica habitual.

Los almanaques: *Almanaque Popular e instructivo para el año 1857*, el *Almanaque arreglado según el calendario romano. Con apuntes útiles para todos los individuos i clases de la sociedad, para el año de 1862 por N.O.N.*; el *Almanaque del curioso cristiano para el año de gracia de 1865 revisado por la autoridad eclesiástica*[449] y el *Almanaque chileno para el año 1875 publicado por Nicasio Ezquerra*, entre otros, muestran los usos y el público hacia los que iban dirigidos. Los almanaques hicieron eco de las necesidades cotidianas de los lectores, quienes buscaban en estos información útil para la vida diaria. De allí que, similar a lo que fue la guía de teléfonos en el siglo xx, se encuentra un apartado completo dedicado a la información y contacto de profesionales de diferentes áreas. Sin embargo estas publicaciones empezaron a incluir, a partir de mediados de siglo, acápites exclusivos para el goce y la entretención, siendo la ciencia uno de los contenidos predilectos para ello.

Caso ejemplar de hibridación entre placer, servicio y buen gusto fue el *Almanaque Enciclopédico Pintoresco de 1860*, impreso y vendido por Santos Tornero, ya que este almanaque no solo reunió las características y secciones ya mencionadas y reiteradas, marcando un verdadero cambio debido a que los grabados aquí aparecidos pertenecían a artistas franceses, famosos por su participación en magazines parisinos, como es el caso de H. Pottin, Francois-Auguste Trichon, E. Forest, A. de Bar, entre los más recurrentes. La calidad de los grabados, la disposición, los textos, incluso la publicidad, nos permiten afirmar que este fue el almanaque más magazinesco de todos los revisados, inclusive de los posteriores al 60, pues adoptó y adaptó el modelo periódico europeo a los nuevos gustos locales. De acuerdo con las cualidades encontradas, esta publicación tuvo como punto de referencia a *Journal pour tous* surgido en 1858,

[448] Juan Poblete, *Literatura chilena del siglo XIX: entre públicos lectores y figuras autoriales.* Santiago de Chile: Cuarto Propio, 2002, 104.

[449] Este almanaque estaba dedicado a lectores pertenecientes a la Iglesia Católica, ya que, como su título lo anuncia, su contenido desarrolla con detalle fiestas religiosas, el significado de estas, las sedes de las iglesias, los párrocos, obispos y arzobispos, entre otros asuntos similares. Sin embargo, también incluyó celebraciones nacionales seculares, y tablas de precios para alquileres y salarios. Esto demuestra que la misma Iglesia asumió que los intereses de los lectores habían cambiado y que debían acercarse al mundo "secular" para atraerlos.

en donde se desempeñaban los artistas antes señalados, especialmente Trichon. Las características de este almanaque, sin duda se deben al profesionalismo y modernización impulsada por José Santos Tornero (1808-1894), el inmigrante español que llegó a Chile en 1834 y en 1842 compró la imprenta y el diario de El Mercurio, para luego llamarla Imprenta y Librería de El Mercurio de Santos Tornero[450].

La Ley de Imprenta de 1872, la tercera sobre esta materia decretada durante el siglo XIX, supuso importantes transformaciones[451]. La Ley de 1872, en cambio, reconceptualizó lo que otrora se entendía como "abusos de imprenta", abriendo la posibilidad para que se publicaran debates que contuviesen críticas explícitas a los diversos ámbitos de la vida social, consolidando la opinión pública, cuyo surgimiento data desde los cambios incentivados por la llamada Generación de 1842. Bajo este contexto, la posibilidad de los almanaques también experimentó transformaciones, puesto que no quedaron fuera de la "capitalización" de la sociedad, razón por la que algunos expusieron en sus páginas avisos publicitarios que iban más allá del avisaje profesional, pudiéndose encontrar páginas completas dedicadas a promocionar tal o cual librería, restaurante, botica, etc.

El Almanaque Divertido fue impreso por Jacinto Núñez desde el año 1864. Núñez no era nuevo dentro del ámbito periodístico-literario, pues en 1860 había publicado junto a Manuel Blanco Cuartín *El Mosaico*, periódico que Carlos Ossandón (1996) caracteriza como parte del nuevo entramado de la "prensa raciocinante"; es decir, la que expresa una nueva economía del discurso periodístico por su autonomía de otros poderes de la esfera social, pero no por ello descomprometida de cuestiones políticas. Además es importante mencionar que Jacinto Núñez era propietario de la Imprenta de la República, ubicada en Santiago, por lo que, como es previsible, utilizaba la plataforma del almanaque para promocionar las publicaciones y los servicios que su imprenta prestaba.

450 Dentro de los materiales que este impresor materializó, además del almanaque ya señalado, destacan la revista *El Museo de Ambas Américas* (1842), documentos oficiales, manuales. Colaboraron también con él, entre otros, Sarmiento, Lastarria, Vicuña Mackenna y los hermanos Amunátegui. A esto se suma la activación que Santos Tornero impulsó en el ámbito de las librerías.

451 Esta Ley del 72 es considerada por P. Ibarra (2014) como de "consolidación del proceso de instauración del régimen liberal republicano chileno decimonónico, observando desde una perspectiva general los quiebres, continuidades y evolución ideológica de esos códigos, que materializaron el intento por parte del Estado y la élite gobernante regular la palabra escrita en el Chile de 1800". Patricio Ibarra Cifuentes, "Liberalismo y prensa: Leyes de imprenta en el Chile decimonónico (1812-1872)", *Revista de estudios histórico-jurídicos*, 36 (abril-diciembre 2014): 293-313.

Figura 2: Almanaque Divertido para el año 1879, Portada.

De manera similar al *Correo Literario*[452], el almanaque de Núñez también recurrió a caricaturas sarcásticas. Este es el caso de la portada de la publicación de 1879 que juega con las siguientes imágenes (Figura 2): en primer lugar, tenemos al almanaque como un observador de lo que está aconteciendo, de allí que el hombre que, o bien podría ser Núñez o el mismísimo almanaque-personaje, está de pie sobre zancos y con un catalejo en la mano observando lo que le sucede a los "pequeños" hombres. Por otra parte, el hombrecillo está de pie sobre un compás que hace las veces de zancos, por lo que entendemos que el almanaque se plantea no solo como un observador pasivo de lo que sucede, sino que como evaluador de lo que está sucediendo, capaz de anticipar

[452] Esta publicación es relevante ya que fue la primera en Chile en incluir caricaturas sobre personajes de la política nacional, las cuales eran satíricas.

lo que se suscitará en el año que comienza[453]. Respecto a la información que este almanaque entrega, se cuentan épocas célebres, aniversarios cívicos americanos, cómputo eclesiástico, fiestas movibles, las cuatro estaciones y eclipses en 1879. En tres cuartos de página se revisan las efemérides chilenas del mes de enero. Así también se encuentra la "Guía general", que entrega datos importantes para todos, especialmente sobre gobierno, poder legislativo, de las elecciones directas, poder ejecutivo, consejo de estado, comisión conservadora y poder judicial.

Los impresores, motivados por la movilidad del mercado, las nuevas condiciones para materializar escritos y el creciente número de alfabetos, transformaron las últimas dos décadas del siglo XIX en las más prolíficas en lo que a publicación de almanaques, periódicos y revistas se refiere. Es así como el número de periódicos varió de 193 en 1888 a 288 en 1898, según las cifras aportadas por B. Subercaseaux[454]; el número de alfabetos también aumentó de un 17% en 1865 a un 31,8% en 1895, de acuerdo con Brunner y Catalán[455]. Todo ello repercutió en una mayor diversificación temática y estilística de los almanaques, razón por la cual en esta última parte de los años 1800 surgió un almanaque para la mujer (*Almanaque para la Mujer para el año 1899*),[456] almanaques populares y pintorescos (como los ya descritos en este trabajo), de Gutenberg[457], entre los más recurrentes.

[453] Instrumento utilizado para ser usado en las cartas de navegación para medir latitud y longitud entre dos puntos distantes.

[454] Bernardo Subercaseaux, *Historia del libro en Chile (Alma y Cuerpo)*, Santiago de Chile: LOM, 2000.

[455] José Joaquín Brunner y Gonzalo Catalán, *Cinco estudios sobre cultura y sociedad*, Santiago de Chile: FLACSO, 1985.

[456] Sobre este almanaque producido y dirigido por doña Leonor Cruzat en la ciudad de Curicó, se puede afirmar que estaba dirigido a mujeres burguesas de los sectores más acomodados del país. Su propósito fue difundir ideas sobre el modo en que las mujeres deberían comportarse, es decir, tomar una actitud más activa y propositiva ante el inminente cambio de siglo. En este almanaque destaca la alta participación de mujeres y de algunos varones intelectuales reconocidos de la época, como Eduardo de la Barra. Para ver más detalles sobre esta publicación revisar: Marina Alvarado Cornejo. "Almanaque de La Mujer para el año 1899: construcción de un nuevo relato para las lectoras modernas", *Historia y sociedad*, 37 (septiembre): 146-172.

[457] *El Almanaque de la Imprenta Gutenberg para el año de 1885*, perteneciente a la imprenta del mismo nombre, con 71 páginas, un tiraje de 20.000 ejemplares, y gratuito para los suscriptores del diario *La Época,* tuvo como propósito publicitar los demás productos que esa misma casa impresora materializaba, a saber: obras, folletos, revistas, periódicos. Sobre el o los propietarios de esta imprenta no tenemos información, sin embargo es consignada por investigadores como Bernardo Subercaseaux como una de las mejores del país por su gran detalle y calidad. Destaca en sus primeras páginas por la descripción detallada de todos los servicios gráficos que prestaban y por los llamados a comprar espacios para publicidad en las páginas que ellos imprimían, promocionándose como una empresa seria, rápida, segura, y que aseguraba amplia distribución a través de vapores. Contenía una gran

La ciencia magazinesca de los almanaques

Eduardo Santa Cruz (2002) explica que los magazines cumplieron las siguientes funciones: vulgarizar el conocimiento y novedades tecnológicas, difundir la modernización y el progreso, distribuir publicidad y, finalmente, expandir el imaginario colectivo y el sentido común. Los almanaques de los cuales nos hacemos cargo en este trabajo, puntualmente los posteriores a 1850, reprodujeron esas mismas funciones, tomando en cuenta que perpetuaron en estilo y forma a las revistas de variedades europeas, con el propósito de popularizar, y al mismo tiempo especializar, a los diferentes públicos que de una u otra forma se beneficiarían con los productos de los avances científicos y tecnológicos. En este sentido, los almanaques seculares que aquí estudiamos se ubicaron a medio camino entre lo formativo y la construcción espectacularizante que se hizo de la ciencia y sus productos en el siglo XIX.[458] Sobre este asunto, Agustí Nieto-Galan (2011) señala que el desarrollo de la ciencia y la generación de especialistas provocó una separación entre expertos e interesados, o "profanos", como los denomina el mismo autor. Es por ello que los medios de difusión para la ciencia fueron delineando con mayor asiduidad el tipo de público al que estaban dirigidos. Para el caso de los almanaques, estos apuntaban a un público amplio, al que hemos llamado "curioso", en tanto que fueron capaces de transformar las manifestaciones científicas en productos aptos para el consumo de los intereses y necesidades de quienes encontraran entre sus manos a estos textos. Josefina Di Filippo concuerda con este punto, ya que, en Francia, el *Almanach Comique, Pittoresque, Drolatique, Critique et Charivarique pour 1850,* recurrió al "tono satírico utilizado por el humorismo contemporáneo cuando se hacía eco de los alardes del ingenio humano"[459], tono muy cercano al utilizado por el *Almanaque Divertido para el año 1879,* cuya portada fue descrita y copiada en el apartado anterior de este trabajo.

En otro aspecto, la ciencia y las producciones performativas que acompañaron su desarrollo, o al menos la difusión de un discurso procientificista, estaban en la línea de la pujanza industrial que se esperaba, porque se trató

cantidad de textos literarios (poemas y cuentos). Bernardo Subercaseaux, *Historia del libro en Chile (Alma y Cuerpo)*, Santiago de Chile: LOM, 2000.

[458] Vale aclarar que la difusión de la ciencia y sus avances varió conforme surgieron eventos bélicos relevantes como la Primera Guerra Mundial, o aparecieron inventos revolucionarios como el cine y la radio, todos los cuales imprimieron nuevos focos de interés tanto para la disciplina como los interesados o cultores de la misma.

[459] Josefina Di Filippo, *La sociedad como representación. Paradigmas intelectuales del siglo XIX*. Buenos Aires: Siglo XXI editores, 2003, 168.

de un proceso que incluyó a la sociedad, que requería que toda ella cambiase para que hubiese una auténtica evolución y, ojalá, una revolución que calase hondo, al punto de modernizarla. Por lo tanto, más allá del humor, sarcasmo, seriedad o simpleza con que fuera abordada la ciencia y sus consecuencias, lo que subyacía era un discurso que propendía a su desarrollo en tanto que, hacia la segunda mitad de los años 1800, se consideró el auténtico boleto de entrada a la modernidad para los países del lado occidental del globo.

El *Almanaque Pintoresco e Instructivo para el año 1851* promocionó las nuevas tecnologías al servicio del transporte público. Puntualmente, en un artículo proyectivo y prospectivo, expuso los beneficios que implicarían para Chile contar con una "locomitiva" (Figura 3)[460]. En el texto que acompaña a la ilustración se explica cómo funciona esta máquina, pero, según allí mismo indican, "sería largo entrar en detalle sobre el mecanismo de la locomitiva"[461]. Por esta razón los redactores de la publicación se concentran en plantear que en 1851 en Chile se deberían construir más kilómetros de líneas de hierro, por ende, las distancias entre algunas ciudades, especialmente las del norte salitrero, se acortarían. En definitiva, en el almanaque se recurre permanentemente a hablar sobre aquello que será o debiera ser, pensando en un futuro próximo, asunto que estaba en línea con el discurso sobre el progreso propio del diecinueve[462].

Según se observa, a diferencia de los almanaques de "conversión", cuyo eje de funcionalidad y composición no incluía explicaciones o diálogos en torno a los temas expuestos, en estos almanaques "publicistas" se presentaba un completo desarrollo temático y argumentativo, cuestión que es absolutamente coherente con las retóricas del periodo, las cuales Luz Fernanda Azuela, citada por Rogelio Jiménez Marce, sindica como "romanticismo científico", al que alude para referirse a las estrategias literarias utilizadas para divulgar el saber científico y así distanciarse del reduccionismo mecanicista[463].

[460] Refiere a los locomóviles, máquinas a vapor inventadas a mediados del siglo XIX que podían desplazarse sin la necesidad de rieles por caminos y carreteras.

[461] s.n., "La locomitiva", *Almanaque Pintoresco e Instructivo para el año 1851*, 1850, 33.

[462] Refiere al discurso de corte positivista y burgués surgido en el siglo XIX, el cual postulaba la inagotabilidad del progreso humano gracias al avance permanente de la ciencia, la tecnología y la industria. Originalmente este paradigma surgió en Europa en el contexto de la Revolución Industrial; no obstante, las nacientes repúblicas latinoamericanas lo importaron tempranamente para aplicarlo a sus realidades locales.

[463] Rogelio Jiménez Marce, "Tenemos pasión por la ciencia": divulgación de la ciencia en algunas publicaciones periódicas decimonónicas mexicanas", en *Ciencia y espectáculo. Circulación de saberes científicos en América Latina, siglos XIX y XX*, eds. María José Correa, Andrea Kottow y Silvana Vetö. Santiago de Chile: Ocho Libros, 2016, 197-215.

— 33 —

en Copiapó. Entre el Callao i Lima podrá hacerse lo mismo en el discurso de 1851. Entre Chagres i Panamá, se hará por el mismo tiempo la apertura del camino de hierro que debe atravesar el Istmo, pues ya están hechos todos los trabajos preparatorios, i allanadas todas las dificultades.

La primera idea de *locomotivas*, es decir, máquinas *se-movientes* no pasa mas allá de 1769. En 1805 se hizo el primer ensayo de locomotiva sobre camino de hierro, pero solo en 1814 se establecieron wagones, bajo un sistema regular. En 1829 se vió entre Liverpool i Manchester locomotivas que hacian fácilmente de doce a catorce leguas por hora. En 1835 se logró darles una rapidez de 30 leguas por hora.

Seria largo entrar en detalle sobre el mecanismo de la locomotiva. El fogon que calienta el caldero está adelante del maquinista que regla el movimiento, i como embutido dentro de la caldera a fin de comunicarle su calor. Al fogon vienen a terminar una gran cantidad de tubos horizontales, por medio de los cuales el aire, la llama i el gas de la combustion, atraviesan el agua, i van a terminar a la chiminea que va adelante. El agua vaporizada se acumula en la parte superior del caldero, desde donde, por medio de tubos i pistones, impulsa las ruedas de la máquina.

"La máquina de vapor, dice Arnot, regula con perfecta seguridad i uniformidad el número de sus golpes en un tiempo determinado, i sinembargo, los cuenta i recuerda a punto de decir cuanta obra se ha hecho, como un reló recuerda las oscilaciones de su péndula. Ella regula la cantidad de agua que admite el caldero, la vivacidad del fuego i la cantidad de vapor admitido a trabajar; abre i cierra las bálvulas con infinita precision; aceita sus junturas; saca el aire que pueda haberse introducido accidentalmente donde sea necesario el *vacio perfecto*; i cuando anda mal algo que ella no puede reparar

Figura 3: Almanaque Pintoresco e Instructivo para el año 1851, 33.

El *Almanaque de novedades. Miscelanea literaria, cientifica, artistica, anecdotica e ilustrada* de 1879 (Imprenta Colón, Santiago)[464] es un ejemplo claro del cruce entre literatura y ciencia, no solo porque, como lo declara su título, ambas disciplinas formaran parte de su repertorio sino porque las técnicas estéticas de la primera fueron imprescindibles para la presentación de los contenidos asociados a la segunda. Por otro lado, es interesante que este almanaque de 1879 demuestre una plena conciencia respecto de su repercusión como medio que incide en el gusto del lectorado, a la vez que muestra el modo en que debe ser leído, todo ello a partir de un poema firmado por "Próspero"[465], que funciona como declaración de su operatoria textual:

El Almanaque
El Almanaque, ese hermano
Del reloj que es ronco son

[464] Este es el único almanaque publicado por la Imprenta Colón que hemos rastreado.

[465] Respecto del autor tras el seudónimo de "Próspero", no tenemos información concluyente que permita afirmar de quién se trataba.

Resuena en el corazón
De todo linaje humano, [...]
Lo que no encontráis qué hacer
En vuestro tedio profundo,
Oid lo que dice el mundo,
El almanaque al leer[466]

Respecto de su contenido científico, este almanaque reunió dos de las más reconocidas vías de difusión que tuvo la ciencia en el siglo XIX: los descubrimientos y lo monstruoso[467]. Para el primer caso, paradigmático resulta el ejemplo de la Figura 4, la cual corresponde al artículo sobre la pluma eléctrica de Edison:

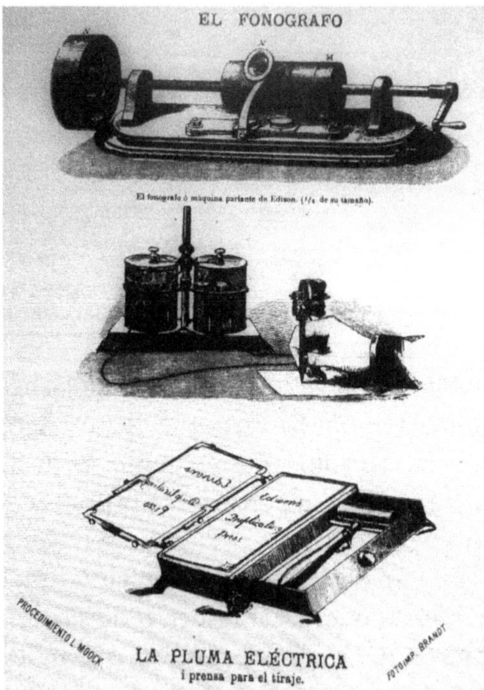

Figura 4: Almanaque de novedades. Miscelanea literaria, cientifica, artistica, anecdotica e ilustrada de 1879, 51.

[466] Próspero, "El Almanaque", *Almanaque de novedades. Miscelanea literaria, cientifica, artistica, anecdotica e ilustrada*, 1879, 17.

[467] Sandra Gasparini en su trabajo *Espectros de la ciencia*, explica que "en el marco de esa lucha entre dominios se escribió la fantasía científica en el siglo XIX, un género de compleja formación en la literatura europea, popularizado a través de las novelas de Julio Verne [...] El proceso de constitución de la fantasía científica [...] es también [...] la institucionalización de la ciencia nacional y la consolidación de la esfera estética [...]". Sandra Gasparini, *Espectros de la ciencia. Fantasías científicas de la Argentina del siglo XIX*. Buenos Aires: Santiago Arcos editor, 2012, 8.

Para el segundo caso está el artículo "Notable vaca de cuernos pequeños", cuyo texto fusiona elementos literarios con datos propios de los avances de la ganadería de la época como lo fue el desarrollo de la cruza de razas (Figura 5).

Figura 5: Almanaque de novedades. Miscelanea literaria, cientifica, artistica, anecdotica e ilustrada de 1879, 55.

Como explica Soledad Quereilhac, "los avances científicos se convirtieron en verdaderas noticias, en ocasiones bajo el formato de información seria, en otras siguiendo el tenor de 'curiosidades', pero de un modo u otro de descubrimientos"[468]. Hipotetizamos que la seriedad o popularidad de los temas abordados y los públicos a los cuales se dirigían no dependía tanto del tema en sí, sino que del "espectáculo" que se organizara en torno al mismo. Por ejemplo, en el caso del almanaque de 1879 es recurrente encontrar frases como "¿sabía usted?" o ¿se imaginó alguna vez ver algo así?". En el *Almanaque Pintoresco para el año Bisiesto de 1860*, en tanto, la organización de los temas es más bien funcional y está dirigida a un lector que se asume que forma parte de un grupo productivo específico. Este es el caso del artículo "Aplicación del sulfato de hierro para el desarrollo de las frutas":

[468] Soledad Quereilhac, *Cuando la ciencia despertaba fantasías. Prensa, literatura y ocultismo en la Argentina de entre siglos.* Buenos Aires: Siglo xxi editores, 2016, 29.

> Sabido es que las hojas de una planta regadas con una disolución de sulfato de hierro, experimenta una especie de estímulo en sus funciones; uno de nuestros sabios horticultores, M. Dubreuil, ocurriéndosele la idea de aplicar a las frutas el mismo sistema, ha descubierto que, como las hojas, toman un desarrollo notable[469].

El artículo continúa en un par de párrafos más, pero no se extiende más que media página (los textos estaban organizados en columnas), y si bien se hace uso de un metalenguaje específico, el tono de asombro por tratarse de un aporte novedoso guía el estilo general del mismo.

La publicidad de los almanaques fue también otro rasgo distintivo que reafirma el carácter magazinesco de estos, según se ha planteado desde el inicio de este trabajo, por cuanto incorporó texto e imagen para captar a los potenciales compradores. Llama también la atención, que los argumentos publicitarios utilizados pretendiesen persuadir por medio del uso de argumentos que apelaban a instancias sociales de reconocimiento para las ciencias, como las exposiciones universales.

Las exposiciones universales fueron en el siglo XIX los certámenes predilectos para mostrar los avances, en todo nivel, alcanzados tanto por el país anfitrión como por los visitantes, mostrando su potencial en los pabellones que montaban. Josefina Di Filippo las caracteriza como "autorrepresentaciones populares de la burguesía industrial, una exhibición ideológica de su mundo, las Exposiciones mundiales contribuyeron a intensificar la fe en el perfeccionamiento del hombre". Por lo tanto, si aparece la Exposición en la publicidad como garantía de innovación y calidad del producto que se ofrece, eso significa que dichas instancias de "mostración" eran validadas y validadoras en todo lo que a avance técnico e industrial significara.

Otro caso interesante para el desarrollo y vínculo entre ciencia y publicidad lo constituye *El Almanaque album para el año bisiesto de 1880*, que cuenta con una publicidad sobre artículos ópticos que permite apreciar que un servicio tan específico como el que una óptica brinda, debió ampliarse para dar cabida dentro de sus opciones de reparación a instrumentos propios de la física, la astronomía, la cartografía y la navegación. En este sentido, dicha propaganda es coherente con lo que Verónica Ramírez ha explicado anteriormente sobre la predilección del público por la actividad astronómica; en sus palabras:

469 Anónimo, "Aplicación del sulfato de hierro para el desarrollo de las frutas", *Almanaque Pintoresco para el año Bisiesto* de 1860 (1859): 10.

"desde la década de los años 1880 es posible constatar en la prensa chilena un sostenido diálogo entre el saber institucional y el saber no oficial sobre fenómenos celestes"[470].

El Almanaque literario ilustrado de Chile para el año 1898, con el que cerramos esta revisión, desde su portada en adelante, demuestra que las imágenes y los textos se volvieron elementos inseparables, tal como lo refleja el mismo título del almanaque. Respecto de su contenido, junto con ser el que mayor cantidad de imágenes incorporó, la modernización industrial, centrada en la calidad e higiene para la elaboración de los productos, fue su eje en lo relativo a lo publicitario. Ejemplo claro de ello era la propaganda de la cerveza, en donde destacan las brillantes máquinas y toneles de acero donde se elaboraba, por sobre la descripción de cualidades de la bebida tales como el sabor o el color.

Conclusiones

Como se ha mostrado en este capítulo, los almanaques seculares publicados en Chile a partir de la segunda mitad del siglo XIX incorporaron técnicas gráficas y discursivas propias de los almanaques europeos, las cuales les permitieron difundir y popularizar contenidos, otrora exclusivamente especializados, como los científicos.

Estos tipos de textos no fueron homogéneos ni estables, sino que construcciones discursivas que variaron según la necesidad tanto de los productores como de los lectores, lo que implicó que su significación fuera dinámica, pues de ser mecanismos de propaganda patriota y reafirmación de la naciente República durante la primera mitad del siglo XIX, tomaron hacia finales de siglo un carácter comercial que luego se convirtió en medio de opinión e ideologización a favor del progreso y la modernización del país.

Luego del análisis de los almanaques del corpus, podemos concluir que los temas que se expusieron en estos textos con mayor fuerza fueron: descubrimientos científicos a través de artículos acompañados con sus respectivas imágenes; los avances científicos y su utilidad para las diferentes áreas productivas del país; descubrimientos científicos monstruosos y espectaculares; y ampliación de los rubros productivos debido a los avances de las ciencias y al surgimiento de nuevas especialidades.

470 Verónica Ramírez, "Expertos y profanos: Circulación del saber astronómico en magazines chilenos (1900-1920)", *Revista de Humanidades* (julio-diciembre 2019): 236.

La novedad de este trabajo, en primer lugar, fue la constatación de que la práctica lectora magazinesca, con todo lo que ella implicaba, se inició en Chile con los almanaques de mediados de los años 1800, gracias a que importaron material de las revistas magazine francesas, inglesas y españolas, y no con los magazines surgidos a inicios de los años 1900. En segundo lugar, a través de este trabajo se relevó el valor de los impresores que materializaron los almanaques, todos ellos inmigrantes europeos que aportaron con sus conocimientos y adelantos en la prensa local. Regularmente se asume que la prensa chilena es heredera de la europea debido a la "copia" de formatos, textos, etc.; no obstante ello, este capítulo aportó con datos concretos respecto de dichos traspasos y las vías a partir de las que se suscitaron. Un tercer aspecto novedoso es que con esta investigación se demostró que una de las funciones de los periódicos con contenido magazinesco fue la vulgarización del conocimiento, es decir, los asuntos científicos se vieron directamente beneficiados, ya que, distante de los extensos y complejos tratados sobre ciencia que regularmente las revistas y periódicos del siglo XIX incluyeron en sus páginas, abordaron este tema valiéndose de imágenes, explicaciones y la disposición de los textos en columnas, aligerando la lectura. Un cuarto elemento relevante de este artículo es la contribución que se realizó en torno a la comprobación que los temas asociados a la ciencia fueron un contenido clave para emprender un nuevo estilo de lectura: "el lector curioso". Finalmente, por medio de este trabajo se esboza que las ciencias cambiaron su función en ambos siglos, ya que de ser difundidas y publicitadas en los almanaques como una herramienta modernizadora tanto de la vida doméstica como de la industria, en el siglo XX, de la mano de los magazines, la ciencia se transformó en un bien de consumo que enganchó a la perfección con esta nueva sociedad burguesa.

Fuentes primarias

Almanaque Pintoresco e Instructivo para el año 1851. 1850. Santiago de Chile: Imprenta de Julio Belin i Compañia.

Almanaque Pintoresco para el año Bisiesto de 1860. 1859. Santiago de Chile: Imprenta Santos Tornero.

Almanaque nacional para 1876. 1875. Valparaíso: Imprenta del Mercurio.

Almanaque de novedades. Miscelanea literaria, cientifica, artistica, anecdotica e ilustrada de 1879. 1879. Santiago de Chile: Imprenta Colón.

Almanaque Divertido para el año 1879. 1879. Santiago de Chile: Imprenta de la República.

Almanaque album para el año bisiesto de 1880. 1879. Santiago de Chile: Imprenta de la librería del Mercurio de E. Undurraga i cia.

El Almanaque literario ilustrado de Chile para el año 1898. 1897. Santiago de Chile: Imprenta del Comercio.

Bibliografía

Alvarado Marina. 2019. Del *Almanaque Divertido* (1879) a *Zig-Zag* (1905):Vínculos, continuidades y orígenes del magazín. *Revista Iberoamericana* 85, 267 (abril-junio): 397-423.

Alvarado Marina. 2019. Almanaque de La Mujer para el año 1899: construcción de un nuevo relato para las lectoras modernas. *Revista Historia y Sociedad* 37 (julio-diciembre): 146-172.

Alvarado Marina. 2016. La ciencia en la prensa. El caso del proyecto modernizador del periódico *El correo de la exposición*. *Revista de Literaturas Modernas* 46, 2 (julio-diciembre): 9-31.

Alvarado Marina. 2016. *Revistas Culturales y Literarias chilenas de 1894 a 1920: Legitimadoras del campo literario nacional*. Santiago de Chile: Editorial Cuarto Propio.

Ball Philip. 2013. Curiosidad: por qué todo nos interesa. Madrid: Turner.

Batticuore Graciela. 2017. *Lectoras del siglo XIX. Imaginarios y prácticas en la Argentina*. Buenos Aires: Ampersand.

Bourdieu Pierre. 2010. *El sentido social del gusto. Elementos para una sociología de la cultura*. Buenos Aires: Siglo xxi.

Bourdieu Pierre. 2012. *La distinción. Criterios y bases sociales del gusto*. Buenos Aires: Taurus.

Brunner José Joaquín y Gonzalo Catalán. 1985. *Cinco estudios sobre cultura y sociedad*. Santiago de Chile: flacso.

Chartier Roger. 1994. *Libros, lecturas y lectores en la Edad Moderna*. Madrid: Alianza Universidad.

Chartier Roger. 2005. *El mundo como representación. Estudios sobre historia cultural*. Barcelona: Gedisa.

Correa Gómez María José. 2014. Electricidad, alienismo y modernidad: The Sanden Electric Company y el cuerpo nervioso en Santiago de Chile, 1900-1910. *Nuevo Mundo Mundos Nuevos. Nouveaux mondes mondes nouveaux-Novo Mundo Mundos Novos-New world New worlds*, 2014, [En línea], Coloquio, puesto en línea el 09 de junio de 2014, consultado el 08 décembre 2019. URL: http://journals.openedition.org/nuevomundo/66910; DOI:10.4000/nuevomundo.66910

Del Río Parra Elena. 2003. Eslabones perdidos: una nota sobre prensa científica y espectáculo en el siglo xix transatlántico. *Iberoamericana*, 3 (marzo): 161-170.

Di Filippo Josefina. 2003. *La sociedad como representación. Paradigmas intelectuales del siglo XIX*. Buenos Aires: Siglo xxi editores.

Foucault Michel. 1999. El filósofo enmascarado. En *Estética, ética y hermenéutica. Obras esenciales Volumen III*, 217-224. Bacelona: Paidós.

Gasparini Sandra. 2012. *Espectros de la ciencia. Fantasías científicas de la Argentina del siglo XIX*. Buenos Aires: Santiago Arcos editor.

González-Stephan Beatriz. 2006. Invenciones tecnológicas. Mirada postcolonial y nuevas pedagogías: José Martí en las Exposiciones Universales. En *Galerías del progreso. Museos, exposiciones y cultura visual en América Latina*, eds. Beatriz González Stephan y Jens Andermann, 221- 260. Rosario: Beatriz Viterbo Editora.

González-Stephan Beatriz. 2006. ¡Con leer no basta! Límites de la ciudad letrada (la cultura de las exposiciones). *Revista Iberoamericana* 72, 214 (enero-marzo): 199-225.

Ibarra Cifuentes Patricio. 2014. Liberalismo y prensa: Leyes de imprenta en el Chile decimonónico (1812-1872). *Revista Estudios Histórico Jurídico*, 36 (enero-diciembre): 293- 313.

Jiménez Marce Rogelio. 2016. "Tenemos pasión por la ciencia": divulgación de la ciencia en algunas publicaciones periódicas decimonónicas mexicanas. En *Ciencia y espectáculo. Circulación de saberes científicos en América Latina, siglos XIX y XX*, eds. María José Correa, Andrea Kottow y Silvana Vetö, 197-215. Santiago de Chile: Ocho Libros.

Laborde Miguel. 1994. Santos Tornero. *El Mercurio*, 09 de junio, cuerpo A, 3.

López-Ocón Cabrera Leoncio. 1998. La formación de un espacio público para la ciencia en la América Latina durante el Siglo xix. *Asclepio. Revista de Historia de la Medicina y de la Ciencia* 50, 2 (julio-diciembre): 205-225.

López Rico Natalia. Ver Semblanza de Imprenta Belin y C.ª (Santiago de Chile, 1848-1954). Biblioteca Virtual Miguel de Cervantes - Portal Editores y Editoriales Iberoamericanos (siglo xix-xx).http://www.cervantesvirtual.com/obra/imprenta-belin-y-c-santiago-de-chile-1848-1854-semblanza-952825/ (consultada el 03 de diciembre de 2019).

Loyola Manuel. 2012. Los almanaques y la construcción de sentido de la modernidad chilena. *Revista Mapocho*, 71 (enero-junio): 243-259.

Medina Castro Andrea y Graciela Velásquez. 2018. Historia de la cultura científica en el siglo xix en México: el magnetismo animal en la prensa de la ciudad de México 1785-1880. *Revista Jóvenes en la Ciencia* 4, 1 (junio-septiembre): 1839-1843.

Nieto Galan Agustí. 2011. *Los públicos de la ciencia. Expertos y profanos a través de la historia*. Madrid: Fundación Jorge Juan-Marcial Pons Historia.

Ortega Luis. 1994. Los límites de la modernización en Chile. Siglos xix y xx. *Proposiciones* 24 (enero-diciembre): 33-41.

Ossandón Carlos y Eduardo Santa Cruz. 2005. *El estallido de las formas: Chile en los albores de la "cultura de masas"*. Santiago de Chile: lom Ediciones.

Pas Hernán. 2011. La seducción de las imágenes. El ingreso de la litografía y los nuevos modos de publicidad en Latinoamérica. *Caracol*, 2 (enero-diciembre): 10-41.

Pinto Julio. 2002. De proyectos y desarraigos: La sociedad Latinoamericana frente a la experiencia de la modernidad (1780-1914). Contribuciones Científicas y Tecnológicas, 130 (abril): 95-113.

Poblete Juan. 2002. *Literatura chilena del siglo XIX: entre públicos lectores y figuras autoriales*. Santiago de Chile: Cuarto Propio.

Quereilhac Soledad. 2016. *Cuando la ciencia despertaba fantasías. Prensa, literatura y ocultismo en la Argentina de entresiglos*. Buenos Aires: Siglo XXI editores.

Ramírez Verónica. 2019a. Predicciones del fin del mundo: Astronomía y ciencia ficción en los magazines de editorial Zig-Zag (1900-1920)". *Revista Literatura y Lingüística,* 40 (octubre): 69-91.

Ramírez Verónica. 2019b. Expertos y profanos: Circulación del saber astronómico en magazines chilenos (1900-1920). *Revista Humanidades*, 40 (julio-diciembre) 235-272.

Ramos Julio. 2003. *Desencuentros de la modernidad en América Latina. Literatura y política en el siglo XIX*. Santiago de Chile: Editorial Cuarto Propio.

Rogers Geraldine. 2005. Transformaciones y relevos en el campo periodístico argentino del cambio de siglo (XIX-XX): De Don Quijote a Caras y Caretas. *Orbis Tertius* 10, 11 (enero-diciembre): 159-177.

Romano Eduardo. 2004. *Revolución en la lectura. El discurso periodístico-literario de las primeras revistas ilustradas rioplatenses*. Buenos Aires: El Calafate Editores.

Ruz Rodrigo, Michel Meza y Luis Galdames. 2018. El género magazine en Chile. Imagen e imaginario en las primeras décadas del siglo XX. *Interciencia* 43, 5 (mayo): 385-392.

Santa Cruz Eduardo. 1988. Análisis histórico del periodismo chileno. Santiago de Chile: Nuestra América Ediciones.

Sarlo Beatriz. 1992. *La imaginación técnica: sueños modernos de la cultura argentina*. Buenos Aires: Ediciones Nueva Visión.

Subercaseaux Bernardo. 2000. *Historia del libro en Chile (Alma y Cuerpo)*. Santiago de Chile: LOM.

Subercaseaux Bernardo. 2011. *Historia de las ideas y de la cultura en Chile.* Tomo I. Santiago de Chile: Editorial Universitaria.

Valderrama Lorena B. 2016. La catástrofe anunciada: terremotos y predicciones en la prensa diaria chilena (1906-1912). En Correa, Kottow y Vetö 2016, 169-195.

4. La *Revista Chilena de Historia Natural* de Valparaíso en Cataluña: Inscripciones y registros (1897-1910)

Nelson Arellano-Escudero, Antoni Roca-Rosell

Introducción

Las revistas científicas, que se convirtieron durante el siglo XIX en el principal medio de difusión de la investigación, son objetos que demandan un análisis complejo[471]. Como señala Pietro Corsi, son fuentes que hay que definir y analizar en su contexto, a veces complementario con otras fuentes alternativas.[472]

El estudio de la *Revista Chilena de Historia Natural*, nacida en el puerto chileno de Valparaíso en 1897, asociada al Museo de Historia Natural de la misma ciudad, ha resultado de gran interés, pues se configura como expresión de la circulación mundial del conocimiento y las formas de producción de conocimiento científico en la era de la gran aceleración económica. Su existencia y persistencia a través del tiempo se ha prolongado hasta el siglo XXI, encontrándose vigente hasta el cierre de la edición de este capítulo[473].

Los archivos del Museo de Historia Natural de Valparaíso (MHNV), la Biblioteca Nacional de Catalunya y de la Reial Acadèmia de Ciències i Arts de Barcelona[474] han permitido un estudio acerca de la proyección del quehacer científico realizado en Chile desde fines del siglo XIX y ha permitido com-

[471] Recientmente se han publicado monográficos sobre la historia de las publicaciones periódicas en Archives Internationales d'Histoire des Sciences (vol. 63, nums 170-171, 2013) y Notes and Records. The Royal Society Journal of History of Science (vol. 70, num. 4, 2016).

[472] Pietro Corsi, "What Do You Mean by a Periodical? Forms and Functions", Notes and Records, vol. 70, 2016, 325-341.

[473] Ver Barnabé Anguita, "La Revista Chilena de Historia Natural y sus bodas de plata. El profesor Carlos Porter", *Revista Chilena de Historia Natural 25* (1921): 14-15; Edwyn Reed, "La Revista Chilena de Historia Natural", *Ciencia e Investigación* 3 (1946): 390-393; Claudio Broitman, "La vocación científica de la revista Anales del Museo de Historia Natural de Valparaíso (1968-1980)", *Colecciones Digitales, Subdirección de Investigación DIBAM*, http://www.dibam.cl/xml/697/articles-83503_archivo_PDF.pdf (consultado el 7 de diciembre de 2018).

[474] Esta entidad usa alternativamente su nombre en castellano y catalán. Nacida en 1764 bajo la nueva era borbónica, la única lengua oficial de la entidad fue el castellano. Durante el periodo de la Segunda República española (1931-1939) usó la denominación catalana, quitando la "Real". La doble denominación se estableció hacia 1977.

prender la propuesta de una continuidad entre la producción y comunicación de dicho conocimiento[475].

Pero, además, la circulación de esta revista en particular nos permite observar las conexiones entre los mundos científicos de inicios del siglo XX[476]. Es decir, entre dos puntos de la red mundial a los que se les suele atribuir menor protagonismo dadas las asimetrías que sostiene el enfoque del Centro-Periferia y el enfoque difusionista de la ciencia.

Lo anterior favorece una exploración menos atendida que no resulta contraintuitiva, pero si podría tratarse de una especie de circulación entre periferias que entrega información valiosa para la comprensión de la densidad de las redes de producción de conocimiento en una modernidad de escalas intersectadas[477]. Se trata de la configuración de las escalas económicas que considera la multidimensionalidad de factores en juego en cualquier situación. En este sentido es posible observar en los museos una capacidad de agencia que medió en el tránsito y circulación simbólica y material de los ecosistemas del mundo, redistribuyéndolos y reorganizando la configuración en que se hallaban antes que los elementos de los servicios ecosistémicos fuesen desensamblados y reensamblados en formas de colección con una resignificación del mundo y la dicotomía naturaleza-sociedad[478].

El museo, como institución en transformación en el siglo XIX, no solo generaba estos procesos de reubicación de especies o elementos considerados o bien naturales o bien artificiales, entre los que cabría considerar también naturfactos como podría ser el objeto ejemplar embalsamado[479]. En esta lógi-

[475] Jonathan Topham, "Rethinking the History of Science. Popularization/Popular Science", en *Popularizing science and technology in the European periphery, 1800-2000* (Graat Britain: Ashgate, 2009), 1-20; Stephen Hilgartner, "The dominant view of popularization: conceptual problems, political uses", *Social Studies of Science* 20 (agosto 1990): 519-539; Brian Wynne, "Public understanding of science research: new horizons or hall of mirrors?", *Public Understanding of Science 1* (1992): 37-43; Agustí Nieto Galan, "La ciencia en la esfera pública del siglo XIX. Géneros, discursos y apropiaciones", *Cultura Escrita y Sociedad* 10 (abril 2010): 53-80.

[476] María José Correa, Andrea Kottow y Silvana Veto, *Ciencia y Espectáculo. Circulación de saberes científicos en América Latina.* Chile: Ocho Libros Editores, 2016.

[477] Julia Thomas, "Historia económica en el Antropoceno: cuatro modelos", en *Desacatos Revista de Ciencias Sociales* 54 (agosto 2017): 28-39

[478] Se intenta comprender también el quehacer científico como una actuación colonizadora en el que las muestras que se colectaron no son solo piezas de mundo reubicado sino que constituyeron la materialización del impacto de la especie humana en la coevolución planetaria; ver, por ejemplo: Philippe Descola, "¿Humano, demasiado humano?", en *Desacatos Revista de Ciencias Sociales* 54 (mayo 2017): 16-27.

[479] Carolina Valenzuela, "Una contribución científica desde la taxidermia. José Carpeneto (1892-1971) y su colección en el Museo de Historia Natural de Valparaíso", en *Bajo La Lupa,* Colecciones Digitales, Subdirección de Investigación, Servicio Nacional del Patrimonio Cultural (2018): 1-19.

ca, también podemos inscribir la producción de revistas, boletines, magazines o diversos instrumentos de escritura no solo como instrumentos de divulgación sino como agentes mediadores en el amplio campo del actor-red de la museología[480].

Reconocemos que la vida social de la revista de la naciente ciencia contaba con instrumentos que la hicieron capaz de trascender el espacio local como fueron el Canje y el Intercambio[481]. Una mirada a estos aspectos tiene un interés fundamental para atender las preguntas que nos convocan en el ámbito de la ciencia y sus públicos: ¿Quiénes eran los públicos de las ciencias? ¿Cómo circulaban las comunicaciones de los conocimientos científicos? y ¿Cómo eran las relaciones entre estos públicos?

Al respecto, de manera preliminar, se puede decir que la *Revista Chilena de Historia Natural* tenía un público tanto local como uno internacional que era participante de una red occidental de los entusiastas de las recientes disciplinas científicas que emergieron durante el siglo XIX que, como ha señalado Agustí Nieto-Galan, se trata de un público activo[482]. En segundo lugar, aunque parezca evidente, la condición vehicular de la *Revista Chilena de Historia Natural* para el conocimiento científico debe ser esclarecida, ya que su existencia tenía una condición polifacética en tanto no solo era un artefacto científico sino de acción política. En tercer lugar, la aproximación a las relaciones entre los públicos que se utiliza aquí es la de procesos de expansión de redes científicas de modo que los nodos con menor grado de conexión llegaron a establecer canales y comunicaciones propias que no estaban mediados por las metrópolis o los denominados países centrales. Las inscripciones y registros del desplazamiento-apropiación, al que llama la atención Lorena Valderrama, nos permiten reensamblar la historia de la ciencia, tecnología y sociedad apreciando su complejidad[483].

La ruta analítica que se traza aquí abre posibilidades de conexión con las propuestas de estudio de la movilidad del saber científico entre el continente

480 Laurie Waller, "Curating actor-network theory: testing object-oriented sociology in the Science Museum", *Museum and Society* 14 (marzo 2016): 193-206.

481 Ver Boletín del Museo de Historia Natural de Valparaíso, Volúmenes 1 al 13, de 1897 a 1910 en *Revista Chilena de Historia Natural*, Editado por Carlos Porter.

482 Agustí Nieto-Galan, *Los Públicos de la ciencia: expertos y profanos a través de la Madrid*. España, Fundación Jorge Juan, 2011.

483 Carlos Sanhueza, ed. *La movilidad del saber científico en América Latina: objetos, prácticas e instituciones (siglos XVIII al XX)*. Chile: Editorial Universitaria, 2017, 18.

americano[484] y puntos de Europa que permiten una observación de las escalas mundial, nacional y local[485]. Para ello revisamos los primeros 13 años de existencia de la *Revista Chilena de Historia Natural*, tanto en su versión digital como en los archivos del Museo de Historia Natural de Valparaíso, de la Reial Acadèmia de Ciències i Arts de Barcelona, y la Biblioteca Nacional de Catalunya.

El presente capítulo, por tanto, se divide en: 1. una aproximación al canje e intercambios de revistas, 2. una descripción de la *Revista Chilena de Historia Natural*, 3. una semblanza del editor de la revista, Carlos Porter y los rastros de su conexión con Barcelona y 4. las conclusiones que nos permite esta historia de producción de ciencia en Chile que fue exportada al mundo.

Los Museos de Historia Natural y las revistas: canjes e intercambios

Los museos tienen una vida social que no resulta ni homogénea ni fácil de sintetizar[486]. Su historia ha venido siendo estudiada de manera que se ha podido enunciar de manera más contundente la complejidad que estos expresan[487], todavía más, cuando se incluyen otros formatos como son los gabinetes de curiosidades[488].

Fueron los servidores de la naturaleza quienes impulsaron un estilo de divulgación del conocimiento a través de la cultura material[489]. Esto no era ajeno ni desconocido en el ambiente general de América Latina, en especial en los puertos, que fueron escenario de intensos procesos de intercambio, recepción e interpretación de novedades[490].

484 Sanhueza, *La movilidad del saber científico en América Latina*, 2017; Eden Medina, Ivan Da Costa Marques & Cristina Holmes, *Beyond Imported Magic: Essays on Science, Technology, and Society in Latin America*, Cambridge, MIT Press (2014): 410.

485 Mine Kleiche Dray, *Les ancrages nationaux de la science mondiale, XVIIIe-XXIe siècles.* France, Éditions des archives contemporaines, 2018, 557.

486 Kenneth Hudson, *A social history of museums. What the visitors thought.* England, Palgrave 1975.

487 Roland Schaer, *L'invention des musées.* Francia: Gallimard, 1993.

488 Montserrat Iniesta, ed., *Gabinets del món. Antropologia, museus i museologies.* España: Argent Viu, 1994; Daniela Serra, "La configuración de un espacio para el saber natural en Chile. El gabinete de historia natural de Santiago", en *Tendencias y Perspectivas de la cultura científica en Chile y América Latina. Siglos XIX-XX.* Santiago de Chile: RIL Editores. 2019, 51-76.

489 Lewis Pyenson y Susan Sheets-Pyenson, *Servants of Nature. A history of scientific institutions, enterprises, and sensibilities.* Estados Unidos: Norton & Company, 2000; Carlos Sanhueza Cerda, "The transcontinental birth of a species: scientific discussions and natural history museums in the second half of the nineteenth century", *Dynamis* 37 (marzo, 2017): 111-131.

490 Sanhueza, *La movilidad del saber científico en América Latina*, 2017.

Susan Sheets-Pyenson redactó hace unos años una influyente monografía sobre los museos de ciencias naturales donde analizaba este tipo de museo, con indudable carácter de propaganda imperial de la riqueza de las colonias, pero con una tradición investigadora igualmente notable, por las posibilidades que ofrece el conocimiento de todo tipo de recursos naturales[491]. El Museo de Ciencias Naturales de Londres (creado en 1881 a partir de colecciones anteriores) podría representar lo primero y el Museo de Historia Natural de París, formado en 1793, continuador del Jardin des Plantes (creado en 1635), lo segundo.

En Latinoamérica se formaron museos de historia natural a lo largo del siglo XIX, en relación con los procesos de independencia de las antiguas colonias de España y Portugal[492] y con una ambición de representar el patrimonio natural propio, pero igualmente, para la investigación de una naturaleza en cierta manera poco explorada[493].Como mencionan Lopes y Podgorny, se crearon museos de historia natural en Buenos Aires (1812/1823), Río de Janeiro (1818), Santiago de Chile (1822), Bogotá (1823), Ciudad de México (1825), Lima (1826) y Montevideo (1837)[494].

En Chile, mientras que la atención se ha concentrado en el estudio de la historia de la ciencia en la ciudad de Santiago de Chile, otorgándosele el rango de nacional, es más reciente el interés en los museos de carácter regional, como son los de Valparaíso y Concepción, lo que puede ser ampliado de manera significativa[495].

491 Susan Sheets-Pyenson, Cathedrals of Science: The Development of Colonial Natural History Museums during the Late Nineteenth Century. Kingston & Montreal. Canada: McGill-Queen's University Press, 1988.

492 Los museos han sido y son elementos de formación y potenciación de la identidad nacional. Una revisión de casos fuera de las metrópolis en los ensayos se puede encontrar en: Flora Kaplan, ed. *Museums and the Making of "Ourselfs". The Role of Objects in National Identity, Londres, Nueva York, Leicester.* Inglaterra: University Press, 1994. Ver también: Leoncio López-Ocón Cabrera "La formación de un espacio público para la ciencia en la América Latina durante el siglo XIX", *Asclepio*, Vol 50-2 (diciembre 1998): 205-225.

493 Regina Horta Duarte, "Between the National and the Universal. Natural History Networks in Latin America in the Nineteenth and Twentieth Centuries", *Isis* 104 (diciembre 2013): 777-187.

494 Maria Margaret Lopes e Irina Podgorny, "The Shaping of Latin American Museums of Natural History, 1850-1990", *Osiris* 15 (junio, 2000): 108-118.

495 A modo de ejemplo se puede señalar que es claramente reconocible que los vínculos de Carlos Porter, incluidas sus conexiones en Barcelona, "Catedrático P. de Aranzadi (Antropología), Luis Mariano Vidal [ingeniero de minas] y Pedro Antiga (Carcinólogo)", fueron publicadas por el Museo Nacional de Historia Natural como parte de su red mundial de relaciones, a lo que se sumó: "Barcelona: 'Real Academia de Ciencias y Artes'; La Medicina Científica en España, de Barcelona; Dr. Arturo Bofill i Poch 'Museo Martorell'; Universidad de Barcelona: Odón de Buen y del Clos."; ver en: Miguel Machado, *Boletín del Museo Nacional de Chile* 3, 2, (1911): 310-385. Para profundizar en la operatoria

Carlos Sanhueza, por ejemplo, describe el Museo de Historia Natural de Santiago como un proyecto con tres propósitos: la organización de las colecciones, la investigación con una divulgación selectiva, y el almacenamiento de documentación[496]. Según Sanhueza, el museo se veía como una institución que podía reunir el estudio de la naturaleza, de la población indígena, así como el archivo de documentos firmados por el Estado con particulares, denominados "Privilejios esclusivos" (sic)[497], que se corresponden con lo que hoy en día conocemos como Patentes de Invención. Esto resulta de gran interés porque, al parecer, la concepción de origen implicaba constituir –en lenguaje del siglo XXI– un Museo de Ciencia y Tecnología[498].

Este aspecto resulta relevante, porque en la medida que se visualiza la integralidad de los proyectos de museos de Historia Natural parece posible obtener una apreciación de programas complejos con un carácter o espíritu universal que, podría suponerse, la especialización no solo del conocimiento sino de la gestión de los conocimientos que se fue desmembrando y fragmentando a través del siglo XX.

Por ello resulta de gran interés la investigación en curso de Carolina Valenzuela, que profundiza en la indagación de la actividad de la Historia Natural en Valparaíso y Concepción y por lo tanto desplaza el eje centralista de la ciudad capital de Chile hacia ciudades secundarias, pero relevantes y, a su vez, centralistas respecto de sus áreas de influencia[499]. Aparece aquí la intersección de escalas en el proyecto de la modernidad y su convicción de progreso en el conocimiento, según lo ha señalado Julia Thomas[500]. A diferencia de un relato

---

del centralismo ver: Edison Ortiz, "Chile, un siglo de pugna por la democratización de las regiones. Representación minimizada y centralismo transversal", en *Estudios Políticos* 52 (marzo 2018): 36-56.

496 Carlos Sanhueza, "Coleccionismo en el Museo Nacional de Chile (1853-1897)", en *La movilidad del saber científico en América Latina,* Chile: Editorial Universitaria 2017: 169-195.

497 Se escriben los Privilegios Exclusivos utilizando la ortografía de finales del siglo XIX.

498 Al respecto, algunos de los asuntos de las Patentes de Invención han sido abordados por: Bernardita Escobar, "Four essays on the development of international Intellectual Property protection in developing countries" (tesis doctoral, University of Cambridge, 2010); Pedro Alvarez-Caselli, "Inventar en el fin del mundo: orígenes de la propiedad industrial y el sistema de patentes de invención en Chile, 1840-1880" (tesis doctoral, Pontificia Universidad Católica de Chile, 2017); Aunque varios modelos teóricos en Historia de la Tecnología consideran los sistemas de Patentes como parte de su campo de estudio, en Chile la Historia de la Ciencia y la Tecnología no ha llegado a producir investigación con esta información. Al respecto, ver: Bernardita Escobar y Nelson Arellano, "Green innovation from the global South? Renewable energy patents in Chile in XIX and early XX century", *Business History Review* 93 (julio, 2019): 379-395.

499 Carolina Valenzuela, "Antigüedades y naturaleza. Circulación interoceánica de objetos en los primeros gabinetes de historia natural como estrategia de posicionamiento de la ciencia en Chile" (Proyecto FONDECYT Iniciación nº 11170033, 2018); Carolina Valenzuela, *Tendencias y Perspectivas de la cultura científica en Chile y América Latina. Siglos XIX-XX.* Chile: RIL Editores, 2019.

500 Thomas, *Historia económica en el Antropoceno*, 2017.

heróico de la Historia de la Ciencia, centrado en -habitualmente- un hombre solitario, determinado en sus convicciones, intrépido y aventurero, etc., el estudio multivarial pondera de manera más acuciosa la participación de distintos actores o actantes y su capacidad de agencia[501].

Bajo estos supuestos y la información disponible hasta ahora, existen indicios para afirmar que los museos no se limitaron a componer narrativas a través de los objetos e instrumentos de sus colecciones, sino que acudieron a la cultura simbólica a través de la palabra escrita para expandir sus áreas de influencia y conectar las distintas escalas del saber local con áreas regionales, continentales y/o mundiales, según se quiera cartografiar el gran proyecto de inventario mundial de elementos considerados naturales en el siglo XIX[502].

La Historia Natural, que en el contexto de la Física aristotélica era una disciplina descriptiva, para dar cuenta de la diversidad de la naturaleza, fue fuertemente sacudida con la intervención de Charles Darwin, que formuló un modelo de desarrollo de la naturaleza –la evolución- que introducía nuevos objetivos de investigación y una concepción articulada del mundo natural, incluyendo la humanidad[503]. La colección naturalista cobró un nuevo sentido y los nuevos museos de historia natural fueron los lugares de investigación de la diversidad del mundo natural en el nuevo contexto teórico, al que hay que contar con otros autores, como Charles Lyell, que fundamentó una geología dinámica. Las distintas colecciones no tenían pleno sentido si no se integraban a una especie de colección universal. La red de intercambios privados entre naturalistas, muy activa desde el Renacimiento, se complementó o se culminó con la red de museos de ciencias naturales que potenciaron esa red, ahora en un terreno público y con orientación académica. Los intercambios eran materiales (plantas y minerales), pero también de conocimiento, a través de las publicaciones.

En el caso del Museo de Historia Natural de Valparaíso no es sorprendente que, luego de 19 años de existencia, su quinto director, Carlos Porter, le diera nacimiento a una revista dedicada a la Historia Natural[504]. El estudio de

501 Carlos Sanhueza y Lorena Valderrama, "Un lobo marino en controversia: materialidad, taxonomía y disputa científica (segunda mitad del siglo XIX)", *Historia* (Santiago) 49 (diciembre 2016): 579-594.

502 Irina Podgorny y María Margaret Lopes, *El desierto en una vitrina: museos e historia natural en la Argentina, 1810-1890.* México: Limusa, 2008; Miruna Achim e Irina Podgorny, "Museos al detalle. Colecciones, antigüedades e historia natural, 1790-1870", *Historia* (Santiago) 48 (junio 2015): 333-336.

503 Además de los trabajos sobre Darwin y la evolución, seguimos las ideas de John Pickstone, *Ways of Knowing: A New History of Science, Technology and Medicine* (Manchester: University Press, 2000).

504 Bernard Houghton, *Scientific periodicals: Their historical development, characteristics, and control.* Hamden, Conn: Shoe String Press Inc, 1975.

la historia de esta revista revela, además, la necesidad de extender la investigación en el ámbito de las revistas científicas y tecnológicas producidas en Chile.

La Revista Chilena de Historia Natural

Aunque se señala que la revista fue el órgano oficial del Museo entre 1897 y 1911[505] y que perseguía publicar trabajos científicos originales acerca de fauna, flora, geología y mineralogía, este foco, sin embargo, es reducido en relación con la lista de tópicos de interés del museo a juzgar, por ejemplo, por la presencia de obras de arqueología y etnología que se reportaron en las listas de novedades de la biblioteca del Museo[506]. Por otra parte, no deja de ser interesante que no hay rasgos de delimitación geográfica en 1900, cuando Porter, al inaugurar el Tomo IV de la revista, comenta a los lectores que su medio de comunicación se aboca a "trabajos de importancia acerca de fauna, flora, jeología i agricultura"[507], con ambición universal, sin explicitar una composición territorial de referencia.

La *Revista Chilena de Historia Natural* puede ser considerada como expresión de un momento de esa conexión de la gran ciencia y la llamada, pequeña ciencia[508]. Su existencia desde fines del siglo XIX hasta su vigencia en el siglo XXI, actualmente bajo el alero de la Sociedad Biológica de Chile (SBCH), valorizan la persistencia del quehacer científico en este país del cono sur del continente americano. En efecto, Carlos Porter fue el director hasta 1941, cuando la revista pasó a ser publicada por la Sociedad Chilena de Historia Natural. En 1981 fue traspasada a la Sociedad de Biología de Chile[509]. Esta entidad ofrece la digitalización de toda la colección de la revista, aunque, desafortunadamente, no se incluyen los textos de gestión editorial. De esta manera, una parte

505 DIBAM, "Las publicaciones del MHNV" http://www.mhnv. cl/636/articles-23328_archivo_02.pdf (consultado el 5 de diciembre de 2018).

506 *Boletín MHNV* 4 (1900.).

507 Carlos Porter, "Editorial", *Revista Chilena de Historia Natural* 6 (1900): 2.

508 Derek de Solla Price, *Little science, big science... and beyond. New York.* Estados Unidos: Columbia University Press, 1986. Price introdujo en los años 1950 el estudio cuantitativo de la producción científica, en el contexto de la llamada "ciencia de la ciencia". Entre otras cosas, señaló la relevancia del paso de la "pequeña" a la "gran" ciencia, en un crecimiento que describió como logístico.

509 Los responsables de la revista fueron: Carlos Porter (1897-1941), Francisco Riveros (1942-1951), Nibaldo Bahamonde (1952-1955), Ernst R. Hajek (1956-1963; 1983-1991), Fabián M. Jaksic (1992-1998), F. Patricio Ojeda (1999-2002), Luis A. Ebensperger (2003-2008), y Patricio A. Camus (2009-2013). Ver la página web: http://rchn.biologiachile.cl/es/history.php (consultada el 8 de diciembre de 2018).

importante de la historia de la revista no es accesible, como por ejemplo el hecho de que fuera producida en Valparaíso.

La información con que se cuenta hasta ahora es confusa y deberá esclarecerse con futuras investigaciones. Se ha constatado, hasta ahora, que la revista ha sido tratada como una extensión de su creador o, en algunas ocasiones, como la principal pasión de Carlos Porter. Al respecto, es posible encontrar descripciones parciales o introductorias en trabajos que van desde 1921 hasta 1989[510].

Figura 1. Portadilla con dedicatoria de Carlos Porter.
Fuente: Archivo de la Reial Acadèmia de Ciències i Arts de Barcelona.

[510] Anguita Barnabé, "La Revista Chilena de Historia Natural y sus bodas de plata. El profesor Carlos Porter", *Revista Chilena de Historia Natural 25* (1921): 14-15; María Etcheverry. "Datos sobre la Revista Chilena de Historia Natural", *Revista Chilena de Historia Natural* 58 (1985): 83-92; María Etcheverry, "Sobre los noventa años de la Revista Chilena de Historia Natural", *Revista Chilena de Historia Natural* 60 (1987): 105-107; Guillermo Feliú Cruz, *Carlos E. Porter (1867-1942). La bibliografía de las ciencias naturales.* Chile, Bibliógrafos chilenos, 1969, 19 p.; Albero Fraga, "El doctor Don Carlos E. Porter", *Revista Universitaria* 18 (1943): 11-15; Arturo Fontecilla, "Nuestro director vitalicio Dr. Don Carlos E. Porter", *Revista Universitaria* 18, (1943): 7-9; Enrique Ernesto Gigoux, "El Dr. Carlos E. Porter", *Revista Universitaria* 28, (1943): 159-161; Roberto Gajardo, "Don Carlos Porter y el Museo de Historia Natural de Valparaíso", *Anales del Museo de Historia Natural de Valparaíso* 2 (1969): 9-26; Ricardo Latcham, "La Revista Chilena de Historia Natural", *Revista Chilena de Historia Natural* 31 (1927): 9-11; Gualterio Looser, *Biografías y bibliografías de naturalistas y antropólogos, principalmente de Chile, publicadas por don Carlos E. Porter.* Chile: Imp. Universitaria, 1949; Eliecer Paillacar, "Carlos E. Porter: una personalidad científica singular", *Revista Creces,* 2 (1989): 28-34.

En general, es la figura de Porter la que ha trascendido en el proyecto editorial, pero en la propia revista de 1907 fue inscrito el nombre de Nina Ovalle Escobar, secretaria en esa época, quien apoyaba las labores de edición y que posteriormente sería directora del Museo de Valparaíso y creadora de su nueva revista[511]. En 1907 en las páginas del Boletín aparecerá el nombre de Estela Silva Castro, por ser estudiante y colaboradora de Porter para una publicación específica[512].

Muchos de los relatos que vinculan a Carlos Porter con la revista generalizan situaciones tales como la del financiamiento, y le hacen aparecer como el financista principal, en circunstancias que en muchas de sus editoriales se menciona la contribución del Estado a través de subvenciones, aunque estas tuvieran, como lo redactó Porter, discontinuidades y trabas administrativas. En este sentido resulta imprescindible conocer con mayor detalle cómo fue posible sustentar un proyecto editorial capaz de llegar a los cinco continentes, conectándose tanto con Japón como con Sudáfrica y un importante número de países o, más bien, ciudades. Esto último es un aspecto que es importante tratar con mayor detención. En una época de compulsión hacia la simbiosis de Estado y Nación como la que cooptara el imaginario colectivo de inicios del siglo XX[513], la posibilidad de una conexión entre países a través de la ciencia también representó una esperanza para el ideario de la República de las Letras.[514] No obstante ello, para el caso de los canjes de los Museos y Sociedades científicas de Historia Natural, resulta pertinente comprender sus flujos y co-

511 Nina Ovalle, en 1968 y luego de la muerte del director del museo, John Juger Silver, asume el cargo de directora hasta jubilarse en 1972. Ella fue la principal impulsora de la edición de los Anales del Museo de Historia Natural de Valparaíso, lo que vino a recuperar la capacidad del museo para los intercambios que se habían originado en la revista de Carlos Porter, pero que por su traslado a Santiago dejó desprovisto a Valparaíso del medio de comunicación. Ver: MHNV, "Mes de la Mujer: Nina Ovalle Escobar" http://mhnv.gob.cl/sitio/Contenido/Noticias/49469:Nina-Ovalle-Escobar (consultado el 8 de agosto de 2019).

512 Estela Silva Castro aparece en la primera página de la edición del 28 de febrero de 1907, año IX, en el aviso publicitario: "Próximo a salir a la luz (...) Compendio de Jeografía Universal. Resúmen de las lecciones del Prof. Carlos E. Porter, F. Z. S. (...) Apuntes tomados en la clase i reunidos en su mayor parte por la alumna Srta. Estela Silva Castro, del Instituto Inglés Católico de Señoritas (curso superior)".

513 Sergio González, *El dios cautivo: las Ligas Patrióticas en la chilenización compulsiva de Tarapacá (1910-1922).* Chile: LOM ediciones, 2004.

514 La República de las Letras es un término acuñado en el siglo XVIII para referirse a la comunidad académica internacional (europea y americana, incialmente) que se estaba creando desde el Renacimiento con cierta autonomia de la Iglesia y de los otros poderes públicos. Este término ha sido integrado en el análisis historiográfico actual. Entre muchas referencias, ver Lorraine Daston, "The Ideal and Reality of the Republic of Letters in the Enlightenment", *Science in Context* 4 (1991): 367-386.

nexiones en torno a escalas locales cuya comunicación más expedita sucedía a través de los puertos[515].

Carlos Porter desde muy joven sostuvo comunicación con muchos investigadores y entusiastas de la Historia Natural, por lo que no es de extrañar que para cuando se materializó y desplegó el proyecto editorial de la revista, algunos de sus ejemplares llegasen a Barcelona, en Cataluña, en una época donde se estaba formando una comunidad de naturalistas que incluía tanto aficionados como miembros del mundo académico[516].

Para este capítulo, en el que nos proponemos analizar un aspecto de la proyección internacional de la revista, hemos examinado la versión original, en papel, que se encuentra disponible en el Museo de Historia Natural de Valparaíso (MHNV), algunos ejemplares archivados en la Biblioteca Nacional de Catalunya y otros ejemplares conservados en la Reial Acadèmia de Ciències i Arts de Barcelona. No existe registro detallado acerca del modo en que los ejemplares se convirtieron en material de archivo, aunque puede resultar más o menos evidente que la relación estrecha de Carlos Porter con la Reial Acadèmia incidió en el mayor número de ejemplares almacenados. Estas instituciones se agregan al listado de 44 centros académicos de Estados Unidos y Europa que actualmente tienen ejemplares disponibles, aun cuando es esperable que el número definitivo en el mundo sea mayor[517].

Estas existencias dispersas en el mundo matizan la apreciación que se ha señalado en torno a un alcance de interés meramente local de esta revista donde encontramos contradicciones a revisar y, por el contrario, fortalecen la idea de una vinculación activa de la red y Valparaíso como un nodo más dentro de ella[518].

515 Miruna Achim, "Setenta pájaros africanos por antigüedades mexicanas: canjes de objetos y la formación del Museo Nacional de México (1825-1867)", *L'Ordinaire des Amériques* 212 (julio 2010): 13-32.

516 Ver, por ejemplo, Josep Camarasa, *Cent anys de passió per la natura: una història de la Institució Catalana d'Història Natural: 1899-1999*. Barcelona: Institució Catalana d'Història Natural, 2000.

517 Consulta a los catálogos: 34 identificados en https://www.worldcat.org/; https://rebiun.baratz.es donde se agregan 10 universidad y el Consejo de investigaciones científicas de España.

518 Patience Schell ha señalado que:" (...) Porter anunció que se había decidido que la Revista Chilena de Historia Natural iba a publicar artículos relevantes sobre Chile que venían en las publicaciones que recibía el museo como intercambio". Agrega enseguida, basándose en el trabajo de Saldivia Maldonado, que fundó la revista: "(...) con el propósito de divulgar en la región de Valparaíso y el país en general los conocimientos científicos en campos como botánica, ictiología y antropología". Esta mirada radicalmente localista es prontamente relativizada al sostener que: "(...) creaba, con las otras revistas ya mencionadas, un sentido de comunidad y conversación transnacional, en la cual participaban lectores, escritores y editores", véase: Patience Schell, "El cultivo de una cultura chilena de Historia Natural, siglo XIX", en: Sanhueza, *La movilidad del saber científico*, 2017, 99-126.

Algunos autores denuncian una concepción difusionista de la ciencia, según la cual se sostiene la concepción centro-periferia que establece la unidireccionalidad de la producción de conocimiento desde el centro[519]. Esta denuncia, según nos parece, es sobre todo una advertencia para no caer en visiones simples de la circulación internacional de saberes y prácticas. Se menciona a veces que la teoría difusionista como tal fue impulsada por George Basalla, en su conocido artículo en *Science*, aparecido en 1967[520], que, efectivamente, lleva un título que podría entenderse como "difusionismo": "The Spread of Western Science". En este trabajo Basalla presenta un modelo que él señala como muy esquemático de la difusión de la ciencia europea en el mundo, en el que considera tres etapas: En la primera fase, la ciencia europea llega a un territorio donde no se cultiva (y donde suele existir un saber local, de distinta tradición que la ciencia europea); en la segunda fase se forma una ciencia colonial, es decir, se crea un sistema científico completamente competente, pero dependiente de sus raíces en Europa; finalmente, en la tercera fase se establece un sistema científico independiente[521]. Este esquema, a pesar de las precauciones que expresó Basalla, ha sido discutido y, creemos, mal interpretado cuando se ha querido otorgar a Basalla la idea de superioridad de la ciencia europea. Por contra, hay casi unanimidad en otorgar a Basalla el mérito de señalar la trascendencia de la circulación de los saberes y las prácticas.

En esa línea de análisis se destaca la enorme complejidad y prolijidad en la producción de la *Revista Chilena de Historia Natural* que, además, era acompañada por el *Boletín del Museo de Historia Natural de Valparaíso*[522], aunque, siguiendo los trabajos de Edwyn Reed (1946)[523] y Pérez-D'Angello (1967)[524],

[519] Ver, por ejemplo, Kostas Gavroglu, Manolis Patiniotis, Faidra Papanelopoulou, Ana Simoes, Ana Carneiro, Maria Paula Diogo, José Ramón Bertomeu Sanchez, Antonio García Belmar, y Agustí Nieto-Galan, "Science and technology in the European periphery: some historiographical reflections", *History of Science* 46 (2008): 153-175.

[520] George Basalla, "The Spread of Western Science", *Science 5* (mayo 1967): 611-622.

[521] A pesar de que el modelo de Basalla se ha "aplicado" a los países actuales en desarrollo, creemos que el interés del autor era comprender cómo había arraigado la ciencia europea en los Estados Unidos.

[522] Como fue señalado anteriormente en este capítulo, el boletín no se encuentra digitalizado y es solo accesible en los archivos físicos donde se almacena la revista.

[523] Edwyn Reed, "La Revista Chilena de Historia Natural", *Ciencia e Investigación* 3 (1946): 391-392.

[524] Vicente Pérez-D'Angello, "Análisis de las fechas de aparición de la Revista chilena de historia natural", *Boletín del Museo Nacional de Historia Natural* 29 (1967): 117-120 http://publicaciones.mnhn.cl/668/articles-63997_archivo_01.pdf (consultado el 8 de diciembre de 2018); ver también: Zenobio Saldivia Maldonado, "El rol social de las revistas científicas chilenas en el siglo XIX y su contribución en la idea de nación", en Gabriel Cid y Alejandro San Francisco, eds, *Nación y nacionalismo en Chile siglo XIX, tomo II.* Chile: Centro de Estudios Bicentenario, 2009, 117- 142.

la organización de la producción de la revista fue más aleatoria que lo que comunica la SBCh en la actualidad.

Vicente Pérez-D'Angello, en su investigación publicada en 1967, da cuenta del problema de la continuidad en la publicación, por ejemplo al fijar la fecha de la última edición a cargo de Porter, en 1940, y la continuidad que le dio el director Riveros recién en 1943. Pérez-D'Angello apunta como dificultad para las instituciones donde está depositada la revista que no es fácil reconocer si cada tomo está completo en tanto varios se entregaron por fascículos. El problema de ello es que mientras el Tomo I tuvo un fascículo, el Tomo III tuvo 12 fascículos. En contrapartida, la numeración de las páginas sí es correlativa, por lo que ello permite tener certeza en la citación de las obras.

La revista tuvo otros problemas, como años en los que no se publicó o se postergó su publicación. En 1909, por ejemplo, el fascículo 5 del tomo XIII no se publicó y situaciones similares se sucedieron en años siguientes[525].

Respecto de estas irregularidades, Claudio Broitman señala que el presidente de la Sociedad Científica de Valparaíso, Álvaro Valenzuela González, escribió en julio de 1965 a la Sociedad de Historia Natural de Chile señalando su preocupación por los varios años en que la *Revista Chilena de Historia Natural* no se había publicado. Esto le daba pie a proponer que si la revista no se publicaba en Santiago de Chile, ello sí era posible "hacerlo en Valparaíso, donde nació"[526]. Como la respuesta fue tardía y negativa surgió el proyecto de los *Anales del Museo de Historia Natural de Valparaíso* gracias al impulso de Nina Ovalle. Esta situación, muy posterior a nuestro periodo de interés en este capítulo, revela la alta relevancia que llegó a adquirir la revista para la actividad museológica a inicios del siglo XX, dado que se había convertido en

525 En 1912, 1914 y 1922 no se publicó el tomo respectivo; el de 1941 se publicó recién en 1943, y el de 1927 en 1928, pero este último no tiene advertencia al respecto sino cada una de las dos fechas indicadas se estamparon, una en la portada y la otra en la portadilla. La revista, entre 1897 y 1910 contó con los servicios de cinco imprentas, las dos primeras de Valparaíso y las demás de Santiago. Entre 1900 y 1906 los servicios fueron provistos por: Imprenta Gillet, de Valparaíso, ubicada en Coronel Urriola Nro 16. A partir de 1907 fue la Imprenta Universitaria quien se hizo cargo de las prensas que materializaban el trabajo editorial. En 1909 la imprenta Chile, ubicada en San Francisco 75 y en 1910 la imprenta Franco-Chilena. Información disponible en la colección de *Revista Chilena de Historia Natural* del Museo de Historia Natural de Valparaíso.

526 Claudio Broitman, "La vocación científica de la revista Anales del Museo de Historia Natural de Valparaíso (1968-1980)", *Colecciones Digitales, Subdirección de Investigación DIBAM*, 2018: 7. http://www.dibam.cl/xml/697/articles-83503_archivo_PDF.pdf (consultado el 7 de diciembre de 2018)

el medio de vinculación del centro con las entidades científicas equivalentes en el mundo[527].

El traslado de la revista desde Valparaíso a Santiago se ha entendido como parte de los efectos devastadores que tuvo el terremoto de 1906 en Valparaíso para el Museo de Historia Natural[528]. Entre las consecuencias que se conocen estuvo el traslado del director del museo Carlos Porter a Santiago de Chile, y, con él, la revista, quedando a cargo del museo de manera interina en Valparaíso John Jüger Silver[529].

Para el año 1900 el Boletín, que se adosaba a la revista para dar cuenta de la actividad del Museo, contaba con una sección de "Biblioteca", donde se incluía un acápite de "Compra, obsequios, canjes y suscripciones"[530]. Aquí figuraban títulos tales como: *Rápida Guía del Museo de Historia Natural de Guayaquil* y los *Anales del Museo de Montevideo*, ambos de 1899. Pero el alcance geográfico del canje e intercambio fue todavía mayor a juzgar por la presencia en la lista del *Bulletin of the American Museum of Natural History* y los *Annales du Musée d`Histoire Naturelle de Marseille.*

Un interés especial podemos situarlo en dos otros medios que, en principio, se antojan fuera del marco de la Historia Natural: la *Revista de Industrias e invenciones nuevas universales* de Chile, que representa el área tecnológica y, por otro lado, *La medicina científica en España*, que reflejaba la transformación de la medicina en España. De esta manera, se puede constatar la ambición científica y técnica de la revista y de su director, Porter.

Es posible mirar la revista como expresión de la producción local de la cultura científica, donde la acumulación de conocimiento era materialmente contenida en una biblioteca constituida por textos obtenidos por compra,

527 Claudio Broitman, "La vocación científica de la revista *Anales del Museo de Historia Natural de Valparaíso* (1968-1980)", Colecciones Digitales, Subdirección de Investigación DIBAM, 2018. http://www.dibam.cl/xml/697/articles-83503_archivo_PDF.pdf (consultado el 7 de diciembre de 2018). Cita original en: Álvaro Valenzuela, *Historia de la Sociedad Científica de Valparaíso.* Chile: Anales del Museo de Historia Natural de Valparaíso, 1968, 27-48.

528 Carolina Valenzuela, "Una contribución científica desde la taxidermia. José Carpeneto (1892-1971) y su colección en el Museo de Historia Natural de Valparaíso", *Bajo La Lupa, Colecciones Digitales, Subdirección de Investigación, Servicio Nacional del Patrimonio Cultural* (2018): 1-19.

529 Nina Ovalle, "Homenaje a John Jüger Silver. 1884-1967", *Anales del Museo de Historia Natural de Valparaíso* (1968): 17-25; Maria Etcheverry, "Los Anales del Museo de Historia Natural de Valparaíso-Chile", *Revista Chilena de Historia Natural* 61 (1988): 113-126. http://rchn.biologiachile.cl/pdfs/1988/1/Etcheverry_1988b.pdf (Consultado el 5 de diciembre de 2018).

530 Las revistas, además de la función de publicación de conocimiento, eran (y son) un instrumento de enriquecimiento académico de las Instituciones que las editaban, ya que daban lugar al intercambio con otras publicaciones periódicas y a la recepción de libros y monografías para ser reseñadas.

obsequio, canje y suscripciones[531]. Así se participaba en las redes de ciencia y tecnología del mundo, lo que explica en parte el importante listado de novedades que se presentaba en el Boletín y nos ayuda a entender la conexión con la Institució Catalana d'Història Natural pero, más formalmente, con la Reial Acadèmia de Ciències i Arts de Barcelona.

Conexiones: Carlos Porter y la Revista Chilena de Historia Natural *en Barcelona*

Hasta principios de siglo XX Carlos Porter estableció contacto con destacados naturalistas españoles, como Ignacio Bolivar (1850-1944) u Odón de Buen (1863-1945), quienes trabajaban o formaban parte de instituciones científicas y académicas de Catalunya. Por ejemplo, Odón de Buen fue catedrático de la Universidad de Barcelona hasta 1911 y Bolivar fue miembro correspondiente de la Real Academia de Ciencias y Artes de Barcelona desde 1903[532]. En esta última se encontraba otro núcleo de naturalistas, con un relieve científico reconocido, muchos de los cuales pertenecían igualmente al mundo excursionista y, en el caso de los naturalistas, a la Institució Catalana d'Història Natural.[533] Esta última se convirtió en 1917 en sociedad filial del Institut d'Estudis Catalans, creado en 1907 y en cuya biblioteca se encuentra una colección de la *Revista Chilena de Historia Natural* de algunos años entre 1898 y 1932[534]. En

531 *Boletín MHNV* 4 (1900).

532 Bolivar había sido uno de los fundadores de la Sociedad Española de Historia Natural (1871) y fue director del Museo de Ciencias Naturales de Madrid entre 1901 y 1934. De Buen, tras su paso por Barcelona fue profesor en Madrid, donde consiguió que se creara el Instituto Oceanográfico Español. Ambos murieron en el exilio en México tras la Guerra Civil Española. Sobre Bolivar y De Buen hay una extensa bibliografía, sintetizada en los textos de Alberto Gomis en el *Diccionario Biografico Español* de la Real Academia de la Historia, accesible en línea desde 2018. Resulta pertinente tener en consideración que Odón de Buen generó obras de divulgación tales como: Odón De Buen, *Historia natural* (España: Ediciones Manuel Soler, 1891). En esa edición el autor menciona a Brasil, Perú y las Guayanas en sus comparaciones de botánica con especies de América.

533 Agustí Nieto-Galán y Antoni Roca Rosell, coords., *La Reial Acadèmia de Ciències i Arts de Barcelona als segles XVIII i XIX: història, ciència i societat, Barcelona.* Barcelona: Reial Acadèmia de Ciències i Arts de Barcelona: Institut d'Estudis Catalans, 2000.

534 En 1899 fue creada por cuatro estudiantes la Institució Catalana d'Història Natural, una entidad que tuvo inicialmente una fuerte influencia clerical, a través de sacerdotes naturalistas muy destacados, como Norbert Font i Sagué. Su clericalismo le llevó a una crisis en los primeros años de siglo XX, tras la cual la entidad reemprendió su actividad. La Institució estaba estrechamente vinculada con el Centre Excursionista de Catalunya, creado en 1891 como fusión de entidades anteriores. En el excursionismo se unía el carácter lúdico, de ocio de las excursiones con el conocimiento de la naturaleza, el patrimonio y la historia. Ver más en: Josep Camarasa, *Cent anys de passió per la natura: una*

el boletín de la Institució consta que estableció intercambio con la *Revista Chilena de Historia Natural*. Bolivar y De Buen destacaron por sus posiciones darwinistas y su ideología laica y liberal, con conexiones con la masonería, en el caso de De Buen. Carlos Porter también fue miembro de la Real Academia de Ciencias y Artes de Barcelona. En la carta enviada por Porter desde París el 13 de enero de 1911 a la la Real Academia, este señaló que: "He recibido del Secretario de la Real Academia de Ciencias y Artes de Barcelona mi diploma de Socio-correspondiente, quedando al propio tiempo enterado de los estatutos y reglamento de la Corporación"[535].

La pertenencia de Porter a la Academia barcelonesa nos permite evaluar su estrecha vinculación con los naturalistas catalanes, como Manuel Mir y Navarro y Josep M. Bofill y Pichot. En el expediente de Carlos Porter en el Archivo de la Academia encontramos un documento manuscrito que certifica el procedimiento de aceptación del socio correspondiente. El 2 de enero de 1911 el presidente y el secretario general de la Real Academia suscribieron esta nota que indica que el 31 de diciembre de 1910 la junta general de la corporación eligió a Carlos E. Porter como académico correspondiente de la Comisión de Zoología. Dicha votación contó con la participación de 42 socios y 38 de ellos votaron a favor, registrándose 4 votos en blanco. El resultado de este proceso fue producto del patrocinio otorgado, mediante carta del 4 de noviembre de 1910, por los socios de la Real Academia, Manuel Mir, Josep Maria Bofill y Joaquín de Borja.

También se encuentra una carta de condolencias[536] por el fallecimiento del Dr. Manuel Mir y Navarro[537] notificando que se enteró de la noticia a tra-

---

història de la Institució Catalana d'Història Natural: 1899-1999. Barcelona: Institució Catalana d'Història Natural, 2000; Antoni Roca Rosell y Josep Maria Camarasa, "La promoción de la investigación en Cataluña: el Institut d'Estudis Catalans en el siglo XX", en Ana Romero de Pablos y María Jesus Santesmases, eds., *Cien años de política científica en España*. Madrid: Fundación BBVA, 2008: 39-77.

535 El expediente hallado en la Real Academia de Ciencias y Artes de Barcelona no se traduce en la aparición de esta información en el sitio web respectivo: http://www.racab.es/ (consultado el 4 de diciembre de 2018)

536 Carlos Porter, Santiago de Chile, a 10 de abril de 1913. Carta dirigida al Ilustrísimo señor Presidente de la Real Academia de Ciencias y Artes de Barcelona y firmada como Director y redactor de la *Revista Chilena de Historia Natural*.

537 Real Sociedad Española de Historia Natural, *Real Sociedad Española de Historia Natural: tomo extraordinario publicado con motivo del 125 aniversario de su fundación: XII Bienal* (España: 1996), 572.

De Manuel Mir i Navarro, se desconoce su fecha de nacimiento, pero la defunción fue registrada en Barcelona el 30 de enero de 1913. Fue miembro de la Secció d'Història Natural elegido el 29 de mayo de 1873, ingresando el 12 de junio de 1874, asignándosele el Numerario Medalla 29.

vés del *Boletín de la Real Sociedad Española de Historia Natural*[538]. Esta carta iba precedida por una carta conductora donde Porter explica que le escribió en dos ocasiones anteriores al Dr. Mir sin recibir respuesta. Según dice, el mismo 10 de abril de 1913 leyó el *Boletín* y se enteró del fallecimiento. Porter indica que una de las motivaciones para manifestarse es atender al sentimiento de la familia, a la que conoció por haber estado en dos ocasiones en la casa de Mir i Navarro en Barcelona. La carta concluye con un párrafo peculiar que resulta algo sorprendente, pues se plantea una solicitud: "Si Ud. tiene tiempo le enviaría en consulta algunas conchas de Chile. Le acompaño mi nueva dirección y le suplico ordenar como guste a este S.S.S. y colega"[539]. La carta estaba dirigida a Arthur Bofill i Poch, reconocido zoólogo y paleontólogo[540].

La respuesta de Bofill i Poch, fechada en Barcelona el 9 de mayo de 1913, da cuenta del cumplimiento de todos los trámites: entrega de la carta de condolencias a las hijas de Mir i Navarro, entregada a Carmen Mir en su domicilio de Calle de las Cortes 550; luego, la carta de condolencias para la Real Academia: "será leída en la próxima junta general que celebre la Academia, a mediados de este mes, la cual, como de costumbre, tendrá efecto en este mes de mayo, en el salón de actos de nuestro Observatorio, edificado en la vecina cordillera del Tibidabo"[541]. En este mismo tono amable, cordial y receptivo, el científico catalán accede a recibir las conchas chilenas para su estudio.

Veinte años más tarde Porter envió una carta fechada en Santiago de Chile el 18 de abril, esta vez dirigida a Antonio Torroja y Miret[542]. En esta ocasión la carta era conductora de un ejemplar de la Revista y, a la vez, actualizaba los datos del domicilio del científico chileno para efectos de correspondencia.

El movimiento de los agentes de la red latinoamericana y peninsular era intenso y aprovechaba cada paso y todos los recursos para fortalecer y estrechar los vínculos. Esto no era solo un deseo, sino que hemos visto, constituía una práctica del oficio de la producción de la Historia Natural.

538 Real Sociedad Española de Historia Natural-Museo Nacional de Ciencias Naturales, *Boletín de la Real Sociedad Española de Historia Natural*, (1906), 550.

539 Porter, Carta 10 de abril de 1913.

540 Josep Maria Camarasa, *Josep M. Bofill i Pichot: metge i naturista (Barcelona, 1860-Sant Julià de Vilatorta, Osona, 1938): semblança biogràfica (Vol. 51).* Barcelona: Institut d'Estudis Catalans, 2009.

541 Bofill i Poch, Carta en Barcelona, 9 de mayo de 1913.

542 Antonio Torroja y Miret nació en Tarragona el 12 de septiembre de 1888 y falleció en Barcelona el 4 de mayo de 1974. Formó parte de la sección de Matemáticas y Geometría en la Real Academia de Ciencias y Artes de Barcelona, habiendo sido elegido el 13 de marzo de 1922, con ingreso el 19 de mayo de 1924, asignándosele el Numerario Medalla 33.

Conclusiones

Hemos visto que la Historia Natural, una disciplina de investigación eminentemente local, es, al mismo tiempo, una disciplina internacional, por lo relevante de compartir los estudios de flora, fauna y geológicos con los otros investigadores y, de esta manera, evaluar la presencia local y la distribución en el mundo.

El caso de la *Revista Chilena de Historia Natural* ratifica que desde el sur del mundo hubo una contribución a la producción científica mundial desde finales del siglo XIX. Sin embargo, hemos hallado que las narrativas constituidas hasta ahora restringen la imagen del instrumento a una producción de interés personal, de carácter masculino, por financiamiento individual y ha sido habitualmente indicado como de alcance local. Se requiere una ampliación y profundización del estudio de la participación y contribución de los llamados sitios periféricos que, como se ha visto, generaban sus propias conexiones y mantenían una dinámica multiescalar.

La búsqueda de las prácticas de sociabilidad, la connotación de las emociones, la observación de las redes de conectividad regionales, continentales y globales[543] deben ser indagadas porque permitirían densificar la descripción de las formas de construcción de conocimiento a través de la integración de los agentes y su performatividad cosmopolítica.

La revisión de los antecedentes expuestos contribuye a configurar nuevas preguntas que ayuden a integrar el quehacer investigativo y científico en términos, como ha señalado el historiador Carlos Sanhueza siguiendo a Jürgen Renn[544], de historia del conocimiento, donde el Museo, la Revista, las agrupaciones científicas y la vida personal tengan una intersección intermitente desde sus diferentes escalas.

Fuentes Primarias

Museo de Historia Natural de Valparaíso. *Boletín Museo de Historia Natural de Valparaíso 1900-1910.* Chile: Imprenta Franco-Chilena.

[543] Patience Schell, "Natural history values and meanings in nineteenth-century Chile", *The Royal Society journal of the history of science* 73 (agosto 2018): 101-124; John Britton, "The Confusion Provoked by Instantaneous Discussion: The New International Communications Network and the Chilean Crisis of 1891-1892 in the United States", *Technology and Culture* 48 (Octubre 2007): 729-757.

[544] Sanhueza, *La movilidad del saber científico,* 2017,13.

Bibliografía

ARTAYETA. 1945. "Biografía del perito Dr. Francisco P. Moreno". *Anales del Museo de la Patagonia 'Francisco P. Moreno'*, 1-26.

ACHIM MIRUNA y PODGORNY IRINA. 2015. Museos al detalle. Colecciones, antigüedades e historia natural, 1790-1870. *Historia*. Santiago, 48, (Junio): 333-336.

ALBERTO GOMIS en el *Diccionario Biográfico Español de la Real Academia de la Historia*, accesible en línea: http://dbe.rah.es.

ALVAREZ-CASELLI PEDRO. 2017. *Inventar en el fin del mundo: orígenes de la propiedad industrial y el sistema de patentes de invención en Chile, 1840-1880*. Ph.D thesis. Pontificia Universidad Católica de Chile, 2017.

BARNABÉ ANGUITA. 1921. La Revista Chilena de Historia Natural y sus bodas de plata. El profesor Carlos Porter. *Revista Chilena de Historia Natural 25*:14-15.

BASALLA GEORGE. 1967. The Spread of Western Science, *Science 5* (mayo): 611-622.

Boletín Museo de Historia Natural de Valparaíso, 1900-1910.

BRITTON JOHN. 2007. "The Confusion Provoked by Instantaneous Discussion": The New International Communications Network and the Chilean Crisis of 1891-1892 in the United States. *Technology and Culture* 48, (Octubre): 729-757.

BROITMAN CLAUDIO. 2018. La vocación científica de la revista Anales del Museo de Historia Natural de Valparaíso (1968-1980). *Colecciones Digitales, Subdirección de Investigación DIBAM*. http://www.dibam.cl/xml/697/articles-83503_archivo_PDF.pdf (Consultado el 7 de diciembre de 2018).

CAMARASA JOSEP MARIA. 2009. *Josep M. Bofill i Pichot: metge i naturista (Barcelona, 1860-Sant Julià de Vilatorta, Osona, 1938): semblança biogràfica (Vol. 51)*. España, Institut d'Estudis Catalans.

CAMARASA JOSEP. 2000. *Cent anys de passió per la natura: una història de la Institució Catalana d'Història Natural: 1899-1999*. España, Institució Catalana d'Història Natural.

CARLOS SANHUEZA ed. 2017. *La movilidad del saber científico en América Latina: objetos, prácticas e instituciones (siglos XVIII al XX)*. Chile: Editorial Universitaria.

CORREA MARÍA JOSÉ, KOTTOW ANDREA y VETO SILVANA. 2016 Ciencia y Espectáculo. *Circulación de saberes científicos en América Latina*. Chile: Ocho Libros Editores.

DA COSTA MARQUES IVAN and HOLMES CRISTINA. 2014 Beyond Imported Magic: Essays on Science, Technology, and Society in Latin America. *Cambridge, MIT Press*, mes, pag.

DIBAM (2008). Ver_Las publicaciones del MHNV. http://www.mhnv. cl/636/articles-23328_archivo_02.pdf Consultado el 5 de diciembre de 2018).

ESCOBAR BERNARDITA y ARELLANO NELSON. 2019. Green innovation from the global South? Renewable energy patents in Chile in XIX and early XX century, *Business History Review* 93 (mes): 379-395.

ESCOBAR BERNARDITA. 2010. Four essays on the development of international Intellectual Property protection in developing countries. PhD dissertation, University of Cambridge.

Etcheverry María. 1985. Datos sobre la Revista Chilena de Historia Natural. *Revista Chilena de Historia Natural* 58.

Etcheverry María. 1987. Sobre los noventa años de la Revista Chilena de Historia Natural. *Revista Chilena de Historia Natural* 60:105-107.

Etcheverry Maria. 1988. Los Anales del Museo de Historia Natural de Valparaíso-Chile. *Revista Chilena de Historia Natural* 61: 113-126.

Feli Guillermo. *Carlos E. 1969. Porter (1867-1942). La bibliografía de las ciencias naturales.* Chile, Bibliógrafos chilenos.

Fernicola Juan Carlos . 2011. Ascenso, auge y caída de la sociedad entre Florentino Ameghino y Francisco P. Moreno. *Publicación Electrónica de la Asociación Paleontológica Argentina* 12: 35-49.

Fontecilla Arturo. 1943. "Nuestro director vitalicio Dr. Don Carlos E. Porter", *Revista Universitaria* 18.

Fraga Albero. 1943. El doctor Don Carlos E. Porter. *Revista Universitaria* 18: 11-15

Gigoux Enrique Ernesto. 1943. El Dr. Carlos E. Porter, *Revista Universitaria* 28.

González Sergio. 2004. *El dios cautivo: las Ligas Patrióticas en la chilenización compulsiva de Tarapacá (1910-1922).* Chile, lom ediciones.

Hilgartner Stephen. 1990. The dominant view of popularization: conceptual problems, political use. *Social Studies of Science* 20: 519-539.

Horta Duarte Regina. 2013. Between the National and the Universal. Natural History Networks in Latin America in the Nineteenth and Twentieth Centuries, *Isis* 104: 777-187.

Houghton. Scientific periodicals. 1975. Their historical development, characteristics, and control. Shoe String Press Inc.

Hudson Kenneth. 1975. *A social history of museums. What the visitors thought.* England: Palgrave.

Iniesta Montserrat, els. 1994. *Gabinets del món. Antropologia, museus i museologies.* España: Argent Viu.

Kleiche Dray Mine. 2018. *Les ancrages nationaux de la science mondiale, XVIIIe-XXIe siècles:* France: Éditions des archives contemporaines, 557.

Latcham Ricardo. 1927. "La Revista Chilena de Historia Natural". *Revista Chilena de Historia Natural* 31: 9-11.

Laurie Waller. 2016. Curating actor-network theory: testing object-oriented sociology in the Science Museum. *Museum and Society* 14: 193-206.

Looser Gualterio. 1949. *Biografías y bibliografías de naturalistas y antropólogos, principalmente de Chile, publicadas por don Carlos E. Porter.* Chile, Imp. Universitaria.

Maldonado Saldivia. 2009. "El rol social de las revistas científicas chilenas en el siglo xix y su contribución en la idea de nación", en Gabriel Cid y Alejandro San Francisco,eds, *Nación y nacionalismo en Chile siglo xix, tomo II*, Chile Centro de Estudios Bicentenario, 117- 142.

Nieto Galan Agustí. 2010. La ciencia en la esfera pública del siglo xix. Géneros, discursos y apropiaciones, *Cultura Escrita y Sociedad* 10: 53-80.

Nieto-Galán Agustí & Roca Rosell Antoni. coord. 2000. *La Reial Acadèmia de Ciències i Arts de Barcelona als segles XVIII i XIX: història, ciència i societat, Barcelona*, España, Reial Acadèmia de Ciències i Arts de Barcelona: Institut d'Estudis Catalans.
Nieto-Galan Agustí. 2011. *Los Públicos de la ciencia: expertos y profanos a través de la historia.* Madrid. España: Fundación Jorge Juan.
Ovalle Nina. 1968. Homenaje a John Jüger Silver. 1884-1967. *Anales del Museo de Historia Natural de Valparaíso 1*: 17-25
Paillacar Eliecer. 1989. Carlos E. Porter: una personalidad científica singular. *Revista Creces* 2.
Philippe Descola. ¿Humano, demasiado humano?. *Desacatos Revista de Ciencias Sociales* 54. (Mayo 2017): 16-27.
Podgorny Irina & Lopes María Margaret. 2008. *El desierto en una vitrina: museos e historia natural en la Argentina, 1810-1890* (México, Limusa).
Price Derek. 1986. Little science, big science... and beyond. New York. Unite State, Columbia University Press.
Pyenson Lewis & Sheets-Pyenson Susan. 2000. *Servants of Nature. A history of scientific institutions, enterprises, and sensibilities.* United States, W.W. Norton & Company.
Reed Edwyn. 1946. "La Revista Chilena de Historia Natural". *Ciencia e Investigación* 3.
Roberto Gajardo. 1969. "Don Carlos Porter y el Museo de Historia Natural de Valparaíso", en *Anales del Museo de Historia Natural de Valparaíso*, 2.
Roca Rosell Antoni y Camarasa Maria Josep. 2008. La promoción de la investigación en Cataluña: el Institut d'Estudis Catalans en el siglo xx, en Ana Romero de Pablos y María Jesus Santesmases, eds. *Cien años de política científica en España.* España, Fundación bbva: 39-77.
Sanhueza Cerda Carlos. 2017. The transcontinental birth of a species: scientific discussions and natural history museums in the second half of the nineteenth century. *Dynamis* 37, (mes): 111-131.
Sanhueza Carlos. 2007. Coleccionismo en el Museo Nacional de Chile (1853-1897)", en Sanhueza Carlos. *La movilidad del saber científico en América Latina.* Chile, Editorial Universitaria, 169-195.
Schaer Roland. 1993. *L'invention des musées.* Francia: Gallimard.
Schell Patience. 2018. Natural history values and meanings in nineteenth-century Chile. *The Royal Society journal of the history of science* 73: 101-124.
Serra Daniela. 2019. La configuración de un espacio para el saber natural en Chile. El gabinete de historia natural de Santiago. En *Tendencias y Perspectivas de la cultura científica en Chile y América Latina. Siglos XIX-XX.* 51-76. Chile: ril Editores.
Thomas Julia. 2017, Historia económica en el Antropoceno: cuatro modelos, *Desacatos Revista de Ciencias Sociales* 54: 28-39.
Topham Jonathan. 2009 Rethinking the History of Science. Popularization/Popular Science. En *Popularizing science and technology in the European periphery, 1800-2000, 1-20.* Great Britain: Ashgate.
Valenzuela Carolina. 2018. Una contribución científica desde la taxidermia. José Carpeneto (1892-1971) y su colección en el Museo de Historia Natural de

Valparaíso. Bajo La Lupa, Colecciones Digitales, Subdirección de Investigación, Servicio Nacional del Patrimonio Cultural, 1-19.

Valenzuela Carolina. 2019. *Tendencias y Perspectivas de la cultura científica en Chile y América Latina. Siglos XIX-XX.* Chile, RIL Editores.

Valenzuela Carolina. 2018. Antigüedades y naturaleza. Circulación interoceánica de objetos en los primeros gabinetes de historia natural como estrategia de posicionamiento de la ciencia en Chile (Proyecto FONDECYT Iniciación n° 11170033, 2018).

Vicente Pérez-D'Angello. Ver_"Análisis de las fechas de aparición de la *Revista chilena de Historia Natural.* Boletín del Museo Nacional de Historia Natural"; T. 29, (1967): 117-120 http://publicaciones.mnhn.cl/668/articles-63997_archivo_01.pdf . (Consultado el 8 de diciembre de 2018).

Wynne Brian. 1992. Public understanding of science research: new horizons or hall of mirrors? En *Public Understanding of Science 1,* 37-43. Italy: Sage Publications.

5. Predicciones trasatlánticas: Alfred Cooper y los anuncios de terremoto en magazines chilenos 1906-1919[545]

Lorena B. Valderrama y Verónica Ramírez Errázuriz

Introducción

Los medios de comunicación desempeñan un papel importante en la construcción y reproducción de las formas en las cuales la sociedad representa el mundo, ya que reafirman un modelo mental determinado que contiene la representación social de un objeto, persona o situación.[546] En este sentido, cobra relevancia estudiar los periódicos y las revistas, potentes instrumentos de información de diversos asuntos sociales y transmisores de ideologías dominantes, que ayudan en la estabilización de interpretaciones y sentidos sociales sobre el mundo y su forma de funcionamiento, como señala Van Dijk.[547]

En su relación con la representación de los saberes científicos, el estudio de los periódicos y revistas se enmarca en las investigaciones historiográficas sobre la popularización y divulgación de la ciencia, que cobraron mayor relevancia en las últimas décadas del siglo xx, sobre todo las de tipo metodológico que buscaban delimitar el área de estudio, detectar problemas de investigación y relevar su importancia dentro de la historia de la ciencia, como ha explicado Nieto-Galan[548]. Analizar la ciencia en los medios de comunicación permite profundizar en las formas de representación y apropiación del conocimiento y las prácticas científicas, desempeñando un destacado papel en los procesos de

545 Este artículo fue desarrollado en el marco de los Proyectos: fondecyt de Iniciación 11190486 "Lo que auguran los astros: representación de saberes científicos y legitimación de expertos en la prensa diaria chilena (1900-1930)", del fondecyt Regular N° 1221430 "Disciplinando el tiempo: los orígenes de la metereología entre 1849 y 1928" y del fondecyt de Iniciación N° 11220008 "Leer y escribir la ciencia: traductoras, redactores, editores y lectores del saber científico en la prensa chilena (1865-1929".

546 Sobre representaciones sociales, ver más en: Serge Moscovici, *Memória, imaginário e representações sociais.* Rio de Janeiro: Museu da República, 2005; Denise Jodelet, "Aportes del enfoque de las representaciones sociales al campo de la educación", *Espacios en Blanco* 21 (2011): 133-154. Ivana Marková, *Dialogicidade e representações sociais, as dinâmicas da mente.* Petrópolis: Vozes, 2006.

547 Teun Van Dijk, *Discurso y Poder.* Madrid: Editorial Gedisa, 2009.

548 Agustí Nieto-Galan, *Los Públicos de la Ciencia. Expertos y profanos a través de la historia.* Madrid: Marcial Pons, 2011.

circulación y comunicación de las ciencias a la sociedad[549]. El papel desempeñado por los medios está lejos de ser pasivo y "no puede concebirse únicamente como un puente tendido entre los científicos y el resto de la sociedad"[550]. Estos son agentes activos en la medida que la acción editorial decide y selecciona qué aspectos de la ciencia vale la pena divulgar y destacar, además de cuál es su valor social, consolidando así la imagen pública de determinados saberes y de los actores que más aportan o han aportado a estos conocimientos.

En el caso de la representación social de los terremotos, por ejemplo, tanto la geología como la literatura del siglo XIX formularon sus discursos públicos sobre las catástrofes socionaturales en torno a la estética romántica de lo *sublime*, en la cual las palabras no bastan para representar la grandiosidad y singularidad de la experiencia sísmica. Como explica Coen, refiriéndose a la representación estética de los terremotos, *lo sublime* nace del intento de captar a través de la razón eso que excede el alcance de la imaginación. Es así como se pudo encontrar en los terremotos, erupciones volcánicas y huracanes del siglo XIX un elemento perfecto de inspiración, ya que el fenómeno no solo reunía los atributos de la grandeza y singularidad, sino que solo era comparable a sí mismo, elevando la imaginación hasta el punto de lo no imaginable[551].

A inicios del siglo XX las catástrofes estimularon decisiones editoriales, inversiones técnicas y representaciones singulares, acompañadas de una narrativa sensacionalista, que se mantiene incluso hasta hoy en día[552]. Diversos estudios realizados acerca del tratamiento dado por los medios de comunicación de diferentes países a fenómenos de tipo catastrófico dan cuenta de ciertas similitudes, como la focalización de las noticias en la espectacularidad, el sensacionalismo, el detallismo y el alarmismo, junto con una presencia dominante del relato testimonial-anecdótico de víctimas[553]. También, desde una perspectiva histórica, se ha evidenciado cómo la mediatización de los terremotos presentó oportunidades idóneas para persuadir a los lectores de la necesidad de apoyar y

549 Pedro Ruiz-Castell, Ignacio Suay-Matallana y Juan Marcos Bonet, "El cometa de Halley y la imagen pública de la astronomía en la prensa diaria española de principios del siglo XX", *Dynamis* 33 (2012): 169-193.

550 Matiana González, " Del factor sociológico al factor genético. Genes y enfermedad en las páginas de *El País* (1976-2002)", *Dynamis* 25 (2005): 487-512.

551 Deborah Coen, *The Earthquake Observers: Disaster Science from Lisbon to* Richter. Chicago: The University of Chicago Press, 2013.

552 Carlos Lozano, "El sensacionalismo de los riesgos y las catástrofes: un siglo en los relatos periodísticos", *Revista internacional de Historia de la Comunicación* 5 (2015): 35-51.

553 Sibila Camps, *Periodismo sobre catástrofes.* Buenos Aires: Ediciones Paulinas, 1999.

financiar la investigación científica defendida por élites locales[554]. Y, finalmente, cómo a través de los medios se han difundido teorías diversas sobre estos últimos, consolidando socialmente algunas y deslegitimando otras[555].

La predicción de estos fenómenos en los medios escritos de inicios del siglo XX despertó curiosidad, fascinación y miedo en los lectores, quienes se maravillaron y aterrorizaron frente a estos augurios de los astros. La predicción de fenómenos y la capacidad predictiva de la ciencia es considerada una de las estrategias retóricas más efectivas, sobre todo si la predicción guarda relación con la supervivencia del ser humano. Esto iría en directa relación con los objetivos de esta, los cuales, según algunos autores, serían: la explicación, la comprensión, y la predicción, siendo esta última la que tiene más probabilidades de fallar[556]. Esto sucedía y sucede en el caso de la predicción de sismos, trayectoria de huracanes, frentes de "mal tiempo" y otros fenómenos medioambientales[557], A finales del siglo XIX, y sobre todo en las primeras décadas del siglo XX, la predicción de diversos fenómenos que tenían impacto directo en comercio seguridad pública resultaba crucial[558]. La agricultura y la navegación dependían fehacientemente de este control del futuro. Saber con antelación, por ejemplo, si se produciría una helada o una sequía podía prevenir a campesinos y terratenientes, como la predicción de una tormenta podía alertar a pescadores y grandes navíos. En el caso de los terremotos, saber cuándo y dónde estos iban a ocurrir permitiría alertar a la población y salvar vidas[559].

El estudio de la cobertura mediática de las predicciones de terremotos resulta relevante, dado que muchas veces los medios de comunicación configuran experticias que no siempre comulgan con las validadas en las comunidades científicas[560]. Esta configuración de experticia y legitimación de conocimientos en el espacio público a inicios del siglo XX cobra una relevancia cultural significativa, porque se suma a ello el contexto social y mediático de la época: un periodo de consolidación institucional de la sismología y de los proyectos

554 Ana Simões, Ana Carneiro y Maria Paula Diogo, "Riding the Wave to Reach the Masses: Natural Events in Early Twentieth Century Portuguese Daily Press", *Science & Education* 21 (2012): 311-333.

555 Katharine Anderson, *Predicting the weather. Victorians and the science of meteorology.* Chicago: University of Chicago Press, 2005.

556 Eloy Rada, "Ciencia, predicción y profecía", *Éndoxa*, 2 (1993): 177-206.

557 Daniel Sarewitz, Roger A. Pielke y Radford, Byerly, eds., *Prediction: Science, Decision Making, and the Future of Nature.* Washington DC: Island Press, 2002.

558 Coen, *The earthquake observers.*

559 Susan Hough, *Predicting the Unpredictable: The Tumultuous Science of Earthquake Prediction.* Oxford: Princeton University Press, 2009.

560 Joan Leach, "Media Panics", en *Encyclopaedia of Language and Linguistics.* Brown. UK: Elsevier, 2006, 607-609.

magazinescos modernos donde la imagen desempeñó un papel crucial, como se verá en el presente capítulo.

Las preguntas generales que estructuran nuestro trabajo son las siguientes: ¿Qué saberes sobre los terremotos se configuraron y validaron como científicos en los magazines chilenos durante este periodo? ¿Cómo eran representados los conocimientos sismológicos en estas revistas? Dentro de estas dos interrogantes generales se establece nuestra pregunta central: ¿Qué recursos (retóricos y literarios) y estrategias editoriales se utilizaron para legitimar los saberes y capacidades científicas sobre terremotos –específicamente la teoría de Cooper– en los magazines chilenos? Responder esto último permite conocer los sutiles mecanismos de dominación y hegemonía científica e institucional que inundaron la esfera pública en las primeras décadas del siglo XX.

Ciencia y prensa moderna en Chile

En América Latina las relaciones entre ciencia y prensa durante el siglo XIX se han trabajado principalmente desde una perspectiva cultural. Se ha destacado, por ejemplo, cómo durante el siglo XIX se generó una oferta y demanda de conocimientos científicos, configurándose un interés público por la ciencia, en el cual la prensa generalista y las revistas literarias desempeñaron un papel destacado, con algunos estudios de caso sobre la difusión de la ciencia a través de los periódicos en México, Perú, Colombia, Costa Rica y Argentina[561].

El caso de Chile no ha estado muy alejado del panorama latinoamericano, resaltando la importancia de la ciencia y los científicos o intelectuales en los espacios culturales chilenos durante el siglo XIX, donde se promociona una idea de progreso en grupos con mayor acceso a información gracias a noticias sobre avances científicos y tecnológicos publicadas en periódicos nacionales. Varios estudios de caso concretos, son abordados en el libro *Ciencia y Espectáculo en América Latina* editado en 2016 y que analiza las relaciones de astronomía, sismología, medicina, psicoanálisis y óptica con algunos medios y comunicación durante los siglos XIX y XX en Chile[562]. Las relaciones de la astronomía con la prensa y la literatura se han abordado escuetamente, destacándose el caso de

561 Ver por ejemplo Alberto Saladino, *Ciencia y prensa durante la Ilustración latinoamericana*. México DF.: UNAM, 1996; Soledad Quereilhac, "Reflexiones sobre una sensibilidad de época. La imaginación científica en la literatura y el periodismo (1896-1910)", *Badebec* 4 (2015): 32-59; Flora Ovares, *Literatura de kiosko. Revistas literarias de Costa Rica (1890-1930)*. Heredia: EUNA, 1994.

562 María José Correa, Andrea Kottow, y Silvana Vetö, eds., *Ciencia y espectáculo. Circulación de saberes científicos en América Latina, siglos XIX y XX*. Santiago: Ocho Libros, 2016.

la difusión en la prensa del eclipse de 1853 y del Cometa Halley en 1910[563]. Las fuentes de prensa se han usado como forma de ilustrar el pensamiento de la época, loc conocimientos y las percepciones sobre los terremotos. Tal es el caso del estudio sobre el Terremoto de Arica de 1868 de Canque (2007), de los principales terremotos acontecidos en el territorio nacional entre los siglos XVI y XIX de Palacios (2015), de los terremotos de la segunda mitad del siglo XIX trabajados por Valderrama (2017) y recientememte por Valderrama y Ramírez (2020), del terremoto de 1960 investigados por Silva y Riquelme (2018) y de los grandes terremotos del siglo XX en Chile desarrollados por Onetto (2018)[564].

Las primeras décadas del siglo XX son claves para el estudio de las relaciones entre ciencia y medios de comunicación. En cuanto al estudio de la prensa moderna en Chile, se ha podido constatar que en las primeras décadas del siglo XX en Chile aumentó significativamente la cantidad de periódicos. Por ejemplo, en 1898 existían 287, mientras que en los primeros dos años del nuevo siglo llegaron a ser 406 y en 1914 531. De igual manera, como han puntualizado historiadores como Alvarado o Catalán, el público tentativo aumentó: el analfabetismo pasó de un 68% a un 50% para 1920; se expandió el campo cultural y los avances tecnológicos y la Ley de imprenta liberal de 1872 constituyeron un escenario atractivo para inversiones y nuevos proyectos en el rubro comunicacional[565]. Si bien la prensa decimonónica se caracterizó

563 Patricio Leyton, "Espectáculo solar y su imagen pública. La participación chilena en el eclipse de 1853 en Ica, Perú, y su utilización política", en *Ciencia y espectáculo. Circulación de saberes científicos en América Latina, siglos XIX y XX*, coords. María José Correa, Andrea Kottow, y Silvana Vetö. Santiago: Ocho Libros, 2016, 151-168; Verónica Ramírez, "Predicciones del fin del mundo: Astronomía y ciencia-ficción en los magazines de Editorial Zig-Zag (1900-1920)", *Literatura y Lingüística* 40 (2019): 69-91; Verónica Ramírez, "Expertos y profanos: circulación del saber astronómico en magazines chilenos", *Revista Humanidades* 40 (2019): 235-272; Verónica Ramírez y Patricio Leyton, "José Victorino Lastarria: astronomía científica, literaria y social", *Dynamis* 39 (2019): 123-147.

564 Lorena B. Valderrama, "Observando la catástrofe: terremotos y conocimiento sísmico en Chile (1868-1912)". Tesis de doctorado, Universidad de Valencia, 2017; Lorena B. Valderrama, y Verónica Ramírez, *Lo que auguran los astros. Espectáculos, maravillas y catástrofes en la prensa chilena (1868-1912).* Santiago de Chile: RIL, 2020; Mauricio Onetto, *Discursos desde la Catástrofe: Prensa, solidaridad y urgencia en Chile 1906*-2010. Santiago: Acto Editores, 2018; Alfredo Palacios, *Entre ruinas y escombros. Los terremotos en Chile durante los siglos XVI al XIX.* Valparaíso: Ediciones Universitarias de Valparaíso, 2015; Bárbara Silva y Alfredo Riquelme, *Una identidad terremoteada. Comunidad y territorio en el Chile de 1960.* Santiago: Ediciones Universidad Alberto Hurtado, 2018.

565 Gonzalo Catalán, G., "Antecedentes sobre la transformación del campo literario en Chile entre 1890 y 1920", en *Cinco estudios sobre cultura y sociedad.* Santiago: FLACSO, 1985, 71-175; Marina Alvarado, "La ciencia en la prensa", *Revista de Literaturas Modernas* 46 (2016), 9-31; Marina Alvarado, *Revistas culturales y literarias chilenas de 1900 a 1920: legitimadoras del campo literario nacional.* Santiago: Editorial Cuarto Propio, 2016.

por ser una prensa política y de opinión, dependiente del subsidio de partidos políticos y de gobiernos, su poder como actores sociales de la vida americana decimonónica se basó en su capacidad de generar o reforzar ideas que fueran compartidas socialmente, de intervenir en la escena política y de construir opiniones[566]. Mayor audiencia y esta cada vez más activa y demandante sobre *lo público* (derechos, mejoras y reformas de todo tipo), permitió que periódicos y revistas se convirtieran en potentes instrumentos de información; con aspiraciones de llegar cada vez más a un amplio espectro de la población y ser un agente activo del contexto sociocultural, sobre el cual operaban de forma dinámica, con lógicas y estrategias propias. Cada medio, en su búsqueda por la subsistencia en el mercado de la información, iba al mismo tiempo definiendo su estilo informativo para satisfacer a nuevos lectores y desarrollando una estrategia financiera y comercial mediante el avisaje publicitario que les permitía no solo cierta autonomía económica del subsidio fiscal, sino también llegar a públicos de diferentes partidos políticos y grupos de interés[567]. En ese sentido, tal como precisa Bernardo Subercaseaux, entre la Guerra del Pacífico y 1900 hubo un aumento considerable de lectores en el país, lo que pudo deberse al crecimiento de la población estudiantil, gracias al ingreso de las mujeres al sistema escolar, así como al establecimiento de organizaciones obreras y mancomunales que contribuyeron a estimular y promover la lectura. A esto último debe agregarse que justamente en este periodo Santiago, Valparaíso y otras ciudades del país, pudieron contar con electricidad, por lo que las condiciones para la lectura en horarios sin luz mejoraron considerablemente[568].

Al igual que el resto de la prensa americana y europea, en Chile también se incorporaron noticias del extranjero, reportes de eventos sociales, estudios científicos realizados por extranjeros y chilenos, cartas y reportes oficiales de distintas localidades nacionales que daban cuenta de lo que ocurría en cada lugar[569]. En esta búsqueda de diversificación de la información más allá de los asuntos políticos internos, los temas que tuvieran aspectos trágicos, inciertos y

[566] Paula Alonso, comp., *Construcciones impresas. Panfletos, diarios y revistas en la formación de estados nacionales en América Latina, 1820-1920*. Buenos Aires: Fondo de Cultura Económica, 2004.

[567] Eduardo Santa Cruz, "Prensa y modernización en América Latina y Chile en la segunda mitad del siglo XIX: la crónica y los cronistas", Estudios sobre el Mensaje Periodístico 17 (2011): 647-660; Eduardo Santa Cruz, *La prensa chilena del siglo XIX. Patricios, letrados, burgueses y plebeyos*. Santiago: Editorial Universitaria, 2010; Eduardo Santa Cruz, *Análisis histórico del periodismo chileno*. Santiago: Nuestra América, 1998.

[568] Bernardo Subercaseaux, *Historia del libro en Chile (Alma y cuerpo)*. Santiago: LOM, 2000, 105.

[569] Silvia Becerra y Zenobio Saldivia, *El Mercurio de Valparaíso, su Rol de Difusión de la Ciencia y Tecnología en el Chile Decimonónico*. Santiago: Bravo y Allende Editores, 2010.

catastróficos jugaron un papel central en los periódicos de la época. Cualquier tema que saliera de lo cotidiano, que causara sorpresa y extrañeza en los lectores, que sembrara duda e incertidumbre, y que permitiera un seguimiento expectante de la información para cubrir varias ediciones, fue elegido por los periódicos locales para mostrarse en las primeras páginas y en los suplementos especiales o de última hora.

En este escenario las revistas culturales (los magazines) incorporaban avances tecnológicos procurando satisfacer la demanda de los lectores. Los más estables durante este periodo fueron los de la editorial Zig-Zag, como *Sucesos*, *Zig-Zag*, *Corre-Vuela* y *Pacífico Magazine*, los cuales configuraban públicos lectores específicos y se publicaban cada semana, quincena o mes y, a diferencias de los diarios, incluían ilustraciones y fotografías como elemento central[570].

Audiencias y revistas culturales

El modelo del déficit, principalmente, pero también los modelos tradicionales de comunicación de masas de la primera mitad del siglo XX, conceptualizan a los públicos y audiencias como receptores, entendiendo la comunicación como un proceso de transferencia de información de un emisor a un receptor[571]. Por esta razón imaginar a los públicos de otra manera implica entender la comunicación de otra forma. Las ideas científicas divulgadas en los medios de comunicación tienen diferentes audiencias: científicos institucionales, académicos, estudiantes, consultores, tomadores de decisiones, técnicos, productores y consumidores de medios, entre tantos y tantas otras[572]. Por lo tanto los públicos están profundamente asociados a los espacios y dispositivos de comunicación. No podemos analizar los públicos de la ciencia disociados de los públicos de los medios y de lo espacios de diálogo y circulación de ideas. Los públicos de medios masivos que leen y consumen información científica se pueden analizar entendiendo primero a los medios, ya no como mediadores sino como agentes activos de este diálogo constante[573]. Esta lógica no supone que los medios siguen estando de un lado y las audiencias de otro. Desde quien posee la propiedad hasta quien dirige, edita, redacta, dibuja, traduce, crea, dia-

570 Marina Alvarado, *Revistas culturales y literarias chilenas: de 1900 a 1920: Legitimadoras del campo literario nacional*. Santiago: Cuarto Propio, 2011.

571 Valderrama, *Observando la catástrofe*.

572 Nieto-Galan, *Los públicos de la ciencia*.

573 Valderrama, *Observando la catástrofe*.

grama, imprime, distribuye, vende, y todas aquellas personas que forman parte de la producción son al mismo tiempo audiencias del mismo u otros medios.

Desde visiones funcionalistas, Mc Quail identifica que las audiencias buscan en los medios de comunicación determinadas cosas, como informarse, identificarse como grupo, distraerse o interactuar[574]. Además de estos usos, las audiencias o públicos se dividen según sus segmentos socioeconómicos y consumo cultural, hoy en día ampliamente usados para la compra de avisaje publicitario en los medios de comunicación. Esto es la base del negocio que permite la sustentabilidad e independencia económica de la prensa moderna que se comienza a delinear en la segunda mitad del siglo XIX. En el caso de los magazines analizados, los públicos objetivos (compradores y lectores) también estaban delineados para orientar el avisaje publicitario, por lo que estas cuatro revistas tuvieron preferencias diferentes[575]. Como han constatado algunos historiadores de la prensa chilena, como Santa Cruz y Ossandón, *Sucesos* fue una publicación semanal ilustrada de Valparaíso, lanzada en 1902, destinada a divulgar acontecimientos de la actualidad noticiosa, nacional y extranjera con un alto contenido fotográfico destacada por su cobertura gráfica de catástrofes, incendios, huelgas y crímenes, donde a menudo aparecían retratados, sin censura, los cuerpos de las víctimas. En estas primeras décadas se configuró como un medio donde la crónica policial y la caricatura política tenían un espacio privilegiado. Su público principal era porteño, aunque se extendió a la capital e informaba de acontecimientos de las diversas comunidades extranjeras, destacando las colonias alemana e italiana. Su homóloga en la capital fue *Zig-Zag,* lanzada en 1905 con una orientación un poco más miscelánea, orientada a eventos y noticias nacionales e internacionales y temas de literatura, artes, moda, cocina, curiosidades y vida social. Su variedad temática le permitió ser comparada con hombres y profesionales de todo tipo, pero también con un énfasis del púbico femenino a partir de 1912 y de la consolidación de la instrucción secundaria femenina. *Corre - Vuela*, lanzada en 1908, respondería, según Ossandón, a un proyecto medial orientado a clases populares urbanas de masas de carácter misceláneo. No interpela a públicos específicos de lo popular, como obreros, trabajadoras domésticas, agricultores, etc., sino a un amplio espectro de las clases más populares de la ciudades que se identifican con los valores y acontecimientos nacionales, patrios y urbanos.

574 Denis McQuail, *Mass Communication Theory.* Londres: Sage Publications, 1983.

575 *Zig-Zag, Corre-Vuela y Pacífico Magazine* fueron fundadas por Agustín Edwards Mac-Clure, mientras que *Sucesos* fue creada por los hermanos Helfmann. En 1919 Edwards y Gustavo Helfmann se asociaron, lo que dio origen a Editorial Zig-Zag.

La *Pacífico Magazine,* muy por el contrario, estuvo orientada a la élite social, con un alto nivel cultural, principalmente con lectores hombres. Fue editada entre 1913 y 1921, tocando temas de actualidad nacional y extranjera, reuniendo a los más destacados escritores e ilustradores de la época[576].

El terremoto pronosticado

En Chile el terremoto de Valparaíso de 1906 se consideró una catástrofe anunciada producto de un aviso en *El Mercurio* que había enviado la Armada días previos. Este pronóstico se había efectuado mediante la observación de fenómenos astronómicos que se pensaba que podían tener relación con los movimientos del subsuelo. Por heterodoxo que estos planteamientos pueden parecer en la actualidad, durante el siglo XIX y los primeros años del siglo XX fueron ideas bastante extendidas en el ámbito científico y social, dado que es un periodo marcado por un pluralismo teórico sobre las causas de los terremotos, en el cual coexisten diversas explicaciones para los fenómenos sísmicos[577]. Además, es un periodo en el cual hay diversidad de instituciones científicas dedicadas al estudio de los sismos: observatorios astronómicos, meteorológicos, geodésicos, geofísicos, sismológicos, etc.[578]. Las personas que trabajaban en dichas instituciones poseían formaciones muy diferentes y desde múltiples campos postulaban diversas causas para los fenómenos que estudiaban, ya fuera que se desempeñaran en instituciones de recogida y análisis de información (como los observatorios astronómicos o las oficinas meteorológicas) o bien en instituciones de formación profesional como las universidades.

Como han evidenciado Valderrama y Ramírez, los conocimientos sobre catástrofes, especialmente los terremotos, estaban en permanente disputa dentro y fuera de las comunidades científicas en las primeras décadas del siglo XX, dado que la astronomía, meteorología y la incipiente sismología moderna no gozaban de una plena diferenciación disciplinar entre sí, compartiendo espacios, objetos, instrumentos y métodos de medición. La meteorología y astronomía, por ejemplo, estudiaban los terremotos, puesto que se consideraba que la presión atmosférica, las mareas, el magnetismo y los movimientos celestes

576 Carlos Ossandón y Eduardo Santa Cruz, *El estallido de las formas: Chile en los albores de la "cultura de masas"*. Santiago: Universidad Arcis, 2005.

577 Valderrama, *Observando la catástrofe.*

578 Lorena B.Valderrama, "La catástrofe anunciada: terremotos y predicciones en la prensa diaria chilena (1906-1912)", en *Ciencia y espectáculo. Circulación de saberes científicos en América Latina, siglos XIX y XX.* Coords. María José Correa, Andrea Kottow, y Silvana Vetö. Santiago: Ocho Libros , 2016, 169-195.

estaban relacionados con los movimientos sísmicos. En cuanto a su capacidad predictiva, la astronomía gozaba de una legitimización social y científica superior, dado que podía advertir con bastante tiempo de antelación ciertos movimientos celestes, mientras que meteorología y sismología no habían aún logrado ni generar explicaciones satisfactorias para los fenómenos que estudiaban, ni metodologías fiables de pronóstico de los fenómenos que estudiaban. De igual forma, el estudio de los terremotos se realizaba dentro de los observatorios astronómicos y fue así hasta las últimas décadas del siglo XIX y las primeras décadas del siglo XX, época en la que se comenzó a crear instituciones exclusivamente dedicadas a la observación de sismos separadas de la observación de los astros[579].

El terremoto de Valparaíso en 1906 fue sumamente significativo para el país: dos mil personas fallecieron y casi veinte mil resultaron heridas, según los datos suministrados por la Oficina de Estadísticas de Chile[580]. Diez días antes de que azotara el puerto de Valparaíso el capitán Arturo Middleton Cruz (1876-1912), jefe de la Sección de Meteorología de la Dirección del Territorio Marítimo de la Armada de Chile, había escrito a la prensa anunciando fenómenos "atmosféricos o sísmicos" para el 16 de agosto en Valparaíso: "El día fijado habrá conjunción de Júpiter con la Luna y máximum de declinación norte de la Luna. A causa de estas situaciones de los astros, la circunferencia del círculo peligroso pasa por Valparaíso"[581]. *El Mercurio* de Santiago y su homólogo en el puerto habían publicado el pronóstico los días 14 y 15 de

[579] Valderrama y Ramírez, *Lo que auguran los astros.*

[580] Rosa Urrutia de Hazbún, y Carlos Lanza, *Catástrofes en Chile: 1541-1992.* Santiago de Chile: Editorial La Noria, 1993. La Armada de Chile estipula que fueron 3.764 muertos solo en Valparaíso y tres mil ochocientos ochenta y dos en el total del país, mientras que crónicas de la época estipulan un total de tres mil ochocientos dos muertos solo durante la noche del terremoto y otras fuentes señalan hasta cinco mil muertos. Al respecto ver: Alfredo Rodríguez y Carlos Guajardo, *La Catástrofe del 16 de Agosto de 1906 en la República de Chile.* Santiago de Chile: Imprenta y Litografía Barcelona, 1906; Luis Zegers, "El terremoto del 16 de Agosto", *Anales de la Universidad de Chile* 119 (1906): 1-33; Rodrigo Fuenzalida Bade, *La Armada de Chile; Desde la Alborada al Sesquicentenario, Vol. 4.* Santiago de Chile: Academia Chilena de la Historia, 1978, 1103.

[581] Anónimo, "Pronóstico sobre fenómenos atmosféricos", *El Mercurio* de Valparaíso, 15 de agosto de 1906, 5. La circunferencia del círculo peligroso se refiere a la zona de la tierra en que van a ocurrir los terremotos o fenómenos anunciados mediante la teoría de Cooper. Para ello se «sitúa sobre la carta de Mercator la posición de la Luna con los elementos que nos da el Almanaque Naútico y se traza desde este punto una circunferencia con radio de 57° tomado en la escala de longitudes; y enseguida se construye sobre esta un anillo circular de 5° de ancho de manera que la circunferencia sea su eje, este anillo nos representará la zona de influencia de la Luna». Ver detalle completo en: Rodríguez y Guajardo, *La Catástrofe del 16 de Agosto*, 343-344.

agosto respectivamente, y tras el terremoto ambos diarios y otros más hicieron mención a este hecho.

La Sección de Meteorología de la Dirección del Territorio Marítimo era desde 1899 la unidad de la Armada a cargo de prever todos los fenómenos meteorológicos de importancia para la navegación de los marinos y el resguardo de las naves. Funcionaba en Valparaíso y sistematizaba la información de más de dieciséis estaciones ubicadas en puertos de diferentes ciudades e islas del país, por toda la costa del Océano Pacífico. Estas estaciones trabajaban de forma coordinada y centralizada, realizando observaciones tres veces al día, sin exceptuar ni domingos ni festivos[582]. En su trabajo, la Sección de Meteorología de la Armada también se coordinaba con otras instituciones científicas y técnicas como la Oficina del Tiempo de Quinta Normal dependiente de la Universidad de Chile, y con el Observatorio Astronómico Nacional, ambas en Santiago, entregándole datos de diversas observaciones simológicas, meteorológicas y astronómicas.[583]

Middleton, como uniformado a cargo de la Sección de Meteorología, trabajaba diversas teorías que le permitían elaborar los pronósticos, entre ellas la teoría soléctrica del Capitán de la marina mercante inglesa Alfred Cooper, con la cual se elaboró el anuncio de fenómenos para Valparaíso en aquel fatídico día. A partir de entonces, durante los siguientes años, los chilenos recordarían la teoría de Cooper cada vez que venía un nuevo remezón terrestre. Esto fue lo que ocurrió en 1912, cuando se filtró a la prensa una carta de Cooper dirigida al consulado inglés en Valparaíso, en la que el capitán solicitaba que se le confirmara la ocurrencia de ciertos fenómenos en fechas dadas puesto que estaba afinando una metodología predictiva. Entre los fenómenos anunciados estaba un "sismo" anunciado para el día 30 de septiembre de ese año. Esta solicitud de carácter reservado fue tratada de forma sensacionalista en *El Mercurio* de Santiago el día 5 de septiembre, publicando que se trataba de una predicción de terremoto realizada por Alfred Cooper. La prensa diaria y los magazines de distribución masiva en Chile ofrecieron una amplia e intensa cobertura de la teoría de Cooper entre los años 1906 y 1919, periodo en el que concentraremos nuestro análisis, especialmente enfocado en la reacción de revistas ilustradas o magazines, que se caracterizaban por un tratamiento de las temáticas contingentes con un ritmo más pausado que la prensa diaria, así

582 Armada Nacional de Chile, *Anuario del Servicio Meteorológico de la Dirección de Territorio Marítimo, tomo 7, Correspondiente al año 1905*. Valparaíso: Talleres Tipográficos de la Armada, 1907.

583 Armada Nacional de Chile, *Anuario del Servicio Meteorológico de la Dirección de Territorio Marítimo. Tomo 1, Correspondiente al año 1899*. Valparaíso: Imprenta y Litografía Gustavo Weidmann, 1902.

como más crítico y reflexivo, y con una mayor libertad para mezclar contenidos. Cooper se había vuelto famoso en la prensa y entre la Armada chilena por haber desarrollado la teoría astronómica de predicción, llamada "soléctrica", con la que se había posibilitado el famoso pronóstico del terremoto del 16 de agosto de 1906 que había destruido el puerto de Valparaíso, pero cuyo pronóstico había posibilitado que todas las naves (tanto militares como comerciales) tuvieran sus calderas apagadas, lo que minimizó el daño y posibilitó una respuesta mejor de la Armada para el manejo de la emergencia[584]. Seis años después, en 1912, la fama de Cooper aún estaba vigente en la prensa y en un espectro amplio de la población. Se habían generado algunos pronósticos basados en su teoría, la mayorìa fallidos, y aunque él no aparecía en la prensa chilena, había quienes recordaban quién era y su rol en el terremoto pasado[585].

Representaciones y efectos sociales de las predicciones de Cooper en los magazines

Los magazines que editó *Zig-Zag* eran semanales, quincenales o mensuales, lo que les permitía mantener un ritmo de cobertura de los acontecimientos de un modo más pausado, reflexivo y crítico, en comparación con la prensa diaria, que debía responder de manera inmediata. Por lo general, los magazines circulaban los fines de semana, e incluían artículos, fotografías, ilustraciones, caricaturas, etc., que revisaban desde dicha perspectiva los acontecimientos que destacaba la prensa diaria durante la semana. Asimismo, los magazines, al tener un propósito más enfocado en la entretención y divulgación hacia públicos masivos y diversos, organizaron sus secciones respondiendo a una estructura miscelánea, donde se favorecía la interacción entre saberes y contenidos[586]. En ese sentido, el estudio del tratamiento de las teorías y predicciones de Cooper, desde las páginas de este tipo de revistas, permite analizar la recepción por parte del público de un asunto científico –la teoría sismológica de Cooper–, desde una perspectiva más reflexiva y heterogénea.

La circulación de la teoría de Cooper en estas revistas durante el año 1906 mantuvo un tono serio en comparación con la cobertura brindada durante el año 1912. La coincidencia entre la advertencia de posible sismo del capitán Middleton (sustentada en la teoría de Cooper) y el terremoto del 16 de agosto

[584] Valderrama, *La catástrofe anunciada.*
[585] Valderrama, *Observando la catástrofe.*
[586] Ossandón y Santa Cruz, *El estallido de las formas.*

de 1906, propició un tratamiento respetuoso hacia los pronunciamientos de ambos marinos. Revista *Sucesos*, por ejemplo, manifestó el 6 de septiembre de 1906 que "el ruidoso éxito que ha tenido el pronóstico del 16 [de agosto] da sobrada razón a la teoría científica en referencia, y bien vale ¡nos parece! todo lo que se haga por su exacto conocimiento"[587]. Asimismo, *Sucesos* publicó el día 22 de ese mes unas páginas dedicadas directamente a la figura de Alfred Cooper, en donde se lee: "Por ahora nos falta el tiempo y el espacio para explicar la teoría de Cooper, que no es ningún cuento de viejas, ciertamente, sino un estudio verdadero"[588]. Ambas publicaciones fueron acompañadas con fotografías de Middleton y Cooper, con el propósito de dar a conocer y legitimar su condición de autoridad en el estudio del fenómeno, como se puede ver en las siguientes imágenes (Figuras 1 y 2).

El capitán Middleton.

Una popularidad rápida—y añadiremos que merecida—es la que ha adquirido el Capitán de corbeta D. Arturo Middleton, con motivo de su acertado pronóstico de «día crítico» para el 16 de Agosto último, señalando el puerto de Valparaíso dentro de la zona de peligro.

El Sr. Middleton se distingue por su afabilidad y modestia. Ha sido el primero en reírse de un nuevo pronóstico que se le atribuye. En realidad, hay gentes que creen como si tal cosa que esto de los días críticos y de los terremotos es cuestión de todos los días.

Para evitar semejante ignorancia, se ha visto obligado á dar publicidad á lo siguiente, en su calidad de director de la sección de meteorología de la armada:

«El 12 de Septiembre el punto crítico y de peligro cae á 360 millas al oeste de Huasco, pasando la circunferencia de la Luna y Júpiter por aquel puerto.

Por consiguiente, hay probabilidad de cambios atmosféricos sobre la zona que cubre los dos puntos mencionados, quedando Valparaíso absolutamente alejado de todo peligro».

Valparaíso queda, pues, á más de 300 millas del punto donde hay posibilidad de que haya perturbaciones atmosféricas ó seísmicas y, como lo afirma el Capitán Middleton, está fuera del alcance de todo peligro en caso de que ocurriera algo semejante día.

Hasta hace poco apenas si se conocían los estudios del Capitán Middleton, basados en la teoría del Capitán Cooper, de la P. S. N. C. Pero el ruidoso éxito que ha tenido el pronóstico del 16 da sobrada razón á la teoría científica en referencia, y bien vale ¡nos parece! todo lo que se haga por su exacto conocimiento.

Capitán de corbeta D. Arturo Middleton y á la izquierda el Cirujano Mayor D. Luis Aguirre.

Figura 1: Anónimo, "El Capitán Middleton", Sucesos, 6 de septiembre de 1906, 47.

587 Anónimo, "El Capitán Middleton", Sucesos, 6 de septiembre de 1906, 47.

588 Anónimo, "Alfred J. Cooper", Sucesos, 22 de septiembre de 1906, 28.

Alfred J. Cooper.

Contribuímos á desvanecer errores y á despejar una incógnita, porque á poco más la gente iba á concluír colocando á Mr. Cooper en la leyenda.

Un diario de Santiago ha publicado lo que sigue, reproducido por otro diario de Valparaíso:

«En Huasco, como se había predicho, según la teoría seismológica del Capitán Cooper, se dejó sentir un fuerte temblor, cayendo en seguida una copiosa lluvia. Con este motivo, la población estuvo poseída de gran pánico.

Según se dice, la mayor fuerza del fenómeno se ha dejado sentir en alta mar, más ó menos á cuatrocientas millas de las costas de Atacama, entre los grados 20 y 30 de latitud sur.

El Capitán Cooper había dispuesto, desde hacía muchos días, que todos los buques de su dependencia estuvieran fuera de dicha zona, disponiendo lo mismo respecto á los que pudieran encontrarse en los mares del sur de la Australia».

En primer lugar que no ha sucedido nada en el Huasco. Conste. No sucedió nada, porque á última hora el terremoto fué postergado por orden del director general de la catástrofe que reside en la Casa de Orates de Santiago.

En Europa, donde se gastan millones anualmente en los Observatorios, no se ha podido descubrir la causa de los temblores. Sin embargo, en Chile, don-

Figura 2: Anónimo, "Alfred J. Cooper", Sucesos, 22 de septiembre de 1906, 28.

Revista *Sucesos* se caracterizó por profundizar seriamente en el fenómeno durante ese mismo año. En sus páginas se publicaron, por ejemplo, dos estudios en octubre, uno acerca de la relación de los polos terrestres y los terremotos, y otro sobre las mediciones del sismo desde estaciones extranjeras. La reciente catástrofe producida por el terremoto en agosto de ese año, en que se perdieron vidas humanas, obligó a que la información referente a sismos, como las posibles predicciones, fuesen tratadas con tonalidad respetuosa y seria. Este acento, no obstante, habría de variar para el caso de la predicción de 1912, en que la teoría de Cooper volvió a llenar las páginas de la prensa nacional.

El mismo magazine *Sucesos* publicó el 5 de septiembre de 1912 la caricatura titulada "La teoría de Cooper aplicada al comercio" (Figura 3), en la que además de observarse la utilización de la teoría científica para atender un asunto social y extracientífico, también se corrobora indirectamente, por medio del humor, que las predicciones del marino inglés eran tema ampliamente cubierto por la prensa, y que llevaban varios días apareciendo en titulares de los diarios desde que Cooper notificara al consulado inglés de Valparaíso la posibilidad, según sus cálculos, de un posible movimiento telúrico para el día 30 de ese mes. En el fondo, la viñeta revela cuánta repercusión social tenía el tema, puesto que los lectores y lectoras de *Sucesos*, claramente sabían quién era Cooper y la ilustración trabajaba con ese conocimiento previo, trasladándolo a otros aspectos y adicionándole otro elemento más del miedo ante lo inminente: la especulación ante la catástrofe anunciada. La teoría de Cooper, si se aplicaba al comercio, cambiaba estas relaciones entre proveedores y consumidores, dado que no se podría "fiar", si el deudor se pudiera morir en un terremoto[589].

Figura 3: Francisco Benavente, "La teoría de Cooper aplicada al comercio", *Sucesos*, 5 de septiembre de 1912, 1.

Lo mismo hizo *Zig-Zag*, pero apuntando a las nuevas audiencias femeninas de la revista, en un año clave sobre la instrucción científica femenina en Chile, donde las mujeres, que en la época eran despreciadas como observadoras y testigos de terremotos por su falta de sangre fría, están preocupadas de que se cumpla la predicción de Cooper, dado que han observado movimientos extraños en los animales, como sus maridos. Aquí la caricatura juega con otro elemento de la cultura popular y científica: la noción de que el movimiento de los animales podría indicar la concreción de un movimiento sísmico[590].

[589] Francisco Benavente, "La teoría de Cooper aplicada al comercio", *Sucesos*, 5 de septiembre de 1912, 1.
[590] Carlos Wiedner, "Síntomas Extraños", *Zig-Zag*, 21 de septiembre de 1912, 45.

Durante septiembre revista *Sucesos* insistió en la idea de que el capitán Cooper era el hombre del momento, en el sentido de que todos hablaban de él y de su supuesta predicción. El 12 de septiembre apareció una fotografía del rostro de Cooper con una nota que explica que la carta que este envió al cónsul no era sino para solicitar que en Valparaíso se observasen y estudiasen ciertos fenómenos que acontecerían durante la noche del 29 y 30 de septiembre, pero que se trataba de "una mera consulta, como se ve, que está lejos de autorizar ataques de nervios y temores pánicos"[591]. Pero en ese mismo número la revista incluyó una caricatura del rostro de Cooper titulada "El Santo del Día", acompañada de una columna de opinión que criticaba la falta de responsabilidad del periódico que había publicado la carta de Cooper al cónsul inglés, cuando "la Teoría Cooper, a juzgar por lo manifestado por los hombres de ciencia del país y del extranjero, es falsa, contiene errores fundamentales que le quitan todo carácter científico"[592]. El tratamiento de la teoría, por consiguiente, varió en relación con lo observado en 1906. En 1912 se señalaba directamente que Cooper no había desarrollado un trabajo científico bien fundamentado, y aunque permanecía el temor a los sismos y estaba aún fresco el recuerdo de la supuesta predicción de 1906, la teoría predictiva fue tratada esta vez con un tono de cansancio y de burla.

El humor es, ante todo, una postura tomada ante la realidad, una especial visión del mundo que consiste en la negación de tomar en serio las cosas serias[593]. El humor, en el caso del tratamiento de la teoría de Cooper en los magazines de 1912, se produce por la incongruencia; es decir, por la relación de dos ideas, conceptos o situaciones dispares entre sí, presentadas de una manera sorprendente que rompe las expectativas del receptor, por lo que la risa surge de la incongruencia entre lo que se espera y lo que finalmente ocurre en el texto[594]. En ese sentido, el hecho de que la predicción no se concretara generó de por sí una situación irrisoria. Siguiendo esta lógica, no se esperaba tampoco que esta teoría científica fuese tratada o aplicada a situaciones cotidianas o de índole extracientífica, tampoco se esperaba que una teoría que fuera anteriormente tratada con seriedad y respeto, ahora fuese comentada con ironía y sarcasmo. Todo ello provocaba risa. A esto debe añadirse, que estos magazines incorporaron el dibujo o la gráfica cómica, y "las viñetas de prensa

[591] Anónimo, "El Capitán Cooper", *Sucesos*, 12 de septiembre de 1912, 8.

[592] M.J.P., "El Santo del día. Mr. Cooper", *Sucesos*, 12 de septiembre de 1912, 59.

[593] Willibald Ruch. "Humor Research", en Conferencia presentada en la "14th Conference of the International Society of Humor Studies". Forli, Italia, 3 al 7 de julio, 2002.

[594] Zavitsanou Theofylakti, "Humor y discurso político: El humor como recurso de opinión y crítica en la prensa contemporánea griega y española" . Tesis doctoral, Universidad Pompeu Fabra, 2006, 13.

juegan un papel fundamental en el análisis crítico de la actualidad (...) Por su misma naturaleza, no suelen ser percibidas en su mayoría como un ataque, ampliando los límites de la crítica y la permisividad en sus contenidos"[595]. Su límite, sin embargo, no está en la libertad de expresión, sino en lo políticamente correcto[596], por lo que el juego consistía, en este caso, en preguntarse hasta qué punto era permitido reírse de una autoridad científica como Alfred Cooper en ese entonces, o bien, y en términos más generales, hasta qué punto los legos podían burlarse de los expertos y de la ciencia en sí. En el caso de las viñetas cómicas es relevante equilibrar el factor sorpresa con la necesaria vinculación con los sucesos de la realidad más inmediata, ya que la viñeta cómica en publicaciones periodísticas surge justamente de situaciones brindadas por la actualidad, y, por lo mismo, puede caer dentro de una repetición excesiva de la temática[597], de allí que haya aflorado a veces el tono de cansancio hacia la cobertura de las predicciones, posicionándose el aburrimiento por sobre la risa propiamente tal.

El tratamiento sarcástico de la teoría se mantuvo en otras publicaciones de 1912. Los magazines se sirvieron de su condición de revistas ilustradas, para incluir fotografías de los personajes implicados, así como incorporar pruebas fotográficas que ayudasen a los lectores a comprender y evaluar la efectividad o no de la teoría de predicción sísmica. Frente a la alarma de la población generada, cubierta y aumentada al mismo tiempo por la misma prensa después de filtrarse la carta de Cooper, los magazines buscaron estratégicamente múltiples maneras de abordar el fenómeno. Es así, por ejemplo, que revista *Zig-Zag* decidió entrevistar a Federico Ristenpart, director del Observatorio Astronómico Nacional en Santiago, y pedirle imágenes que graficaran la teoría de Cooper. El periodista de la nota, publicada el 7 de septiembre, afirma que el astrónomo le habría contestado que: "esta absurda teoría Cooper jamás podría ser explicada con fotografías"[598]. Pero luego agrega que, para complacerlo, Ristenpart le facilitó algunas imágenes por estar relacionadas en algo con los cuerpos celestes.

[595] Miriam Suárez, "El humor gráfico como herramienta de crítica: los líderes políticos internacionales en las viñetas de El País", *Revista Científica de Información y Comunicación* 12 (2015): 227-255.

[596] Marco Morant, "El lenguaje políticamente correcto y el humor", *Analecta Malacitana* 23 (2007): 101-115.

[597] Xose A. Padilla y Elisa Gironzetti, "Humor e ironía en las viñetas cómicas periodísticas en español e italiano: un estudio pragmático y sociocultural", *Foro hispánico: Revista Hispánica de Flandes y Holanda* 44 (2012): 93-133.

[598] Anónimo "La Teoría Cooper. Con el director del Observatorio Astronómico", *Zig-Zag,* 7 de septiembre de 1912, 29-30.

Un aspecto interesante que se debe resaltar es el hecho de que a pesar de que los magazines admitían en 1912 que la teoría de Cooper era poco menos que ridícula, sustentados en que su predicción de ese año no se cumplió, continuaron ofreciéndole páginas no solo durante ese mismo año, sino también durante los próximos, volviendo incluso a apoyarla nuevamente. En 1914, por ejemplo, revista *Corre-Vuela* publicó un artículo titulado: "Los temblores descansan en las conjunciones planetarias", donde la influencia de la teoría de Cooper es evidente. En este caso, la problemática es tratada con entera seriedad por Ángel Mendoza Villa, un escritor y normalista aficionado a la observación. La misma revista en 1919 volvió a comentar la teoría de Cooper a propósito de la predicción exitosa realizada por el capitán Nuño sobre un temporal en Valparaíso para el día 22 de junio de ese año. En este caso la predicción coincidió con la realidad, lo que promovió a la revista a referirse en favor de Cooper, burlándose ahora de las palabras del director del Observatorio Astronómico Nacional (Alberto Obrecht) y del director del Servicio Sismológico (Fernand Montessus de Ballore), que habían afirmado con anterioridad que la teoría de Cooper era una locura o lesera: "Esa pobre teoría Cooper tan vilipendiada, de un gringo iluso que se entretiene en asustar a la gente desde Londres, está prestando servicios, ya constatados en la navegación. En qué quedamos: ¿sirve o no sirve? ¿Sigue siendo una locura o una lesera?"[599].

Esto último se opone plenamente al tratamiento brindado a la misma teoría en 1912, o bien al apoyo dado por estos magazines de editorial Zig-Zag a la figura de Fernand Montessus de Ballore durante los años posteriores a 1912. Para entonces este ingeniero militar francés llevaba casi 5 años trabajando en Chile como director del Servicio Sismológico Nacional y había logrado crear una red de estaciones sísmicas estatales en las principales ciudades e islas del país. Además daba clases en la Universidad de Chile, había realizado variadas conferencias abiertas y desarrollado un profuso trabajo de diálogo con la prensa, legitimándose en el campo científico y en la opinión pública local[600]. Como se puede observar en la nota de revista *Sucesos* del 24 de mayo de 1913, en que se leen los argumentos brindados por el sismólogo para oponerse a la idea de que pudiese existir relación entre los últimos temblores y el movimiento de las manchas del sol; o bien, como se observa en la misma revista en una nota de noviembre de 1914, en que Montessus de Ballore rechaza toda posibilidad

[599] Reporter X, "Predicciones", Corre-Vuela, 30 de julio de 1919, s/p.

[600] Lorena B. Valderrama, "Seismic Forces and State Power: The Creation of the Chilean Seismological Service at the Beginning of the 20th Century", *Journal of Historical Social Research* 40 (2015): 81-104.

de que la conjunción entre Mercurio y el Sol anunciada por Cooper para el día 7 de ese mes tuviese como efecto un temblor en la Tierra.

Un aspecto en el que habría que profundizar es en la clasificación de los públicos de estas revistas, pues si bien todas ellas: *Sucesos*, *Zig-Zag*, *Corre-Vuela* y *Pacífico Magazine*, pertenecieron a la misma casa editorial desde 1919, la última de ellas que comenzó a circular desde el año 1913 en adelante, no se manifestó, por ejemplo, sobre la predicción del 7 de noviembre del año 1914. *Pacífico Magazine*, como se ha mencionado, fue un proyecto dedicado a la élite social, a lectores (varones sobre todo) exigentes y con un alto nivel cultural, por lo que su decisión de no dedicar ninguna página a la predicción pudo deberse, por una parte, a la falta de seriedad con la que estaba siendo tratada la temática en otros medios, a que la predicción no tuvo éxito, o simplemente a que la curiosidad y atractivo de las predicciones de catástrofes no era un tema predilecto entre la minoría más ilustrada que podría estar directamente enterada de la efectividad científica o no de este tipo de teorías. Un anuncio aparecido en el N° 25 de la revista, en enero de 1915, explicita que "Pacífico Magazine no registra en su lectura temas sensacionales, sus páginas son sanas e interesan solo al que tiene una educación más que regular". La primera guerra mundial y la economía parecen ocupar la mayor parte de las páginas de actualidad de esta revista, mientras que las discusiones o temáticas que preocupaban al ambiente popular parecieran ser atendidas por este medio, no directamente, sino, por ejemplo, a través de la elección de obras literarias. Así, en el número de noviembre de 1914, *Pacífico Magazine* incluyó un cuento de ciencia-ficción de Simon Newcomb titulado "El fin del mundo", que trata sobre un astro que causa una catástrofe a nivel mundial en el planeta Tierra. Por lo que siguiendo la idea anterior, este relato podría dialogar de manera indirecta con estas teorías predictivas que circulaban en el imaginario popular, abordando la temática catastrófica desde una perspectiva más delicada y rebuscada desde el punto de vista cultural. La amplia dedicación de páginas a obras literarias, como apunta Eduardo Santa Cruz, da cuenta del carácter pudiente, ilustrado e inteligente del público de *Pacífico Magazine*, por lo que a su juicio sería una publicación de élite (47).

Conclusiones

Que las revistas culturales trataran en sus páginas las predicciones sísmicas a inicios del siglo XX podrían tener su explicación en la predilección de este tema por parte del público y audiencia específica de estas. La revisión de este registro permite comprender las lógicas no solo de selección temática, sino que da cuenta de cuán conocidos eran estos temas para las lectoras y lectores.

Las revistas no abordan estas temáticas como si se tratara de una primicia (como sí lo hacía la prensa), sino que trabajan sobre el conocimiento construido y sobre las nociones que la audiencia tiene sobre dichos temas. Es decir, abordan temáticas contingentes que están instaladas en la opinión pública por la prensa diaria, y las desarrollan de manera más crítica y profusa, ya sea a través de reportajes, entrevistas o incluso con las viñetas de humor. Dan cuenta, por lo tanto, que las predicciones de terremotos y las teorías que las sustentas eran conocidas por las lectoras y lectores, editores y redactores y al igual que en la prensa diaria pudieron haber sido utilizados para generar mayor conmoción y atención, para, en definitiva, aumentar sus lectores y suscriptores.

La elección de las predicciones y su tratamiento no era porque los cuerpos editoriales de las revistas consideraran que eran temas a-científicos. Por el contrario, las teorías predictivas no solo eran consideradas serias por gran parte de la comunidad académica y científica nacional, sino que también las revistas trataban los temas científicos de maneras similares: el reportaje, la entrevista y la viñeta humorística eran las formas en que los magazines daban cuenta del acontecer nacional y del rol que la ciencia cumplía en la sociedad de inicios del siglo XX.

Fuentes primarias

ANÓNIMO. 1906. Pronóstico sobre fenómenos atmosféricos. *El Mercurio* de Valparaíso, 15 de agosto de 1906.

ANÓNIMO. 1906. El Capitán Middleton. *Sucesos*, 6 de septiembre de 1906.

ANÓNIMO. 1906. Alfred J. Cooper. *Sucesos*, 22 de septiembre de 1906.

ANÓNIMO. 1912. El Capitán Cooper. *Sucesos*, 12 de septiembre de 1912.

ANÓNIMO. 1912. La teoría de Cooper aplicada al comercio. *Sucesos*, 5 de septiembre de 1912.

ANÓNIMO. 1912. La Teoría Cooper. Con el director del Observatorio Astronómico. *Zig-Zag*, 7 de septiembre de 1912.

ARMADA NACIONAL DE CHILE. 1902. Anuario del Servicio Meteorológico de la Dirección de Territorio Marítimo. Tomo 1, Correspondiente al año 1899. Valparaíso: Imprenta y Litografía Gustavo Weidmann.

____________. 1907. *Anuario del Servicio Meteorológico de la Dirección de Territorio Marítimo.* Tomo 7, Correspondiente al año 1905. Valparaíso: Talleres Tipográficos de la Armada.

M.J.P. 1912. El Santo del día. Mr. Cooper. *Sucesos*, 19 de septiembre de 1912.

Reporter X. 1919. Predicciones. *Corre-Vuela*, 30 de julio de 1919.
Rodríguez Alfredo y Carlos Guajardo. 1906. *La Catástrofe del 16 de Agosto de 1906 en la República de Chile.* Santiago de Chile: Imprenta y Litografía Barcelona.
Wiedner Carlos. 1912. Síntomas Extraños. *Zig-Zag,* 21 de septiembre de 1912.
Zegers Luis. 1906. El terremoto del 16 de Agosto, *Anales de la Universidad de Chile* 119: 1-33.

Bibliografía

Alonso Paula, comp. 2004. Construcciones impresas. Panfletos, diarios y revistas en la formación de estados nacionales en América Latina, 1820-1920. Buenos Aires: Fondo de Cultura Económica.
Alvarado Marina. 2016a. La ciencia en la prensa. *Revista de Literaturas Modernas* 46: 9-31.
___________. 2016b. *Revistas culturales y literarias chilenas de 1900 a 1920: legitimadoras del campo literario nacional.* Santiago: Editorial Cuarto Propio, 2016.
___________. 2011. Revistas culturales y literarias chilenas: de 1900 a 1920: Legitimadoras del campo literario nacional. Santiago: Cuarto Propio.
Becerra Silvia y Zenobio Saldivia. 2010. *El Mercurio* de Valparaíso, su Rol de Difusión de la ciencia y Tecnología en el Chile Decimonónico. Santiago: Bravo y Allende Editores.
Camps Sibila. 1999. Periodismo sobre catástrofes. Buenos Aires: Ediciones Paulinas.
Catalán Gonzalo. 1985. Antecedentes sobre la transformación del campo literario en Chile entre 1890 y 1920. En *Cinco estudios sobre cultura y sociedad*, 71-175. Santiago: flacso.
Coen Deborah. 2013. The Earthquake Observers: Disaster Science from Lisbon to Richter. Chicago: The University of Chicago Press.
Correa María José, Kottow Andrea y Silvana Vetö, eds. 2016. Ciencia y espectáculo. Circulación de saberes científicos en América Latina, siglos xix y xx. Santiago: Ocho Libros.
Fuenzalida Bade Rodrigo. 1978. *La Armada de Chile. Desde la Alborada al Sesquicentenario.* Vol. 4. Santiago de Chile: Academia Chilena de la Historia.
González Matiana. 2005. Del factor sociológico al factor genético. Genes y enfermedad en las páginas de *El País* (1976-2002). *Dynamis* 25: 487-512.
Hough Susan. 2009. Predicting the Unpredictable: The Tumultuous Science of Earthquake Prediction. Oxford: Princeton University Press.
Jodelet Denise. 2011. Aportes del enfoque de las representaciones sociales al campo de la educación. *Espacios en Blanco* 21: 133-154.
Leach Joan. 2006. Media Panics. En *Encyclopaedia of Language and Linguistics*, 607-609. Brown. UK: Elsevier.
Leyton Patricio. 2016. Espectáculo solar y su imagen pública. La participación Chilena en el eclipse de 1853 en Ica, Perú, y su utilización política. En Correa, Kottow y Vetö 2016, 151-168.

LOZANO CARLOS. 2015. El sensacionalismo de los riesgos y las catástrofes: un siglo en los relatos periodísticos. *Revista internacional de Historia de la Comunicación* 5: 35-51.
MARKOVÁ IVANA. 2006. Dialogicidade e representações sociais, as dinâmicas da mente. Petrópolis: Vozes.
MCQUAIL DENIS. 1983. *Mass Communication Theory.* Londres: Sage Publications.
MORANT MARCO. 2007. El lenguaje políticamente correcto y el humor. *Analecta Malacitana* 23: 101-115.
MOSCOVICI SERGE. 2011. Memória, imaginário e representações sociais. Rio de Janeiro: Museu da República.
NIETO-GALAN AGUSTÍ. 2011. Los Públicos de la Ciencia. Expertos y profanos a través de la historia. Madrid: Marcial Pons.
ONETTO MAURICIO. 2018. Discursos desde la Catástrofe: Prensa, solidaridad y urgencia en Chile 1906-2010. Santiago: Acto Editores.
OSSANDÓN CARLOS y EDUARDO SANTA CRUZ. 2005. *El estallido de las formas: Chile en los albores de la cultura de masas.* Santiago: LOM.
OVARES FLORA. 1994. *Literatura de kiosko. Revistas literarias de Costa Rica* (1890-1930). Heredia: EUNA.
PADILLA XOSE A. y GIRONZETTI ELISA. 2012. Humor e ironía en las viñetas cómicas periodísticas en español e italiano: un estudio pragmático y sociocultural. Foro hispánico: *Revista Hispánica de Flandes y Holanda* 44: 93-133.
PALACIOS ALFREDO. 2015. Entre ruinas y escombros. Los terremotos en Chile durante los siglos XVI al XIX. Valparaíso: Ediciones Universitarias de Valparaíso.
QUEREILHAC SOLEDAD. 2015. Reflexiones sobre una sensibilidad de época. La imaginación científica en la literatura y el periodismo (1896-1910), *Badebec* 4: 32-59.
RADA ELOY. 1993. Ciencia, predicción y profecía. *Éndoxa* 2: 177-206.
RAMÍREZ VERÓNICA. 2019a. Predicciones del fin del mundo: Astronomía y ciencia-ficción en los magazines de Editorial Zig-Zag (1900-1920), *Literatura y Lingüística* 40: 69-91.
___________. 2019b. Expertos y profanos: circulación del saber astronómico en magazines chilenos. *Revista Humanidades* 40: 235-272.
RAMÍREZ VERÓNICA y PATRICIO LEYTON. 2019. José Victorino Lastarria: astronomía científica, literaria y social", *Dynamis* 39: 123-147.
RUCH WILLIBALD. 2002. Humor Research. Conferencia presentada en la 14th Conference of the International Society of Humor Studies, 3 al 7 de julio, en Forli, Italia.
RUIZ-CASTELL PEDRO, SUAY-MATALLANA IGNACIO y BONET JUAN MARCOS. 2012. El cometa de Halley y la imagen pública de la astronomía en la prensa diaria española de principios del siglo XX. *Dynamis* 33: 169-193.
SALADINO ALBERTO. 1996. *Ciencia y prensa durante la Ilustración latinoamericana.* México DF.: UNAM.
SANTA CRUZ EDUARDO. 1998. *Análisis histórico del periodismo chileno.* Santiago: Nuestra América.
___________. 2010. *La prensa chilena del siglo XIX. Patricios, letrados, burgueses y plebeyos.* Santiago: Editorial Universitaria.

Santa Cruz Eduardo. 2011. Prensa y modernización en América Latina y Chile en la segunda mitad del siglo xix: la crónica y los cronistas. Estudios sobre el Mensaje Periodístico 17: 647-660.

Sarewitz Daniel, Pielke Roger A. y Radford Byerly, eds. 2002. *Prediction: Science, Decision Making, and the Future of Nature.* Washington DC: Island Press.

Silva Bárbara y Alfredo Riquelme. 2018. *Una identidad terremoteada. Comunidad y territorio en el Chile de 1960.* Santiago: Ediciones Universidad Alberto Hurtado.

Simões Ana, Carneiro Ana y Diogo Maria Paula. 2012. Riding the Wave to Reach the Masses: Natural Events in Early Twentieth Century Portuguese Daily Press. *Science & Education* 21: 311-333.

Suárez Miriam. 2015. El humor gráfico como herramienta de crítica: los líderes políticos internacionales en las viñetas de *El País. Revista Científica de Información y Comunicación* 12: 227-255.

Subercaseaux Bernardo. 2000. *Historia del libro en Chile (Alma y cuerpo).* Santiago: lom.

Theofylakti Zavitsanou. 2006. Humor y discurso político: El humor como recurso de opinión y crítica en la prensa contemporánea griega y española. Tesis doctoral, Universidad Pompeu Fabra.

Urrutia de Hazbún, Rosa y Carlos Lanza. 1993. *Catástrofes en Chile: 1541–1992.* Santiago de Chile: Editorial La Noria.

Valderrama Lorena B. 2015. Seismic Forces and State Power: The Creation of the Chilean Seismological Service at the Beginning of the 20th Century, *Journal of Historical Social Research* 40 (2): 81-104.

___________. 2016. La catástrofe anunciada: terremotos y predicciones en la prensa diaria chilena (1906-1912). En Correa, Kottow y Vetö 2016, 169-195.

___________. 2017. Observando la catástrofe: terremotos y conocimiento sísmico en Chile (1868-1912). Tesis de doctorado, Universidad de Valencia.

Valderrama Lorena B. y Verónica Ramírez. 2020. *Lo que auguran los astros. Espectáculos, maravillas y catástrofes en la prensa chilena (1868-1912).* Santiago de Chile: ril.

Van Dijk Teun. 2009. *Discurso y Poder.* Madrid: Editorial Gedisa.

SOBRE LAS Y LOS AUTORES

MARINA ALVARADO CORNEJO, Doctora en Literatura (Pontificia Universidad Católica de Valparaíso), académica de la Universidad Católica Silva Henríquez. Autora de los libros *Revistas Culturales Chilenas de 1900 a 1920: Legitimadoras del campo literario nacional*. Santiago: Editorial Cuarto Propio, 2016; *Revistas culturales chilenas del siglo XIX (1842-1894): historia de un proceso discontinuo*. Ediciones UCSH, 2015; y *Teresa Wilms Montt. Estrategias textuales y conflicto de época*. Santiago: Editorial Cuarto Propio, 2015. El último proyecto FONDECYT dirigido por ella fue: "Almanaques seculares chilenos (1850-1930): el origen desconocido del magazín en Chile".

MANUEL ALVARADO CORNEJO, Magíster en Teoría e Historia del Arte por la Universidad de Chile y Licenciado en Historia y en Estética por la Pontificia Universidad Católica de Chile. Actualmente se desempeña como investigador de colecciones del Museo Nacional de Bellas Artes y profesor adjunto en la Escuela de Historia y Geografía de la Universidad Católica Silva Henríquez.

TAMARA ARAYA FUENTES, Doctoranda en Historia de las Ciencias y la Salud de la Casa Oswaldo Cruz, Fiocruz, Brasil. Magíster en Historia de la Universidad de Chile. Su área de investigación es la historia de la salud y enfermedad, así como la historia de la esclavitud. Actualmente desarrolla el proyecto "Quejas, dolencias y otras reclamaciones: Esclavitud y enfermedad en Santiago de Chile (1740-1823)". Entre sus últimas publicaciones destaca: "Un concurso de síntomas o la enfermedad como categoría plástica: la esclavitud negra en Santiago de Chile, 1740-1823", *Revista Crítica*, 2020, Núm. 76.

NELSON ARELLANO ESCUDERO, académico de la Universidad Academia de Humanismo Cristiano (UAHC) Chile y Fellow Calas (2022-2023). Doctor en Sostenibilidad, Tecnología y Humanismo por la Universidad Politécnica de Cataluña (2015), Master en Investigación Social Aplicada al Medioambiente por la Universidad Pablo de Olavide, Sevilla (2009). Trabajador Social, Universidad de Valparaíso, Chile (1997). Investigador responsable FONDECYT (2018-2021): "Las fronteras solares de Chile: Desierto, Antártica, Polinesia y Espacio". Investiga también en el Estado de Excepción de las Personas en Situación de Calle y las relaciones interespecies en torno a la Palma chilena.

MARÍA JOSÉ CORREA, PhD en Historia, University College London. Académica de la Universidad Andrés Bello e investigadora FONDECYT. Se ha especializado en historia de la ciencia en Chile durante la segunda mitad del siglo XIX y en el XX, particularmente en historia de las terapéuticas médicas, las enfermedades mentales y la medicina legal. Entre sus publicaciones relacionadas con el género se encuentran artículos sobre masculinidad y terapéutica nerviosa, mujeres y enfermedades y maternidad y transgresión.

JENNIFER HAYWARD, Profesora Virginia Myers de inglés y medios globales y estudios digitales en el College of Wooster, Ohio, USA. Recibió su doctorado de la Universidad de Princeton y ha publicado varios libros, incluidas nuevas ediciones de dos obras de la escritora de viajes Maria Graham, *Journal of a Residence in Chile* y *Journal of a Voyage to Brazil.* Mientras se desempeñaba como Fulbright Scholar en Chile en 2016-17, ella y Michelle Prain Brice lanzaron un proyecto de Humanidades Digitales que recibió una Beca de la Research Society for Victorian Periodicals Grant in 2018.

VIRGINIA IOMMI ECHEVERRÍA, Doctora en Estudios de Antigüedad, Medioevo y Renacimiento por la Universidad de Florencia (2008); es profesora de Historia Moderna en el Instituto de Historia de la Pontificia Universidad Católica de Valparaíso. Estudia la elaboración, usos y circulación de impresos científicos durante los siglos XVI y XVII.

VERÓNICA RAMÍREZ, Doctora en Literatura, Universidad de Chile. Profesora Asistente de la Facultad de Artes Liberales de la Universidad Adolfo Ibáñez e investigadora FONDECYT. Su área de interés es la relación entre literatura y ciencias, con especial énfasis en el análisis de esta vinculación en la prensa del siglo XIX y principios del XX, así como en el rol de las mujeres en esta problemática. Sus últimos libros son *La Mujer (1877): El primer periódico de mujeres en Chile* (2018) y *Antología de mujeres en la prensa chilena* (2017), en co-autoría con Carla Ulloa y Manuel Romo.

ANTONI ROCA-ROSELL, profesor titular de historia de la ciencia, Universidad Politécnica de Cataluña (UPC). Es doctor por la Universidad Autónoma de Madrid (1990). Desde 2005 es coordinador de la Cátedra UNESCO de Técnica y Cultura (UPC). Fue presidente de la Societat Catalana d'Història de la Ciència i de la Tècnica (1993-2009). Es miembro correspondiente de la Académie Internationale d'Histoire des Sciences (2010) y del Institut d'Estudis Catalans (2014).

MARCELO SÁNCHEZ DELGADO, Doctor en Estudios Latinoamericanos, Universidad de Chile. Es académico del Departamento de Ciencias Históricas y del Centro de Estudios Culturales Latinoamericanos de la Universidad de Chile y editor general de *Meridional Revista Chilena de Estudios Latinoamericanos.* Sus temas de investigación se inscriben en historia de la eugenesia, historia de la medicina, historia del racismo científico y del darwinismo.

Lorena B. Valderrama, académica de la Universidad de Santiago de Chile e Investigadora FONDECYT. Doctora en Historia de la Ciencia y Comunicación Científica. Sus investigaciones se centran en las relaciones entre ciencia y prensa entre los siglos XIX y XX. Sus últimos libros son *Todos los temblores después del terremoto. Configuran la experticia en un país sísmico* (Ediciones Vatt, 2021) y *Lo que auguran los astros. Espectáculos, maravillas y catástrofes en la prensa chilena (1868-1912)* de RIL Editores (2020), en coautoría con Verónica Ramírez.

Felipe Vilo Muñoz, Doctorando en Historia por la University of Texas at Austin, Magister en Historia por la Universidad de Chile y becario Fulbright-BIO. Sus temas de interés abordan la circulación y popularización del conocimiento de la historia natural en el siglo XIX.

María Soledad Zárate, Doctora en Historia de la Universidad Católica de Chile y profesora del Departamento de Historia de la Facultad de Filosofía y Humanidades, Universidad Alberto Hurtado. Su última publicación se titula: "Con voz propia: enfermeras, trabajo y profesionalización, Chile, 1940", en Graciela Queirolo y María Soledad Zárate, *Camino al ejercicio profesional. Trabajo y género en Argentina y Chile (siglos XIX y XX)*, Ediciones UAH, 2020. Actualmente investiga sobre la historia de CONICYT en el marco del Proyecto CONICYT PIA SOC180039.

EDITORIAL UNIVERSITARIA

www.ingramcontent.com/pod-product-compliance
Lightning Source LLC
LaVergne TN
LVHW082237051026
849532LV00012B/4015
* 9 7 8 9 5 6 1 1 3 0 2 6 5 *